■*MARUZEN&WILEY*■

◆ガシオロウィッツ◆

量子力学 II

Quantum Physics
Second Edition
Stephen Gasiorowicz

林　武美
北門　新作　共訳

丸善出版

丸善–WILEY 共同出版

Quantum Physics
Second Edition

by

Stephen Gasiorowicz

Originally published by John Wiley & Sons, Inc., New York.

Copyright ⓒ1996 by John Wiley & Sons, Inc.
All rights reserved.
No part of this publication may be photocopied, recorded or otherwise reproduced, stored in a retrieval system or transmitted in any form or by any electronic or mechanical means without the prior permission of the copyright owner and publisher.

Under the Co-Publishing Agreement between Maruzen and Wiley, the Japanese translation published by Maruzen Co., Ltd., Tokyo.
Copyright ⓒ1998 by Maruzen Co., Ltd.

The Japanese edition is divided into 2 volumes (Vol. I: Chapters 1–13, Vol. II: Chapters 14–24).

Printed in Japan

目　次

14 演算子，マトリックス，およびスピン — 1
　　調和振動子演算子のマトリックス表示 — 1
　　角運動量演算子のマトリックス表示 — 3
　　スピン演算子とそのマトリックス表示 — 6
　　スピン $\frac{1}{2}$ 粒子の固有磁気モーメント — 9
　　常磁性共鳴 — 10
　　問　題 — 13
　　参考文献 — 15

15 角運動量の合成 — 16
　　二つのスピンの合成 — 16
　　スピン $\frac{1}{2}$ と軌道角運動量の合成 — 20
　　角運動量の合成に対する一般的な規則と，それの同種粒子についての意味 — 22
　　パリティに関するいくつかのコメント — 24
　　問　題 — 26
　　参考文献 — 27

16 時間によらない摂動論 — 29
　　非縮退状態に対する摂動論 — 29
　　縮退のある摂動論 — 31
　　シュタルク効果 — 33
　　問　題 — 38
　　参考文献 — 40

17 実際の水素原子 — 41
　　相対論的運動エネルギー効果 — 41
　　スピン–軌道結合 — 42
　　異常ゼーマン効果 — 45
　　超微細構造 — 47
　　換算質量効果に関するコメント — 49

iv 目次

　　　問　　題 ———————————————————— 50
　　　参　考　文　献 ———————————————————— 51

18 ヘリウム原子 ———————————————————— 52
　　　電子–電子の反発力を考えないヘリウム原子 ———————————————————— 52
　　　電子–電子反発の効果 ———————————————————— 55
　　　排他原理と交換相互作用 ———————————————————— 57
　　　変　分　原　理 ———————————————————— 60
　　　問　　題 ———————————————————— 63
　　　参　考　文　献 ———————————————————— 65

19 原子の構造 ———————————————————— 66
　　　ハートリー近似 ———————————————————— 66
　　　組　立　の　原　理 ———————————————————— 69
　　　基底状態の分光学的記述 ———————————————————— 73
　　　問　　題 ———————————————————— 78
　　　参　考　文　献 ———————————————————— 79

20 分　　子 ———————————————————— 80
　　　H_2^+ 分子 ———————————————————— 81
　　　H_2 分子 ———————————————————— 84
　　　不対価電子の重要性 ———————————————————— 88
　　　いくつかの簡単な分子の概観 ———————————————————— 89
　　　分　子　の　回　転 ———————————————————— 92
　　　分子中の原子核振動 ———————————————————— 94
　　　問　　題 ———————————————————— 95
　　　参　考　文　献 ———————————————————— 96

21 原子の放射 ———————————————————— 97
　　　時間に依存した摂動論 ———————————————————— 97
　　　ポテンシャルの調和振動子的時間変化 ———————————————————— 98
　　　原子と電磁場との結合 ———————————————————— 100
　　　位　相　空　間 ———————————————————— 103
　　　行列要素と選択則 ———————————————————— 106
　　　$2p \to 1s$ 遷移 ———————————————————— 110
　　　スピンと強度則 ———————————————————— 111
　　　寿　命　と　線　幅 ———————————————————— 114
　　　問　　題 ———————————————————— 115
　　　参　考　文　献 ———————————————————— 117

22 放射理論におけるいくつかの話題 ... 118
アインシュタインの A および B 係数 ... 118
レーザー ... 121
原子の冷却 ... 123
単色電場中の 2 準位原子 ... 126
メスバウアー効果 ... 131
参考文献 ... 135

23 衝突の理論 ... 136
衝突断面積 ... 136
低エネルギーにおける散乱 ... 143
ボルン近似 ... 151
同種粒子の散乱 ... 154
問題 ... 157
参考文献 ... 159

24 物質中における放射の吸収 ... 160
問題 ... 168
参考文献 ... 170

数学ノート A　フーリエ積分とデルタ関数 ... 171

数学ノート B　演算子 ... 176

付録 ST 1　相対論的運動学 ... 180

付録 ST 2　密度演算子 ... 184

付録 ST 3　ウェンツェル-クラマース-ブリルアン近似 ... 189

付録 ST 4　寿命，線幅，および共鳴 ... 191

物理定数 ... 197

参考文献 ... 198

訳者あとがき ... 203

索引 ... 205

I 巻目次

1 古典物理学の限界
2 波束と不確定性原理
3 シュレーディンガーの波動方程式と確率解釈
4 固有関数と固有値
5 1次元ポテンシャル
6 波動力学の一般的構造
7 量子力学における演算子法
8 N 粒子系
9 3次元におけるシュレーディンガー方程式 I
10 3次元におけるシュレーディンガー方程式 II
11 角運動量
12 水素原子
13 電子と電磁場の相互作用

14

演算子，マトリックス，およびスピン

調和振動子演算子のマトリックス表示

電子のスピンを考慮せずに原子を正しく論ずることはできない．電子のもつ，このスピンという性質は，その暗示的な名称にもかかわらず，古典的な類似をもたず，すぐ明らかになるように，やや抽象的な方法で扱われなければならない．幸いなことに，われわれは座標空間に密接に結びついた記述から離れることに対していくらか準備ができている．つまり，その点ではわれわれは調和振動子 (7 章) と角運動量の固有値問題

$$\begin{aligned} \boldsymbol{L}^2 Y_{lm} &= \hbar^2 l(l+1) Y_{lm} \\ L_z Y_{lm} &= \hbar m Y_{lm} \end{aligned} \quad (14\text{-}1)$$

の両方に対し演算子法での議論を行っている．調和振動子に対しては，状態が

$$u_n = \frac{1}{(n!)^{1/2}} (A^\dagger)^n u_0 \quad (14\text{-}2)$$

で定義され，それに対して

$$H u_n = \hbar\omega \left(n + \frac{1}{2}\right) u_n \quad (14\text{-}3)$$

であることを見いだした．また，昇降演算子の u_n への作用

$$A^\dagger u_n = \sqrt{(n+1)}\, u_{n+1} \quad (14\text{-}4)$$

および

$$A u_n = \sqrt{n}\, u_{n-1} \quad (14\text{-}5)$$

をも計算することができた．また，

$$\langle u_m | u_n \rangle = \delta_{mn} \quad (14\text{-}6)$$

も示した．この関係は，任意のエルミート演算子 (ここでは H) の固有状態に対して成り立つようにすることができる．もし式 (14-3) から (14-5) までの各式に対して u_m とのスカラー積をとれば，

$$\begin{aligned} \langle u_m | H u_n \rangle &\equiv \langle u_m | H | u_n \rangle = \left(n+\frac{1}{2}\right) \hbar\omega\, \delta_{mn} \\ \langle u_m | A^\dagger u_n \rangle &\equiv \langle u_m | A^\dagger | u_n \rangle = \sqrt{(n+1)}\, \delta_{m,n+1} \\ \langle u_m | A u_n \rangle &\equiv \langle u_m | A | u_n \rangle = \sqrt{n}\, \delta_{m,n-1} \end{aligned} \quad (14\text{-}7)$$

が見いだされる．ここで，より対称的な記法

$$\langle u_i|O|u_j\rangle \equiv \langle u_i|Ou_j\rangle \tag{14-8}$$

を用いている．これらの量は，**マトリックス (行列)** (matrices) とよばれる配列に整頓することができる．マトリックス M_{ij} に対する通例の記法では，最初の添字が配列の行を表示し，第2の添字が列を表示する．したがって，スカラー積 $\langle u_m|H|u_n\rangle$ を H_{mn} と書けば，

$$H = \hbar\omega \begin{pmatrix} 1/2 & 0 & 0 & 0 & \dots \\ 0 & 3/2 & 0 & 0 & \dots \\ 0 & 0 & 5/2 & 0 & \dots \\ 0 & 0 & 0 & 7/2 & \dots \\ \vdots & \vdots & \vdots & \vdots & \ddots \end{pmatrix} \tag{14-9}$$

となることがわかる．同様に

$$A^\dagger = \begin{pmatrix} 0 & 0 & 0 & 0 & \dots \\ \sqrt{1} & 0 & 0 & 0 & \dots \\ 0 & \sqrt{2} & 0 & 0 & \dots \\ 0 & 0 & \sqrt{3} & 0 & \dots \\ \vdots & \vdots & \vdots & \vdots & \end{pmatrix} \tag{14-10}$$

および

$$A = \begin{pmatrix} 0 & \sqrt{1} & 0 & 0 & \dots \\ 0 & 0 & \sqrt{2} & 0 & \dots \\ 0 & 0 & 0 & \sqrt{3} & \dots \\ \vdots & \vdots & \vdots & \vdots & \end{pmatrix} \tag{14-11}$$

である．

われわれは，F が任意の演算子であり，u_i が任意の完全な組であるとき，配列 $\langle u_m|F|u_n\rangle$ を，u_i によって与えられる基底における F の**マトリックス表示**とよぼう．この名称を正当化する若干の説明が必要である．たとえば，二つのマトリックスの積は

$$(FG)_{ij} = \sum_n (F)_{in}(G)_{nj} \tag{14-12}$$

を満足する．われわれは演算子 F と G の「マトリックス表示」に対して，この関係を確かめる必要がある．これを行うのに，状態 Gu_j を考え，完全性を用いて，それを

$$Gu_j = \sum_n C_n u_n \tag{14-13}$$

の形に展開しよう．係数 C_n は

$$C_n = \langle u_n|G|u_j\rangle \tag{14-14}$$

によって与えられる．ゆえに

$$\begin{aligned}\langle u_i|FG|u_j\rangle &= \langle u_i|F(\sum_n C_n u_n)\rangle \\ &= \sum_n C_n \langle u_i|F|u_n\rangle \\ &= \sum_n \langle u_i|F|u_n\rangle\langle u_n|G|u_j\rangle\end{aligned} \tag{14-15}$$

が得られ，これは，もし

$$\langle u_i|F|u_n\rangle = F_{in} \tag{14-16}$$

などなどのように書くならば，式 (14-12) と同じである．われわれは，基底ベクトル $|u_n\rangle$ の完全性が

$$\sum_n |u_n\rangle\langle u_n| = 1 \tag{14-17}$$

の形に表されることを思い起こす．$\langle u_i|FG|u_j\rangle$ における二つの演算子 F と G の間に 1 を式 (14-17) の形で挿入すると，ただちに式 (14-15) を生ずる．

マトリックス関係をさらに正当化するものは，関係

$$\langle u_m|F|u_n\rangle^* = \langle Fu_n|u_m\rangle = \langle u_n|F^\dagger|u_m\rangle \tag{14-18}$$

からくる．これは，もし演算子 F がマトリックスで表されるならば，エルミート共役な演算子 $F^\dagger$ はエルミート共役なマトリックスで表されるだろうということを示している．なぜなら，後者は

$$(F^\dagger)_{nm} = F^*_{mn} \tag{14-19}$$

で定義されるからである．

われわれの議論で，調和振動子のハミルトニアンの固有状態を使って話を始めたという事実に何もふれていないことに注意しよう．**これらについて特別なことは，ただこれらが H を表示するマトリックスを対角化するということだけである．** 別の完全な組を用いれば H は対角でなくなるだろう．そして，その固有値，すなわち，対角であるときのマトリックス要素を読み取るのはそう簡単ではないであろう．

角運動量演算子のマトリックス表示

異なる角運動量状態間の L_z のマトリックス要素，$\langle l'm'|L_z|lm\rangle$ を考える．まず第一に，

$$[\boldsymbol{L}^2, L_z] = 0$$

は，

$$\begin{aligned}
0 &= \langle l'm'|[\boldsymbol{L}^2, L_z]|lm\rangle \\
&= \langle \boldsymbol{L}^2 l'm'|L_z|lm\rangle - \langle l'm'|L_z|\boldsymbol{L}^2 lm\rangle \\
&= \hbar^2\{l'(l'+1) - l(l+1)\}\langle l'm'|L_z|lm\rangle
\end{aligned} \tag{14-20}$$

を意味することがわかる．これから，もし $l' \neq l$ ならば，$\langle l'm'|L_z|lm\rangle$ が 0 になることが結論される．したがって L_z は，また同様に $L_\pm$ は，同じ全角運動量量子数をもつ状態間でのみ行列要素をもつ．そこで，もし l を固定したままにとどめ，つまり，m の値だけが変数である状態にあったならば，そのときは，簡略化した記号法を用いて，関係 (14-1) の第 2 式は

$$\langle lm'|L_z|lm\rangle = \hbar m\, \delta_{m'm} \tag{14-21}$$

と書かれる．さらに，式 (11-36) と (11-48) を用いると

$$\langle lm'|L_\pm|lm\rangle = \hbar[l(l+1) - m(m\pm 1)]^{1/2}\delta_{m',m\pm 1} \tag{14-22}$$

が示される．これは，$l = 1$ の角運動量演算子に対するマトリックス表示

$$L_z = \hbar \begin{pmatrix} 1 & 0 & 0 \\ 0 & 0 & 0 \\ 0 & 0 & -1 \end{pmatrix} \tag{14-23a}$$

$$L_+ = \hbar \begin{pmatrix} 0 & \sqrt{2} & 0 \\ 0 & 0 & \sqrt{2} \\ 0 & 0 & 0 \end{pmatrix} \tag{14-23b}$$

$$L_- = \hbar \begin{pmatrix} 0 & 0 & 0 \\ \sqrt{2} & 0 & 0 \\ 0 & \sqrt{2} & 0 \end{pmatrix} \tag{14-23c}$$

を導く．行と列は，左から右および上から下の順に $m = 1, 0, -1$ によってラベルされる．マトリックスが交換関係を満たすことを確かめるのは容易である．たとえば，

$$\begin{aligned} [L_+, L_-] &= \hbar^2 \begin{pmatrix} 0 & \sqrt{2} & 0 \\ 0 & 0 & \sqrt{2} \\ 0 & 0 & 0 \end{pmatrix} \begin{pmatrix} 0 & 0 & 0 \\ \sqrt{2} & 0 & 0 \\ 0 & \sqrt{2} & 0 \end{pmatrix} \\ &- \hbar^2 \begin{pmatrix} 0 & 0 & 0 \\ \sqrt{2} & 0 & 0 \\ 0 & \sqrt{2} & 0 \end{pmatrix} \begin{pmatrix} 0 & \sqrt{2} & 0 \\ 0 & 0 & \sqrt{2} \\ 0 & 0 & 0 \end{pmatrix} \\ &= \hbar^2 \begin{pmatrix} 2 & 0 & 0 \\ 0 & 2 & 0 \\ 0 & 0 & 0 \end{pmatrix} - \hbar^2 \begin{pmatrix} 0 & 0 & 0 \\ 0 & 2 & 0 \\ 0 & 0 & 2 \end{pmatrix} \\ &= 2\hbar^2 \begin{pmatrix} 1 & 0 & 0 \\ 0 & 0 & 0 \\ 0 & 0 & -1 \end{pmatrix} = 2\hbar L_z \end{aligned} \tag{14-24}$$

である．

状態間の一般的関係もまたマトリックス表示で書き表される．たとえば

$$\psi = A\phi \tag{14-25}$$

のような関係を考えよう．これと，ある完全な組の任意のメンバー u_i とのスカラー積をとると，

$$\langle u_i|\psi\rangle = \langle u_i|A\phi\rangle \tag{14-26}$$

が得られる．さらに，式 (14-17) の形の単位演算子を A と ϕ の間に挿入すると，

$$\langle u_i|\psi\rangle = \sum_n \langle u_i|A|u_n\rangle\langle u_n|\phi\rangle \tag{14-27}$$

を生じる．$\langle u_n|\phi\rangle$ を列ベクトル α_n として，すなわち

$$\langle u_n|\phi\rangle \to \begin{pmatrix} \langle u_1|\phi\rangle \\ \langle u_2|\phi\rangle \\ \langle u_3|\phi\rangle \\ \vdots \end{pmatrix} \equiv \begin{pmatrix} \alpha_1 \\ \alpha_2 \\ \alpha_3 \\ \vdots \end{pmatrix} \tag{14-28}$$

と書き，また同様に

$$\langle u_n|\psi\rangle \to \begin{pmatrix} \langle u_1|\psi\rangle \\ \langle u_2|\psi\rangle \\ \langle u_3|\psi\rangle \\ \vdots \end{pmatrix} \equiv \begin{pmatrix} \beta_1 \\ \beta_2 \\ \beta_3 \\ \vdots \end{pmatrix} \tag{14-29}$$

とすれば，式 (14-25) のマトリックス表示は

$$\beta_i = \sum_n A_{in}\alpha_n \tag{14-30}$$

になる．よって，マトリックスは演算子を表示し，列ベクトルは状態を表示する．スカラー積 $\langle \phi|u_n\rangle = \langle u_n|\phi\rangle^*$ は，通例として行の形

$$\langle \phi|u_n\rangle \to (\alpha_1^*, \alpha_2^*, \alpha_3^*, \ldots) \tag{14-31}$$

に書かれ，そこでたとえばスカラー積 $\langle \phi|\psi\rangle$ は

$$\begin{aligned} \langle \phi|\psi\rangle &= \sum_n \langle \phi|u_n\rangle\langle u_n|\psi\rangle \\ &= \sum_n \alpha_n^*\beta_n \end{aligned} \tag{14-32}$$

のように書ける．

固有値方程式は式 (14-25) の特別なケースである．それは

$$A\phi = a\phi \tag{14-33}$$

と書かれ，またそれはマトリックスの形に

$$\sum_n A_{in}\alpha_n = a\alpha_i \tag{14-34}$$

と書かれる．これは

$$\begin{pmatrix} A_{11}-a & A_{12} & A_{13} & \ldots \\ A_{21} & A_{22}-a & A_{23} & \ldots \\ A_{31} & A_{32} & A_{33}-a & \ldots \\ \vdots & \vdots & \vdots & \end{pmatrix} \begin{pmatrix} \alpha_1 \\ \alpha_2 \\ \alpha_3 \\ \vdots \end{pmatrix} = 0 \tag{14-35}$$

と同等であり，この方程式の意味のある解はマトリックスの行列式がゼロになるとき，すなわち

$$\det|A_{in} - a\delta_{in}| = 0 \tag{14-36}$$

の場合にのみ存在する．これは，有限行列によって表示される演算子に対する固有値（および固有ベクトル）を見いだす良い方法である．しかし無限行列に対しては，これは残念ながらそう簡単ではない．

スピン演算子とそのマトリックス表示

演算子を関数と微分で表すのにかわるものがあるということは実に幸運である．なぜなら，すべての演算子がそのように表せるわけではないからである．最も簡単な例は，角運動量 $l = \frac{1}{2}$ に対応するものである．式 (11-51) と (11-60) は

$$Y_{1/2, \pm 1/2} = C_\pm \sqrt{\sin\theta}\, e^{\pm i\phi/2} \tag{14-37}$$

であることを物語る．また，式 (11-54) は，次のような計算を許している．

$$L_- Y_{1/2, 1/2} \propto \frac{\cos\theta}{\sqrt{\sin\theta}}\, e^{-i\phi/2} \tag{14-38}$$

しかしながら，これは $Y_{1/2,-1/2}$ に比例しない．このことは，確立されたルールを $l = \frac{1}{2}$ に拡張するのに問題があることを示しており，そこでわれわれはマトリックス表示に頼ることにする[*1]．$l = \frac{1}{2}$ について語るかわりに，われわれはスピン，$s = \frac{1}{2}$, について語り，文字 l は $\boldsymbol{r} \times \boldsymbol{p}$ と結びつけられている軌道角運動量のためにとっておく．スピン演算子は，S_x, S_y, および S_z で，それらは交換関係

$$[S_x, S_y] = i\hbar S_z \tag{14-39}$$

などなどで定義されている．それらを 2×2 のマトリックスで表したい．式 (14-21) は

$$S_z = \hbar \begin{pmatrix} 1/2 & 0 \\ 0 & -1/2 \end{pmatrix} \tag{14-40}$$

を与え，式 (14-22) は

$$S_+ = \hbar \begin{pmatrix} 0 & 1 \\ 0 & 0 \end{pmatrix}, \qquad S_- = \hbar \begin{pmatrix} 0 & 0 \\ 1 & 0 \end{pmatrix} \tag{14-41}$$

を与える．われわれはこの表示を

$$\boldsymbol{S} = \tfrac{1}{2}\hbar \boldsymbol{\sigma} \tag{14-42}$$

と書こう．ここで

$$\sigma_x = \begin{pmatrix} 0 & 1 \\ 1 & 0 \end{pmatrix}, \qquad \sigma_y = \begin{pmatrix} 0 & -i \\ i & 0 \end{pmatrix}, \qquad \sigma_z = \begin{pmatrix} 1 & 0 \\ 0 & -1 \end{pmatrix} \tag{14-43}$$

は**パウリ・マトリックス** (Pauli matrices) である．それらは交換関係

$$[\sigma_x, \sigma_y] = 2i\sigma_z \tag{14-44}$$

などなどを満足する．これらの交換関係は式 (14-39) を満たすために要求されるものであり，また

$$\sigma_x^2 = \sigma_y^2 = \sigma_z^2 = \begin{pmatrix} 1 & 0 \\ 0 & 1 \end{pmatrix} \equiv \boldsymbol{1} \tag{14-45}$$

をも満足する．パウリ・マトリックスはまた，反可換である．

$$\begin{aligned} \sigma_x \sigma_y &= -\sigma_y \sigma_x \\ \sigma_z \sigma_x &= -\sigma_x \sigma_z \\ \sigma_y \sigma_z &= -\sigma_z \sigma_y \end{aligned} \tag{14-46}$$

[*1] $Y_{1/2, \pm 1/2}$ は球の一つの極 ($\theta = 0$) から他の極 ($\theta = \pi$) への確率の流れを生じるということが指摘されている．二つの極は，それぞれ確率の湧出し口と吸込み口としてふるまう．

これらの関係はスピン $\frac{1}{2}$ の表現に特有のものであり，たとえば $l=1$ のマトリックスに対しては成立しない．

S_z の固有状態は 2 成分の列ベクトルで表示され，これを**スピノール** (spinor) とよぶ．これらの固有スピノールを見いだすには，

$$S_z \begin{pmatrix} u \\ v \end{pmatrix} = \pm \tfrac{1}{2}\hbar \begin{pmatrix} u \\ v \end{pmatrix} \tag{14-47}$$

すなわち

$$\begin{pmatrix} 1 & 0 \\ 0 & -1 \end{pmatrix} \begin{pmatrix} u \\ v \end{pmatrix} = \pm \begin{pmatrix} u \\ v \end{pmatrix}$$

あるいは

$$\begin{pmatrix} u \\ -v \end{pmatrix} = \pm \begin{pmatrix} u \\ v \end{pmatrix} \tag{14-48}$$

を解く．プラスの固有解は $v=0$ をもち，マイナスの固有解は $u=0$ をもつ．そこでわれわれは，スピン上向き $[S_z=+(1/2)\hbar]$ とスピン下向き $[S_z=-(1/2)\hbar]$ に対応する固有スピノールに対して，それぞれ

$$\chi_+ = \begin{pmatrix} 1 \\ 0 \end{pmatrix}, \qquad \chi_- = \begin{pmatrix} 0 \\ 1 \end{pmatrix} \tag{14-49}$$

と書く．

任意のスピノールは，この完全な組によって

$$\begin{pmatrix} \alpha_+ \\ \alpha_- \end{pmatrix} = \alpha_+ \begin{pmatrix} 1 \\ 0 \end{pmatrix} + \alpha_- \begin{pmatrix} 0 \\ 1 \end{pmatrix} \tag{14-50}$$

のように展開され，また展開仮定は，適切に規格化され

$$|\alpha_+|^2 + |\alpha_-|^2 = 1 \tag{14-51}$$

であるとき $|\alpha_+|^2$ と $|\alpha_-|^2$ が，それぞれ状態 $\begin{pmatrix} \alpha_+ \\ \alpha_- \end{pmatrix}$ での S_z の測定の結果 $+(1/2)\hbar$ と $-(1/2)\hbar$ を生じる確率を与えるという解釈をもたらす．

S_z を対角的に保つことは絶対不可欠なことではない．もし，演算子 $S_x \cos\phi + S_y \sin\phi$ の固有状態を求めるならば，

$$(S_x \cos\phi + S_y \sin\phi) \begin{pmatrix} u \\ v \end{pmatrix} = \tfrac{1}{2}\hbar\lambda \begin{pmatrix} u \\ v \end{pmatrix} \tag{14-52}$$

すなわち

$$\begin{pmatrix} 0 & \cos\phi - \mathrm{i}\sin\phi \\ \cos\phi + \mathrm{i}\sin\phi & 0 \end{pmatrix} \begin{pmatrix} u \\ v \end{pmatrix} = \lambda \begin{pmatrix} u \\ v \end{pmatrix}$$

を解かなければならない．これは

$$\begin{aligned} v\,\mathrm{e}^{-\mathrm{i}\phi} &= \lambda u \\ u\,\mathrm{e}^{\mathrm{i}\phi} &= \lambda v \end{aligned} \tag{14-53}$$

を意味する．二つの方程式で左辺どうしおよび右辺どうしの積をとると，

$$uv(\lambda^2 - 1) = 0 \tag{14-54}$$

が見いだされる．これより

$$\lambda = \pm 1 \tag{14-55}$$

である．$\lambda = 1$ に対応する固有ベクトルは
$$v = e^{i\phi} u$$
を満足し，そこで，規格化された形は
$$\frac{1}{\sqrt{2}} \begin{pmatrix} 1 \\ e^{i\phi} \end{pmatrix}$$
となる．状態ベクトルには任意の位相因子を乗ずることができるという事実を利用して，それを $e^{-i\phi/2}$ と選ぶと，これは
$$u_+ = \frac{1}{\sqrt{2}} \begin{pmatrix} e^{-i\phi/2} \\ e^{i\phi/2} \end{pmatrix} \tag{14-56}$$
を生ずる．同様に $\lambda = -1$ に対応する固有状態は
$$u_- = \frac{1}{\sqrt{2}} \begin{pmatrix} e^{-i\phi/2} \\ -e^{i\phi/2} \end{pmatrix} \tag{14-57}$$
の形に書かれ，これは u_+ と直交することが容易にわかる．
$$\begin{aligned} u_+^* u_- &= \frac{1}{2}(e^{i\phi/2}, e^{-i\phi/2}) \begin{pmatrix} e^{-i\phi/2} \\ -e^{i\phi/2} \end{pmatrix} \\ &= 0 \end{aligned} \tag{14-58}$$

もし ϕ を $\phi + 2\pi$ に変えると**解が符号を変える**ことに注目することは興味深い．これは半奇整数スピン波動関数（フェルミオン状態）の特徴である．-1 は単に位相因子であるから，このことは量子力学と矛盾はしないが，半奇整数角運動量をもついかなる古典的な巨視的波束もつくりえないということを意味している．

任意の状態 α が与えられたとき，$\boldsymbol{S}$ の期待値が計算できる．
$$\langle \alpha | \boldsymbol{S} | \alpha \rangle = \sum_i \sum_j \langle \alpha | i \rangle \langle i | \boldsymbol{S} | j \rangle \langle j | \alpha \rangle$$
あるいは，同等なものとして
$$(\alpha_+^*, \alpha_-^*) \boldsymbol{S} \begin{pmatrix} \alpha_+ \\ \alpha_- \end{pmatrix}$$
である．したがって
$$\begin{aligned} \langle S_x \rangle &= (\alpha_+^*, \alpha_-^*) \tfrac{1}{2}\hbar \begin{pmatrix} 0 & 1 \\ 1 & 0 \end{pmatrix} \begin{pmatrix} \alpha_+ \\ \alpha_- \end{pmatrix} \\ &= \tfrac{1}{2}\hbar (\alpha_+^*, \alpha_-^*) \begin{pmatrix} \alpha_- \\ \alpha_+ \end{pmatrix} = \tfrac{1}{2}\hbar(\alpha_+^* \alpha_- + \alpha_-^* \alpha_+) \\ \langle S_y \rangle &= \tfrac{1}{2}\hbar (\alpha_+^*, \alpha_-^*) \begin{pmatrix} 0 & -i \\ i & 0 \end{pmatrix} \begin{pmatrix} \alpha_+ \\ \alpha_- \end{pmatrix} \\ &= \tfrac{1}{2}\hbar (\alpha_+^*, \alpha_-^*) \begin{pmatrix} -i\alpha_- \\ i\alpha_+ \end{pmatrix} = -\frac{i\hbar}{2}(\alpha_+^* \alpha_- - \alpha_-^* \alpha_+) \\ \langle S_z \rangle &= \tfrac{1}{2}\hbar (\alpha_+^*, \alpha_-^*) \begin{pmatrix} \alpha_+ \\ -\alpha_- \end{pmatrix} = \tfrac{1}{2}\hbar(|\alpha_+|^2 - |\alpha_-|^2) \end{aligned} \tag{14-59}$$
である．エルミート演算子に対して期待されたように，これらはすべて実数であることに注意せよ．

スピン $\frac{1}{2}$ 粒子の固有磁気モーメント

われわれは後に，たとえば水素原子に対するハミルトニアンに電子のスピンが現れ，それが軌道角運動量と結合しているのを見るだろう．電子が，たとえば結晶格子のある位置に局在化しているときは，しばしばスピンを，電子がもつ唯一の自由度として扱うことが可能である．電子はそのスピンによる固有磁気モーメントをもつだろう．そしてその磁気モーメントは

$$\boldsymbol{M} = -\frac{eg}{2mc}\boldsymbol{S} \tag{14-60}$$

である[*2]．ここで磁気回転比 (gyromagnetic ratio) g は 2 に非常に近く，

$$g = 2\left(1 + \frac{\alpha}{2\pi} + \cdots\right) = 2.0023192 \tag{14-61}$$

であり，m は電子の質量，α は微細構造定数である．このような局在化された電子に対して，外部磁場 B が存在するときのハミルトニアンは，まさしくポテンシャルエネルギー

$$H = -\boldsymbol{M}\cdot\boldsymbol{B} = \frac{eg\hbar}{4mc}\boldsymbol{\sigma}\cdot\boldsymbol{B} \tag{14-62}$$

である．状態 $\psi(t) = \begin{pmatrix}\alpha_+(t)\\ \alpha_-(t)\end{pmatrix}$ に対するシュレーディンガー方程式は

$$i\hbar\frac{d\psi(t)}{dt} = \frac{eg\hbar}{4mc}\boldsymbol{\sigma}\cdot\boldsymbol{B}\psi(t) \tag{14-63}$$

になる．z 軸を定義するのに $\boldsymbol{B}$ を用い，また

$$\psi(t) = \begin{pmatrix}\alpha_+(t)\\ \alpha_-(t)\end{pmatrix} = e^{-i\omega t}\begin{pmatrix}\alpha_+\\ \alpha_-\end{pmatrix} \tag{14-64}$$

と書くならば，方程式は

$$\hbar\omega\begin{pmatrix}\alpha_+\\ \alpha_-\end{pmatrix} = \frac{eg\hbar B}{4mc}\begin{pmatrix}1 & 0\\ 0 & -1\end{pmatrix}\begin{pmatrix}\alpha_+\\ \alpha_-\end{pmatrix} \tag{14-65}$$

になる．解は振動数 ω の，異なる値に対応して与えられる．$\omega = egB/4mc$ に対して $\begin{pmatrix}\alpha_+\\ \alpha_-\end{pmatrix} = \begin{pmatrix}1\\ 0\end{pmatrix}$, $\omega = -(egB/4mc)$ に対して $\begin{pmatrix}\alpha_+\\ \alpha_-\end{pmatrix} = \begin{pmatrix}0\\ 1\end{pmatrix}$ が得られる．したがって，初期状態が

$$\psi(0) = \begin{pmatrix}a\\ b\end{pmatrix} \tag{14-66}$$

であれば，後の時刻での状態は

$$\psi(t) = \begin{pmatrix}ae^{-i\omega t}\\ be^{i\omega t}\end{pmatrix}, \qquad \omega = \frac{geB}{4mc} \tag{14-67}$$

[*2] 角運動量 $\boldsymbol{L}$ をもち，円を描いて運動する「古典的」電子は，磁気モーメントが $\boldsymbol{M} = -e\boldsymbol{L}/2mc$ であるような電流のループを形成する．スピンは純粋に量子力学的な変数であるから，われわれは式 (14-60) を類似によってのみ議論できる．その正当化のためには，値 $g=2$ もそれから現れてくるような相対論的ディラック方程式を必要とする．$g=2$ への補正は量子電気力学から得られる．スピンの非古典的様相は，スピンの発見者 S. Goudsmit と G. Uhlenbeck によって指摘された (1925 年)．

となるだろう．$t=0$ において，スピンは固有値 $+(1/2)\hbar$ をもつ S_x の固有状態，すなわち，「x 方向を指している」と仮定しよう．これは

$$\frac{1}{2}\hbar \begin{pmatrix} 0 & 1 \\ 1 & 0 \end{pmatrix} \begin{pmatrix} a \\ b \end{pmatrix} = \frac{1}{2}\hbar \begin{pmatrix} a \\ b \end{pmatrix}$$

つまり，$\begin{pmatrix} a \\ b \end{pmatrix} = \frac{1}{\sqrt{2}} \begin{pmatrix} 1 \\ 1 \end{pmatrix}$ であることを意味する．そうすると，後の時刻では

$$\begin{aligned}
\langle S_x \rangle &= \frac{1}{2}\hbar \frac{1}{\sqrt{2}}(e^{i\omega t}, e^{-i\omega t}) \begin{pmatrix} 0 & 1 \\ 1 & 0 \end{pmatrix} \frac{1}{\sqrt{2}} \begin{pmatrix} e^{-i\omega t} \\ e^{i\omega t} \end{pmatrix} \\
&= \frac{\hbar}{4}(e^{i\omega t}, e^{-i\omega t}) \begin{pmatrix} e^{i\omega t} \\ e^{-i\omega t} \end{pmatrix} = \frac{\hbar}{2}\cos 2\omega t
\end{aligned} \quad (14\text{-}68)$$

となる．同様に

$$\begin{aligned}
\langle S_y \rangle &= \frac{1}{2}\hbar \frac{1}{\sqrt{2}}(e^{i\omega t}, e^{-i\omega t}) \begin{pmatrix} 0 & -i \\ i & 0 \end{pmatrix} \frac{1}{\sqrt{2}} \begin{pmatrix} e^{-i\omega t} \\ e^{i\omega t} \end{pmatrix} \\
&= \frac{\hbar}{4}(-ie^{2i\omega t} + ie^{-2i\omega t}) \\
&= \frac{\hbar}{2}\sin 2\omega t
\end{aligned} \quad (14\text{-}69)$$

である．よって，スピンは B の方向のまわりに，**サイクロトロン振動数**とよばれる振動数

$$2\omega = \frac{egB}{2mc} \approx \frac{eB}{mc} \equiv \omega_c \quad (14\text{-}70)$$

で歳差運動を行う．この歳差運動は，もしスピンがはじめに z 軸に関して，ある任意の角 θ の方向を指していれば起きる．オーダー 10^4 ガウス (1T) の磁場に対して，

$$\omega_c = \frac{(4.8 \times 10^{-10}\,\text{esu})(10^4\,\text{gauss})}{(0.9 \times 10^{-27}\,\text{g})(3 \times 10^{10}\,\text{cm/sec})} \approx 1.8 \times 10^{11}\,\text{rad/sec}$$

となり，これはいたって大きな振動数である．

常 磁 性 共 鳴

　固体においては，電子の磁気回転因子 (gyromagnetic factor) g は，固体中で作用する力の性質によって影響を受ける．g についての知識はこれらの力がどのようなものでありうるかについてたいへん有用な制限をもたらし，したがって g を測定できることが重要である．これは，**常磁性共鳴の方法** (paramagnetic resonance method) によって実行できる．この方法の原理は次のようなものである．z 方向を指す磁場があり，電子スピンがその方向のまわりを歳差運動するとする．それはどれくらいの速さで行われるだろうか？　もしも，z 軸に垂直かつスピンとともに回転する磁場を導入したならば，そのとき場は電子スピンが静止していると「みる」だろう．電子スピンの x–y 平面内に向きをもった成分は，最小エネルギー状態に達するために磁場と反対の方向に優先的に整列するだろう．最小エネルギーの方向にまだ整列していない電子に対しては，最低エネルギーへの遷移が起こるだろう．そして，この過程で，放射の形でエネルギーが放棄され，これは検出可能である．

1秒間あたり 10^{11} ラジアンのオーダーの振動数で回転する磁場を得ることは実際的ではない．しかしながら，もし，たとえば x 方向を指す磁場で，かつ振動数 ω で振動する磁場を得るならば，それは，x–y 平面内で振動数 ω で時計方向に回転する場と，同じ振動数で反時計方向に回転する場の，最終的な効果として x 方向をもつように位相を調整した重ね合せであると見なすことができる．（これは，二つの円偏極の和から直線偏極を得るのに似ている．）一つの成分だけが，歳差を行うスピンと同じ方向に進むだろう．他の成分はスピンの歳差と逆の方向に運動するだろう．そして，電子スピンに対するその影響は，平均するとゼロになる．

唯一の自由度がスピン状態であって，z 方向を指す時間的に一定な大きな磁場 B_0 と，x 方向を指す振動する小さな磁場 $B_1 \cos\omega t$ の影響の下にあるような電子を考えよう．このときシュレーディンガー方程式は

$$i\hbar \frac{d}{dt}\begin{pmatrix} a(t) \\ b(t) \end{pmatrix} = \frac{eg\hbar}{4mc}\begin{pmatrix} B_0 & B_1\cos\omega t \\ B_1\cos\omega t & -B_0 \end{pmatrix}\begin{pmatrix} a(t) \\ b(t) \end{pmatrix} \quad (14\text{-}71)$$

あるいは

$$\omega_0 = \frac{egB_0}{4mc} = \frac{1}{2}\omega_c, \qquad \omega_1 = \frac{egB_1}{4mc} \quad (14\text{-}72)$$

を用いて

$$\begin{aligned} i\frac{da(t)}{dt} &= \omega_0\, a(t) + \omega_1 \cos\omega t\, b(t) \\ i\frac{db(t)}{dt} &= \omega_1 \cos\omega t\, a(t) - \omega_0\, b(t) \end{aligned} \quad (14\text{-}73)$$

と書かれる．

$$\begin{aligned} A(t) &= a(t)\,e^{i\omega_0 t} \\ B(t) &= b(t)\,e^{-i\omega_0 t} \end{aligned} \quad (14\text{-}74)$$

としよう．これらは方程式

$$\begin{aligned} i\frac{dA(t)}{dt} &= \omega_1 \cos\omega t\, B(t)\, e^{i\omega_c t} \\ &\approx \tfrac{1}{2}\omega_1\, e^{i(\omega_c - \omega)t}\, B(t) \\ i\frac{dB(t)}{dt} &= \omega_1 \cos\omega t\, A(t)\, e^{-i\omega_c t} \\ &\approx \tfrac{1}{2}\omega_1 e^{-i(\omega_c - \omega)t} A(t) \end{aligned} \quad (14\text{-}75)$$

を満足する．これらの式を得るのにわれわれは近似を用いた．つまり，

$$\begin{aligned} \cos\omega t\, e^{i\omega_c t} &= \tfrac{1}{2}[e^{i(\omega_c + \omega)t} + e^{i(\omega_c - \omega)t}] \\ &\approx \tfrac{1}{2}e^{i(\omega_c - \omega)t} \end{aligned}$$

と書いた．われわれは値 $\omega = \omega_c$ に興味があり，また両者とも大きな値であるので，上式で落とした項はきわめて急速に振動し，その寄与は平均するとゼロになると期待される．より詳細な取り扱いによっても，この観察は支持される．$B(t)$ は

$$B(t) = \frac{2i}{\omega_1}\frac{dA(t)}{dt}\, e^{-i(\omega_c - \omega)t} \quad (14\text{-}76)$$

によって消去することができ，これを用いて，$A(t)$ に対する 2 階の微分方程式

$$\frac{d^2 A(t)}{dt^2} - i(\omega_c - \omega)\frac{dA(t)}{dt} + \frac{\omega_1^2}{4}A(t) = 0 \quad (14\text{-}77)$$

が得られる．試験的な解として

$$A(t) = A(0)\,e^{i\lambda t} \tag{14-78}$$

をとる．これを式 (14-77) に代入すると，方程式

$$-\lambda^2 + (\omega_c - \omega)\lambda + \frac{\omega_1^2}{4} = 0$$

の解，すなわち

$$\lambda_\pm = \frac{\omega_c - \omega \pm \sqrt{(\omega_c - \omega)^2 + \omega_1^2}}{2} \tag{14-79}$$

が λ を決定する．

最も一般的な解は

$$A(t) = A_+ \, e^{i\lambda_+ t} + A_- \, e^{i\lambda_- t} \tag{14-80}$$

であり，これより

$$B(t) = -\frac{2}{\omega_1} e^{-i(\omega_c - \omega)t}(\lambda_+ A_+ e^{i\lambda_+ t} + \lambda_- A_- e^{i\lambda_- t}) \tag{14-81}$$

である．これは最終的に

$$\begin{aligned}
a(t) &= e^{-i\omega_c t/2}(A_+ e^{i\lambda_+ t} + A_- e^{i\lambda_- t}) \\
b(t) &= -\frac{2}{\omega_1} e^{-i(\omega_c/2 - \omega)t}(\lambda_+ A_+ e^{i\lambda_+ t} + \lambda_- A_- e^{i\lambda_- t})
\end{aligned} \tag{14-82}$$

をもたらす．もしも，$t = 0$ で電子のスピンが z 軸正方向に向いているならば，$a(0) = 1$ および $b(0) = 0$，すなわち

$$A_+ + A_- = 1$$
$$\lambda_+ A_+ + \lambda_- A_- = 0$$

である．そこで

$$\begin{aligned}
A_+ &= \frac{\lambda_-}{\lambda_- - \lambda_+} \\
A_- &= -\frac{\lambda_+}{\lambda_- - \lambda_+}
\end{aligned} \tag{14-83}$$

となる．後のある時刻にスピンが z 軸負方向を向く確率は

$$\begin{aligned}
|b(t)|^2 &= \frac{4}{\omega_1^2} \left| \frac{\lambda_+ \lambda_-}{\lambda_- - \lambda_+} e^{i\lambda_+ t} - \frac{\lambda_+ \lambda_-}{\lambda_- - \lambda_+} e^{i\lambda_- t} \right|^2 \\
&= \frac{\omega_1^2/4}{(\omega_c - \omega)^2 + \omega_1^2} \left| 1 - e^{-i(\lambda_+ - \lambda_-)t} \right|^2 \\
&= \frac{\omega_1^2}{(\omega_c - \omega)^2 + \omega_1^2} \frac{1 - \cos\sqrt{(\omega_c - \omega)^2 + \omega_1^2}\, t}{2}
\end{aligned} \tag{14-84}$$

である．$\omega_1 \ll \omega, \omega_c$ ゆえ，この量は小さい．場 B_1 の振動数 ω が ω_c に等しくなるように「調整」されるとき，確率は

$$|b(t)|^2 \to \frac{1 - \cos\omega_1 t}{2} \tag{14-85}$$

となる．すなわち 1 に近づく．「上向き」の状態のエネルギーは，「下向き」の状態のエネルギーと異なっているため，外場から吸い上げられたこのようなエネルギー差は，共鳴振動数のシグナルとなり，その結果 ω_c，したがって g がかなりの精度で測定できるのである．

問題

14-1 調和振動子に対する基底状態ベクトルが
$$u_0 = \begin{pmatrix} 1 \\ 0 \\ 0 \\ \vdots \end{pmatrix}$$
で与えられるとき，式 (14-2) と (14-10) を用いて u_1, u_2, u_3 を計算せよ．一般的なパターンは何か?
$$\langle u_m | u_n \rangle = \delta_{mn}$$
であることを確かめよ．

14-2 ベクトル
$$\psi = \frac{1}{\sqrt{6}} \begin{pmatrix} 1 \\ 2 \\ 1 \\ 0 \\ \vdots \end{pmatrix}$$
が与えられたとき，調和振動子演算子 (14-9), (14-10), (14-11) を用いて次の諸量を計算せよ．

(a) $\langle H \rangle$

(b) $\langle x^2 \rangle, \langle x \rangle, \langle p^2 \rangle, \langle p \rangle$

(c) これを用いて $\Delta p\, \Delta x$ を計算せよ．

[**注意**：A と $A^\dagger$ を用いて p と x を表した式は式 (7-4) から得られる．]

14-3 調和振動子に対する x^4 のマトリックス表示の左上の 4×4 のコーナーを計算せよ．

14-4 式 (14-21) と (14-22) を用いて，角運動量 3/2 に対する L_x, L_y および L_z のマトリックス表示を計算せよ．交換関係
$$[L_x, L_y] = i\hbar L_z$$
などなどが満足されていることを確かめよ．

14-5 ハミルトニアン
$$H = \frac{1}{2I_1} L_x{}^2 + \frac{1}{2I_2} L_y{}^2 + \frac{1}{2I_3} L_z{}^2$$
が与えられている．(a) 系の角運動量が 1 のとき，(b) 系の角運動量が 2 のときの (おのおのに対して) H の固有値を求めよ．

注意：角運動量 2 に対する L_x, L_y, L_z のマトリックス表示は

$$L_z = \hbar \begin{pmatrix} 2 & 0 & 0 & 0 & 0 \\ 0 & 1 & 0 & 0 & 0 \\ 0 & 0 & 0 & 0 & 0 \\ 0 & 0 & 0 & -1 & 0 \\ 0 & 0 & 0 & 0 & -2 \end{pmatrix}$$

$$L_+ = \hbar \begin{pmatrix} 0 & 2 & 0 & 0 & 0 \\ 0 & 0 & \sqrt{6} & 0 & 0 \\ 0 & 0 & 0 & \sqrt{6} & 0 \\ 0 & 0 & 0 & 0 & 2 \\ 0 & 0 & 0 & 0 & 0 \end{pmatrix}, \qquad L_- = (L_+)^\dagger$$

から得られる．

14-6 マトリックス

$$H = \begin{pmatrix} 8 & 4 & 6 \\ 4 & 14 & 4 \\ 6 & 4 & 8 \end{pmatrix}$$

の固有値を計算せよ．固有ベクトルは何か？

14-7 規格化された状態ベクトル

$$\begin{pmatrix} \cos\alpha \\ \sin\alpha\, e^{i\beta} \end{pmatrix}$$

によって表されるスピン $\frac{1}{2}$ の系を考える．S_y の測定が $-\hbar/2$ を生ずる確率はいくらか？

14-8 角運動量 1 の状態に対して，$\boldsymbol{n}$ を任意の単位ベクトルとしてマトリックス $\boldsymbol{L}\cdot\boldsymbol{n}$ が

$$\sum \alpha_k (\boldsymbol{L}\cdot\boldsymbol{n})^k = 0$$

の形の多項式方程式を満足することを示せ．この多項式の形は何か？それを任意の角運動量 l に一般化できるか？

14-9 角運動量 1 に対して，11 章で議論されたように，$Y_{1m}(\theta,\phi)$ を固有状態として用い，また，$\boldsymbol{L}$ に対して微分演算子を用いることができる．

$$\int \sin\theta\, d\theta d\phi\, Y_{1k}^*(\theta,\phi)\, L_+\, Y_{1m}(\theta,\phi)$$

を計算し，それをマトリックス要素 $(L_+)_{km}$ と比較することによって，対応を示せ．

14-10 状態ベクトル

$$u = \frac{1}{\sqrt{26}} \begin{pmatrix} 1 \\ 4 \\ -3 \end{pmatrix}$$

によって表される角運動量 1 の系を考える．L_x の測定が値 0 を生ずる確率はいくらか？

14-11 角運動量 1 の系を考える．演算子 $L_x L_y + L_y L_x$ の固有関数と固有値は何か？

14-12 スピン $\frac{1}{2}$ の系を考える．演算子 $S_x + S_y$ の固有値と固有ベクトルは何か？この演算子の測定がなされ，系が大きい方の固有値に対応する状態に見いだされたとしよう．S_z の測定が $\hbar/2$ を生ずる確率はいくらか？

14-13 ハイゼンベルク描像における演算子の変化率に対する式は (7-63) で与えられる．演算子 $S_x(t), \ldots$ を考える．もしハミルトニアンが

$$H = \frac{eg}{2mc} \boldsymbol{S}(t) \cdot \boldsymbol{B}$$

で与えられ，交換関係が $[S_x(t), S_y(t)] = i\hbar S_z(t)$，などなどであるとすれば，これらの演算子の運動方程式は何か？$\boldsymbol{B} = (0, 0, B)$ である場合に，$\boldsymbol{S}(t)$ を $\boldsymbol{S}(0)$ を用いて解け．

14-14 スピン $\frac{1}{2}$ の物体が，$t = 0$ で固有値 $+\hbar/2$ をもつ S_x の固有状態にある．その時刻において，物体は磁場 $\boldsymbol{B} = (0, 0, B)$ の中に置かれ，この磁場中で時間 T の歳差運動を行うことが許されている．時刻 T の瞬間，磁場は y 方向に急速に回転させられ，したがって成分は $(0, B, 0)$ になる．次の時間間隔 T の後に，S_x の測定が実行される．値 $\hbar/2$ が見いだされる確率はいくらか？

14-15 外部磁場の中にあるスピン 1 の粒子のふるまいを解け．$\boldsymbol{B} = (0, 0, B)$ と選び，初期状態を，

$$\boldsymbol{S} \cdot \boldsymbol{n} = S_x \sin\theta \cos\phi + S_y \sin\theta \sin\phi + S_z \cos\theta$$

の固有状態で，固有値が，$\hbar$, 0, $-\hbar$ の値をとる場合を順に選べ．

[**ヒント**：式 (14-23a)–(14-23c) によって与えられているマトリックス表示を用いよ．]

14-16 磁場 $\boldsymbol{B} = \boldsymbol{k}B$ の中にあって，z 方向の運動量がゼロの，質量 μ の電子に対するエネルギーは，

$$E = \frac{eB\hbar}{2\mu c}(2n + 1 + |m| + m) \qquad (m = 0, \pm 1, \pm 2, \pm 3, \ldots)$$

で与えられる．

(a) 電子がスピン $\frac{1}{2}$ をもつという事実を考慮したとき，エネルギーの式はどのような修正を受けるか？

(b) B は非常に大きいと仮定しよう．最も低い四つのエネルギー状態に対して，**スピンの影響を含めて**，エネルギー スペクトルの略図を書け．書かれたおのおのの準位に対して，そのエネルギーに対応する量子数，すなわち電子に対する n, m および S_z の値を注意深く記入せよ．

参考文献

スピンに関する題材は標準的な題材であり，巻末に載せられているすべての本において論じられている．

15

角運動量の合成

二つのスピンの合成

いま，ここに，二つの電子があるとして，それぞれのスピンが，演算子 $\boldsymbol{S}_1$ と $\boldsymbol{S}_2$ で記述されているとする．これらの演算子の組のおのおのは，それぞれ，角運動量に対する普通の交換関係

$$[S_{1x}, S_{1y}] = i\hbar S_{1z}$$

などと

$$[S_{2x}, S_{2y}] = i\hbar S_{2z} \tag{15-1}$$

などを満足するするが，別の組に属する演算子は，異なる粒子に結びついた自由度が独立であるため互いに交換し，すなわち

$$[\boldsymbol{S}_1, \boldsymbol{S}_2] = 0 \tag{15-2}$$

である．いま，全スピン $\boldsymbol{S}$ を

$$\boldsymbol{S} = \boldsymbol{S}_1 + \boldsymbol{S}_2 \tag{15-3}$$

と定義しよう．$\boldsymbol{S}$ の各成分が満たす交換関係は

$$\begin{aligned}[] [S_x, S_y] &= [S_{1x} + S_{2x}, S_{1y} + S_{2y}] \\ &= [S_{1x}, S_{1y}] + [S_{2x}, S_{2y}] \\ &= i\hbar(S_{1z} + S_{2z}) = i\hbar S_z \end{aligned} \tag{15-4}$$

などである．したがって $\boldsymbol{S}$ のことを**全スピン**とよんで差し支えないことがわかる．ここでわれわれは $\boldsymbol{S}^2$ と S_z の固有値と固有関数を決定する．

2スピン系には実際4個の状態がある．1番目の電子のスピノールを $\chi_\pm^{(1)}$ とすると

$$\begin{aligned} \boldsymbol{S}_1^2 \chi_\pm^{(1)} &= \tfrac{1}{2}(\tfrac{1}{2}+1)\hbar^2 \chi_\pm^{(1)} \\ S_{1z} \chi_\pm^{(1)} &= \pm \tfrac{1}{2}\hbar \chi_\pm^{(1)} \end{aligned} \tag{15-5}$$

となり，2番目の電子のスピノール $\chi_\pm^{(2)}$ も同様の式を満たす．これらを使って2スピン系の4個の状態を表すと

$$\chi_+^{(1)} \chi_+^{(2)}, \chi_+^{(1)} \chi_-^{(2)}, \chi_-^{(1)} \chi_+^{(2)}, \chi_-^{(1)} \chi_-^{(2)} \tag{15-6}$$

となる．この 4 個の状態に対する S_z の固有値は

$$\begin{aligned} S_z \chi_\pm^{(1)} \chi_\pm^{(2)} &= (S_{1z} + S_{2z}) \chi_\pm^{(1)} \chi_\pm^{(2)} \\ &= (S_{1z} \chi_\pm^{(1)}) \chi_\pm^{(2)} + \chi_\pm^{(1)} (S_{2z} \chi_\pm^{(2)}) \end{aligned}$$

となり，すなわち

$$\begin{aligned} S_z \chi_+^{(1)} \chi_+^{(2)} &= \hbar \chi_+^{(1)} \chi_+^{(2)} \\ S_z \chi_+^{(1)} \chi_-^{(2)} &= S_z \chi_-^{(1)} \chi_+^{(2)} = 0 \\ S_z \chi_-^{(1)} \chi_-^{(2)} &= -\hbar \chi_-^{(1)} \chi_-^{(2)} \end{aligned} \qquad (15\text{-}7)$$

となる．見てわかるように $m=0$ の状態が二つある．これらの線形結合の一つが，$m=1$ と $m=-1$ の状態とともにスピン 3 重項をつくり，それに直交する結合がスピン 1 重項 $S=0$ の状態であると期待される．このことをチェックするために，下降演算子

$$S_- = S_{1-} + S_{2-} \qquad (15\text{-}8)$$

をつくり，$m=1$ の状態にかけてみる．その結果は，前にかかる係数を除いて，$S=1$ の 3 重項の $m=0$ 状態になるはずである．実際，

$$S_-^{(i)} \chi_+^{(i)} = \hbar \chi_-^{(i)} \qquad (15\text{-}9)$$

という事実，これは，

$$\frac{1}{2} \hbar \left[\begin{pmatrix} 0 & 1 \\ 1 & 0 \end{pmatrix} - \mathrm{i} \begin{pmatrix} 0 & -\mathrm{i} \\ \mathrm{i} & 0 \end{pmatrix} \right] \begin{pmatrix} 1 \\ 0 \end{pmatrix} = \hbar \begin{pmatrix} 0 \\ 1 \end{pmatrix} \qquad (15\text{-}10)$$

のように確かめられるのだが，これを使えば，

$$\begin{aligned} S_- \chi_+^{(1)} \chi_+^{(2)} &= (S_{1-} \chi_+^{(1)}) \chi_+^{(2)} + \chi_+^{(1)} S_{2-} \chi_+^{(2)} \\ &= \hbar \chi_-^{(1)} \chi_+^{(2)} + \hbar \chi_+^{(1)} \chi_-^{(2)} \\ &= \sqrt{2} \hbar \frac{\chi_+^{(1)} \chi_-^{(2)} + \chi_-^{(1)} \chi_+^{(2)}}{\sqrt{2}} \end{aligned} \qquad (15\text{-}11)$$

を得る．ここで，線形結合は規格化されており，そのために前に出てくる埋め合わせ的因子 $\sqrt{2}\hbar$ も，$l=m=1$ を考慮すれば式 (11-36) と (11-48) から期待できるものと一致している．次に S_- をこの線形結合にかけると，式

$$S_-^{(i)} \chi_-^{(i)} = 0 \qquad (15\text{-}12)$$

を考慮して，角運動量 $S=1$ の状態に対して期待できるように

$$\begin{aligned} S_- \frac{\chi_+^{(1)} \chi_-^{(2)} + \chi_-^{(1)} \chi_+^{(2)}}{\sqrt{2}} &= \frac{\hbar}{\sqrt{2}} (\chi_-^{(1)} \chi_-^{(2)} + \chi_-^{(1)} \chi_-^{(2)}) \\ &= \sqrt{2} \hbar \chi_-^{(1)} \chi_-^{(2)} \end{aligned} \qquad (15\text{-}13)$$

が得られる．残る式 (15-11) に直交するようにつくった状態は，正しく規格化すれば

$$\frac{1}{\sqrt{2}} (\chi_+^{(1)} \chi_-^{(2)} - \chi_-^{(1)} \chi_+^{(2)}) \qquad (15\text{-}14)$$

となり，この状態にはパートナーがないので，$S=0$ の状態であることが推測される．これをチェックするために，次の二つの状態に対して，$\boldsymbol{S}^2$ を計算する．

$$X_\pm = \frac{1}{\sqrt{2}} (\chi_+^{(1)} \chi_-^{(2)} \pm \chi_-^{(1)} \chi_+^{(2)}) \qquad (15\text{-}15)$$

そこで,
$$\begin{aligned}\boldsymbol{S}^2 &= (\boldsymbol{S}_1+\boldsymbol{S}_2)^2 = \boldsymbol{S}_1{}^2 + \boldsymbol{S}_2{}^2 + 2\boldsymbol{S}_1\cdot\boldsymbol{S}_2 \\ &= \boldsymbol{S}_1{}^2 + \boldsymbol{S}_2{}^2 + 2S_{1z}S_{2z} + S_{1+}S_{2-} + S_{1-}S_{2+}\end{aligned} \quad (15\text{-}16)$$

である.まず,
$$\begin{aligned}\boldsymbol{S}_1{}^2 X_\pm &= \frac{1}{\sqrt{2}}(\chi_-^{(2)}\boldsymbol{S}_1{}^2\chi_+^{(1)} \pm \chi_+^{(2)}\boldsymbol{S}_1{}^2\chi_-^{(1)}) \\ &= \tfrac{3}{4}\hbar^2 X_\pm\end{aligned} \quad (15\text{-}17)$$

であり,同様に
$$\boldsymbol{S}_2{}^2 X_\pm = \tfrac{3}{4}\hbar^2 X_\pm \quad (15\text{-}18)$$

である.次に
$$2S_{1z}S_{2z}X_\pm = 2(\tfrac{1}{2}\hbar)(-\tfrac{1}{2}\hbar)X_\pm = -\tfrac{1}{2}\hbar^2 X_\pm \quad (15\text{-}19)$$

を計算して,最終的に
$$\begin{aligned}(S_{1+}S_{2-}+S_{1-}S_{2+})X_\pm &= \frac{1}{\sqrt{2}}(S_{1+}\chi_+^{(1)}S_{2-}\chi_-^{(2)} + S_{1-}\chi_+^{(1)}S_{2+}\chi_-^{(2)} \\ &\quad \pm S_{1+}\chi_-^{(1)}S_{2-}\chi_+^{(2)} \pm S_{1-}\chi_-^{(1)}S_{2+}\chi_+^{(2)})\end{aligned}$$

となり,式 (15-9) と (15-12) を用いて
$$(S_{1+}S_{2-}+S_{1-}S_{2+})X_\pm = \pm\hbar^2 X_\pm \quad (15\text{-}20)$$

を得る.したがって
$$\begin{aligned}\boldsymbol{S}^2 X_\pm &= \hbar^2(\tfrac{3}{4}+\tfrac{3}{4}-\tfrac{1}{2}\pm 1)X_\pm = \begin{pmatrix}2\\0\end{pmatrix}\hbar^2 X_\pm \\ &= \hbar^2 S(S+1)X_\pm\end{aligned} \quad (15\text{-}21)$$

となり,$S=1$ と 0 はそれぞれ $\pm$ の状態に対応する.

　ここで,われわれが示したことは,スピン $\frac{1}{2}$ の 2 個の粒子がもっている合計 4 個の状態が,全スピンの 3 重項と 1 重項の状態に結合し直されるということである.この二つの記述法はまったく同等であることは,ここで強調する必要がある.一方で,われわれは,交換可能な観測量 $\boldsymbol{S}_1{}^2, \boldsymbol{S}_2{}^2, S_{1z}$ と S_{2z} の完全な組 (完全系) を用い,他方で,交換可能な観測量 $\boldsymbol{S}^2, S_z, \boldsymbol{S}_1{}^2, \boldsymbol{S}_2{}^2$ の組に対する完全系を使っているのである.展開定理により,任意の関数は,固有状態の完全系で展開することができる.**われわれがここで示したことは,2 番目の観測量の組に対する固有状態を,1 番目の観測量に対する完全系を用いて,展開したということである.**これは,水素原子の固有状態を,運動量演算子の固有状態で展開した表現にきわめて似たことである.そこでの係数 (われわれの場合の $1/\sqrt{2}$ などにあたるもの) は,運動量空間での波動関数である.この操作の逆,すなわち,積 $\chi^{(1)}\chi^{(2)}$ を 3 重項と 1 重項のコンビネーションで表すことは,簡単な演習問題である.

　固有状態を構成するとき,完全に可換な観測可能量の二つの組が,第 1 近似までは,同じように有効であることは,物理の問題では,しばしばあることである.しかし,近似をあげて,ハミルトニアンの付加的な項まで考慮するとき,一方の組のみが,有効になる.簡単な例は低エネルギー核物理学で見受けられる.

低エネルギーでの中性子と陽子の相互作用を記述するポテンシャル $V(r)$ の研究の初期の段階で，相互作用の強さが，二つの相互作用する粒子の全スピンが $S=1$ の状態にあるか，$S=0$ の状態にあるかに依存していることが明らかになってきた．たとえば，重陽子 (deuteron) は $S=1$ の状態であるが，中性子と陽子の $S=0$ 状態は結合しない．このことは，スピンに依存したポテンシャルを用いて記述することができる．いま，ポテンシャルが

$$V(r) = V_1(r) + \frac{1}{\hbar^2}\boldsymbol{S}_1 \cdot \boldsymbol{S}_2 V_2(r) \tag{15-22}$$

の形をしているとしよう．明らかに，S_{1z} と S_{2z} は第 2 項と交換しない．したがって，このポテンシャルを含んだ H の固有状態は，S_{1z} と S_{2z} の固有状態の単なる積ではありえない．しかし，

$$\boldsymbol{S}_1 \cdot \boldsymbol{S}_2 = \tfrac{1}{2}(\boldsymbol{S}^2 - \boldsymbol{S}_1{}^2 - \boldsymbol{S}_2{}^2) \tag{15-23}$$

であること，したがって，この項が $\boldsymbol{S}^2$, $\boldsymbol{S}_1{}^2$ と $\boldsymbol{S}_2{}^2$ の固有状態に作用したとき固有値に置き換えられることに注目すれば，答は

$$\begin{aligned} V(r) &= V_1(r) + \frac{1}{2}V_2(r)\left[S(S+1) - \frac{3}{2}\right] \\ &= V_1(r) + \frac{1}{4}\begin{pmatrix} 1 \\ -3 \end{pmatrix}V_2(r)\begin{cases} S=1 \\ S=0 \end{cases} \end{aligned} \tag{15-24}$$

となる．このような，スピンに依存したポテンシャルは，実際，中性子と陽子から成る系で観測されている．$S=1$ の状態は束縛状態（重陽子）であり，$S=0$ の状態は非束縛状態として存在する．これは，$V_1 - \frac{3}{4}V_2$ の方が $V_1 + \frac{1}{4}V_2$ に比べて，引力的でないことを意味していて，このことが可能なのは $V_2(r) \neq 0$ のときのみである．

スピン 1 重項の波動関数 (15-14) は，ある測定で (2) の電子のスピンが「上向き」であれば，(1) の電子は**必ず**「下向き」であることを意味している．このとき，電子は区別できないが，双方の電子が，左右へ，等しいが逆向きの運動量で動いて，2 電子の重心は依然静止しているような 1 重項状態を考えることができる．したがって，電子 (2) が右へ動く電子で，電子 (1) が左へ動く電子だとすることができ，右へ動く電子がスピン「上向き」状態にあるという主張は，はっきりした意味をもつ．

より興味深い問題を問うことができる．いま，電子 (2) について S_x の測定が為され，その結果，固有値が $\hbar/2$ であったとする，すなわち電子 (2) は x 軸に沿って，「上向き」の状態にあったとする．このとき，電子 (1) について S_x を測定したら，結果はどうなるか？ 二つの電子は互いに遠く離れているので，$+\hbar/2$ と $-\hbar/2$ の両方が，たぶん同じ確率で観測されると考えるかも知れない．その根拠は，電子 (2) が S_x の，ある特定の固有状態に「射影」されたという情報は，電子 (1) の測定に影響を及ぼすように無限大の速度で伝搬することは不可能だということにある．事実，この結論こそが，物理学の**完全な**理論がもつべきある基準を受け入れるならば，期待されるべきことであると，A. Einstein, N. Rosen と B. Podolsky [1]が彼らの論文で主張したことで

---

[1] この議論の上手な説明は，D. Bohm の *Quantum Theory* [玉木英彦，遠藤真二，小出昭一郎 訳：量子論の物理的基礎（みすず書房，1954）] に載っている．また J. S. Bell の研究に関連した，もっと現代的な視点

ある．他方，量子力学は，2スピン系が単一の波動関数で記述され，二つのスピンには相関があると主張する．一方の電子の S_x を測定することは，系の一部を測定することであるが，系全体がスピン1重項にあるという知識と組み合わせると，実際は全波動関数の測定になっている．したがって，電子 (2) の S_x が $\hbar/2$ であれば，電子 (1) の S_x を測定すれば，その結果は $-\hbar/2$ である．このことを，形式的に見るには，固有状態 $\chi_\pm$ が，S_x の固有状態 $\xi_\pm$ で展開できることに注意する．われわれは前に [式 (14-56) と (14-57) で $\phi=0$ とおいて]

$$\xi_\pm = \frac{1}{\sqrt{2}}(\chi_+ \pm \chi_-)$$

または，同じことだが

$$\chi_\pm = \frac{1}{\sqrt{2}}(\xi_+ \pm \xi_-)$$

であることを見た．これを

$$\psi = \frac{1}{\sqrt{2}}(\chi_+^{(1)}\chi_-^{(2)} - \chi_-^{(1)}\chi_+^{(2)})$$

へ代入すると，

$$\begin{aligned}\psi &= (1/\sqrt{2})^3[(\xi_+^{(1)}+\xi_-^{(1)})(\xi_+^{(2)}-\xi_-^{(2)}) - (\xi_+^{(1)}-\xi_-^{(1)})(\xi_+^{(2)}+\xi_-^{(2)})] \\ &= \frac{1}{\sqrt{2}}(\xi_+^{(1)}\xi_-^{(2)} - \xi_-^{(1)}\xi_+^{(2)})\end{aligned} \quad (15\text{-}25)$$

が得られ，電子 (2) が「上向き」の状態にあれば，電子 (1) は必ず，「下向き」の状態にあることを明白に示している．

スピン $\frac{1}{2}$ と軌道角運動量の合成

将来の応用にとって，もっと重要なことは，スピンと軌道角運動量との組み合せである．L は空間座標に依存するが，S は依存しないから，これらは可換である．

$$[L, S] = 0 \quad (15\text{-}26)$$

したがって，次式で定義される全角運動量

$$J = L + S \quad (15\text{-}27)$$

の各成分は，角運動量の交換関係を満足するはずである．

$$J_z = L_z + S_z \quad (15\text{-}28)$$

と

$$\begin{aligned}J^2 &= L^2 + S^2 + 2L\cdot S \\ &= L^2 + S^2 + 2L_zS_z + L_+S_- + L_-S_+\end{aligned} \quad (15\text{-}29)$$

の固有状態を，Y_{lm} と $\chi_\pm$ の線形結合で求める場合，われわれは再び，固有関数の一つの完全系を別の固有関数系で展開し，その展開係数を求めているのである．

そこで，次の線形結合を考えよう．

$$\psi_{j,m+1/2} = \alpha Y_{lm}\chi_+ + \beta Y_{l,m+1}\chi_- \quad (15\text{-}30)$$

からは，J. J. Sakurai, *Modern Quantum Mechanics* が詳しい．また，David J. Griffith, *Introduction to Quantum Mechanics*, Prentice Hall, Englewood Cliffs, N. J. 1995 の後書きを参照．

これは，J_z の固有関数で，その固有値が，$(m+\frac{1}{2})\hbar$ であるようにつくられている．次に，これが，J^2 の固有関数でもあるように α と β を決めよう．そこで，次の事実

$$\begin{aligned}
L_+ Y_{lm} &= [l(l+1) - m(m+1)]^{1/2} \hbar Y_{l,m+1} \\
&= [(l+m+1)(l-m)]^{1/2} \hbar Y_{l,m+1} \\
L_- Y_{lm} &= [(l-m+1)(l+m)]^{1/2} \hbar Y_{l,m-1} \\
S_+ \chi_+ &= S_- \chi_- = 0, \qquad S_\pm \chi_\mp = \hbar \chi_\pm
\end{aligned} \qquad (15\text{-}31)$$

を使うと，

$$\begin{aligned}
\boldsymbol{J}^2 \psi_{j,m+1/2} &= \alpha \hbar^2 \{ l(l+1) Y_{lm} \chi_+ + \tfrac{3}{4} Y_{lm} \chi_+ + 2m(\tfrac{1}{2}) Y_{lm} \chi_+ \\
&\quad + [(l-m)(l+m+1)]^{1/2} Y_{l,m+1} \chi_- \} + \beta \hbar^2 \{ l(l+1) Y_{l,m+1} \chi_- \\
&\quad + \tfrac{3}{4} Y_{l,m+1} \chi_- + 2(m+1)(-\tfrac{1}{2}) Y_{l,m+1} \chi_- \\
&\quad + [(l-m)(l+m+1)]^{1/2} Y_{lm} \chi_+ \}
\end{aligned} \qquad (15\text{-}32)$$

となり，これが，

$$\hbar^2 j(j+1) \psi_{j,m+1/2} = \hbar^2 j(j+1)(\alpha Y_{lm} \chi_+ + \beta Y_{l,m+1} \chi_-) \qquad (15\text{-}33)$$

の形になるには，

$$\begin{aligned}
\alpha [l(l+1) + \tfrac{3}{4} + m] + \beta [(l-m)(l+m+1)]^{1/2} &= j(j+1)\alpha \\
\beta [l(l+1) + \tfrac{3}{4} - m - 1] + \alpha [(l-m)(l+m+1)]^{1/2} &= j(j+1)\beta
\end{aligned} \qquad (15\text{-}34)$$

でなければならない．このことは

$$\begin{aligned}
(l-m)(l+m+1) &= [j(j+1) - l(l+1) - \tfrac{3}{4} - m] \\
&\quad \times [j(j+1) - l(l+1) - \tfrac{3}{4} + m + 1]
\end{aligned}$$

を要求し，これには，次の二つの解がある．

$$j(j+1) - l(l+1) - \tfrac{3}{4} = \begin{cases} -l-1 \\ l \end{cases} \qquad (15\text{-}35)$$

すなわち，

$$j = \begin{cases} l - \tfrac{1}{2} \\ l + \tfrac{1}{2} \end{cases} \qquad (15\text{-}36)$$

である．$j = l + 1/2$ に対しては，少し計算すれば，

$$\alpha = \sqrt{\frac{l+m+1}{2l+1}}, \qquad \beta = \sqrt{\frac{l-m}{2l+1}} \qquad (15\text{-}37)$$

が得られる．（実際得られるのは比だけで，ここに与えられているのはすでに規格化された形である．）したがって

$$\psi_{l+1/2, m+1/2} = \sqrt{\frac{l+m+1}{2l+1}} Y_{lm} \chi_+ + \sqrt{\frac{l-m}{2l+1}} Y_{l,m+1} \chi_- \qquad (15\text{-}38)$$

となる．$j = l - 1/2$ の解は $j = l + 1/2$ の解に直交しなければならないので，

$$\psi_{l-1/2, m+1/2} = \sqrt{\frac{l-m}{2l+1}} Y_{lm} \chi_+ - \sqrt{\frac{l+m+1}{2l+1}} Y_{l,m+1} \chi_- \qquad (15\text{-}39)$$

であることが推察される．

角運動量の合成に対する一般的な規則と，それの同種粒子についての意味

これら二つの例によって角運動量の合成に含まれている一般的な性質が明らかになる．L_1^2 と L_{1z} の固有状態 $Y^{(1)}_{l_1 m_1}$ と，L_2^2 と L_{2z} の固有状態 $Y^{(2)}_{l_2 m_2}$ があれば，われわれは $(2l_1+1)(2l_2+1)$ 個の波動関数積

$$Y^{(1)}_{l_1 m_1} Y^{(2)}_{l_2 m_2} \left\{ \begin{array}{c} -l_1 \leq m_1 \leq l_1 \\ -l_2 \leq m_2 \leq l_2 \end{array} \right\} \tag{15-40}$$

をつくることができる．これらは

$$J_z = L_{1z} + L_{2z} \tag{15-41}$$

の固有値で分類することができて，その値 $m_1 + m_2$ は最大値 $l_1 + l_2$ から $-l_1 - l_2$ に至る．以前に議論した簡単な場合のように，同じ m 値をもつ波動関数の異なった線形結合が異なった j に属するだろう．次の表で，特別な例，$l_1 = 4$，$l_2 = 2$ に対する可能な組み合せをリストアップする．$Y^{(1)}_{l_1,m_1} Y^{(2)}_{l_2,m_2}$ は簡単に (m_1, m_2) と略記する．

m 値	m_1, m_2 の組合せ	個数
6	$(4,2)$	1
5	$(4,1)\,(3,2)$	2
4	$(4,0)\,(3,1)\,(2,2)$	3
3	$(4,-1)(3,0)(2,1)(1,2)$	4
2	$(4,-2)\,(3,-1)\,(2,0)\,(1,1)\,(0,2)$	5
1	$(3,-2)\,(2,-1)\,(1,0)\,(0,1)\,(-1,2)$	5
0	$(2,-2)\,(1,-1)\,(0,0)\,(-1,1)\,(-2,2)$	5
-1	$(1,-2)\,(0,-1)\,(-1,0)\,(-2,1)\,(-3,2)$	5
-2	$(0,-2)\,(-1,-1)\,(-2,0)\,(-3,1)\,(-4,2)$	5
-3	$(-1,-2)\,(-2,-1)\,(-3,0)\,(-4,1)$	4
-4	$(-2,-2)\,(-3,-1)\,(-4,0)$	3
-5	$(-3,-2)\,(-4,-1)$	2
-6	$(-4,-2)$	1

全体で 45 の組み合せがあり，これは $(2l_1+1)(2l_2+1)$ と一致する．

最高状態は，J^2 を $Y^{(1)}_{l_1,l_1} Y^{(2)}_{l_2,l_2}$ に作用して見れば確かめられるように，全角運動量 l_1+l_2 をもつ．実際

$$\begin{aligned} J^2 Y^{(1)}_{l_1,l_1} Y^{(2)}_{l_2,l_2} &= (L_1^2 + L_2^2 + 2L_{1z}L_{2z} + L_{1+}L_{2-} + L_{1-}L_{2+}) Y^{(1)}_{l_1,l_1} Y^{(2)}_{l_2,l_2} \\ &= \hbar^2 [l_1(l_1+1) + l_2(l_2+1) + 2l_1 l_2] Y^{(1)}_{l_1,l_1} Y^{(2)}_{l_2,l_2} \\ &= \hbar^2 (l_1+l_2)(l_1+l_2+1) Y^{(1)}_{l_1,l_1} Y^{(2)}_{l_2,l_2} \end{aligned} \tag{15-42}$$

であり，表で議論した例では $j = 6$ である．

$$J_- = L_{1-} + L_{2-} \tag{15-43}$$

を次々と作用させることによって，表の各行から一つの線形結合を引き出していく．これらは $j = 6$ に属する 13 個の状態を形成する．これを実行した後には $m = 5$ の状態が 1 個，$m = 4$ の状態が 2 個，などなど，そして $m = -5$ の状態が 1 個残る．$m = 5$

の状態が $j=5$ に属することは想像に難くないし，また実際にそうであることはチェックできる．再び J_- を次々と作用させれば，表の各行から別の線形結合が引き出され，$j=5$ に属する 11 個の状態が形成される．この過程を繰り返すと，われわれは $j=4$，$j=3$，そして最後に $j=2$ に属する組を得る．多重度は全部で 45 である．

$$13+11+9+7+5=45$$

本書の程度を越えているので，この分解の詳細には立ち入らないことにする．ここでは結果だけを述べる．

(a) 積 $Y^{(1)}_{l_1,m_1} Y^{(2)}_{l_2,m_2}$ は $\boldsymbol{J}^2$ の固有状態に分解でき，その固有値は $j(j+1)\hbar^2$ である．ここで j は

$$j = l_1+l_2, l_1+l_2-1, \ldots, |l_1-l_2| \tag{15-44}$$

の値をとる．式 (15-44) の多重度がちょうど一致していることは次のようにしてわかる．状態数の和をとれば ($l_1 \geq l_2$)

$$\begin{aligned}
[2(l_1+l_2)+1] &+ [2(l_1+l_2-1)+1] + \cdots + [2(l_1-l_2)+1] \\
&= \sum_{n=0}^{2l_2}[2(l_1-l_2+n)+1] \\
&= (2l_2+1)(2l_1+1)
\end{aligned} \tag{15-45}$$

となる．

(b) 式 (15-38) と (15-39) は一般化できて，クレブシュ-ゴルダン級数 (Clebsch-Gordan series)

$$\psi_{jm} = \sum C(jm;l_1m_1l_2m_2) Y^{(1)}_{l_1,m_1} Y^{(2)}_{l_2,m_2} \tag{15-46}$$

になる．ここで係数 $C(jm;l_1m_1l_2m_2)$ はクレブシュ-ゴルダン係数とよばれ，いろいろな変数に対して表ができている．われわれは $l_2=1/2$ に対して係数を計算し，式 (15-37) と (15-38) を下の表にまとめた．$m=m_1+m_2$ であるから式 (15-37) と (15-38) の m は実際には下の表の m_1 であることに注意しよう．

$C(jm;l_1m_1,1/2,m_2)$		
	$m_2=1/2$	$m_2=-1/2$
$j=l_1+1/2$	$\sqrt{\dfrac{l_1+m+1/2}{2l_1+1}}$	$\sqrt{\dfrac{l_1-m+1/2}{2l_1+1}}$
$j=l_1-1/2$	$-\sqrt{\dfrac{l_1-m+1/2}{2l_1+1}}$	$\sqrt{\dfrac{l_1+m+1/2}{2l_1+1}}$

もう一つの便利な表は

$C(jm; l_1 m_1, 1, m_2)$		
$m_2 = 1$	$m_2 = 0$	$m_2 = -1$

	$m_2 = 1$	$m_2 = 0$	$m_2 = -1$
$j = l_1 + 1$	$\sqrt{\dfrac{(l_1+m)(l_1+m+1)}{(2l_1+1)(2l_1+2)}}$	$\sqrt{\dfrac{(l_1-m+1)(l_1+m+1)}{(2l_1+1)(l_1+1)}}$	$\sqrt{\dfrac{(l_1-m)(l_1-m+1)}{(2l_1+1)(2l_1+2)}}$
$j = l_1$	$-\sqrt{\dfrac{(l_1+m)(l_1-m+1)}{2l_1(l_1+1)}}$	$\dfrac{m}{\sqrt{l_1(l_1+1)}}$	$\sqrt{\dfrac{(l_1-m)(l_1+m+1)}{2l_1(l_1+1)}}$
$j = l_1 - 1$	$\sqrt{\dfrac{(l_1-m)(l_1-m+1)}{2l_1(2l_1+1)}}$	$-\sqrt{\dfrac{(l_1-m)(l_1+m)}{l_1(2l_1+1)}}$	$\sqrt{\dfrac{(l_1+m)(l_1+m+1)}{2l_1(2l_1+1)}}$

である.

最後のコメントをしておくと,同種粒子を議論したとき,2 電子系 (あるいはもっと一般的に 2 フェルミ粒子系) は 2 粒子の入れ替えに対して反対称な状態にあるべきことを注意した.この入れ替えには,空間的な座標だけではなく,スピンラベルの入れ替えも含まれる.2 個のスピン $\frac{1}{2}$ 同種粒子の系では,$S = 1$ の 3 重項状態

$$\begin{aligned}&\chi_+^{(1)}\chi_+^{(2)}\\ \frac{1}{\sqrt{2}}&(\chi_+^{(1)}\chi_-^{(2)} + \chi_-^{(1)}\chi_+^{(2)}) \\ &\chi_-^{(1)}\chi_-^{(2)}\end{aligned} \quad (15\text{-}47)$$

はスピンラベルの入れ替えに対して対称であり,$S = 0$ の 1 重項状態

$$\frac{1}{\sqrt{2}}(\chi_+^{(1)}\chi_-^{(2)} - \chi_-^{(1)}\chi_+^{(2)}) \quad (15\text{-}48)$$

は反対称である.したがって 3 重項状態では空間波動関数は反対称,1 重項状態では対称でなければならない.重心系における 2 粒子状態の空間波動関数の一般的な形は

$$u(\boldsymbol{r}) = R_{nlm}(r) Y_{lm}(\theta, \phi) \quad (15\text{-}49)$$

である.2 粒子座標の入れ替えは

$$\begin{aligned} r &\to r \\ \theta &\to \pi - \theta \\ \phi &\to \phi + \pi \end{aligned} \quad (15\text{-}50)$$

と同等である.したがって,動径関数は不変である.しかし,この変換に対して

$$\begin{aligned} Y_{lm}(\theta, \phi) &\to Y_{lm}(\pi - \theta, \phi + \pi) \\ &= (-1)^l Y_{lm}(\theta, \phi) \end{aligned} \quad (15\text{-}51)$$

であるから,3 重項状態は奇の角運動量 l をもたなければならず,また 1 重項状態の角運動量は偶である.われわれはこのことの応用をヘリウムの状態を議論するときに知る.

パリティに関するいくつかのコメント

同じ議論は Y_{lm} の反転に対する性質をチェックするのにも適用することができる.変換 $x \to -x$, $y \to -y$, $z \to -z$ は式 (15-50) と同値である.したがって,ある軌道

角運動量 l をもった状態にある粒子の波動関数は $(-1)^l$ だけ変化する．ゆえに，偶の軌道角運動量状態は偶パリティ状態でもあり，奇の軌道角運動量状態は奇パリティ状態である．しかし，ここで注意しなければならないのは，粒子自身が固有の (内部) パリティ(intrinsic parity) をもっていることである．われわれは電子と陽子と中性子の固有パリティを偶と定義できる．こうすれば，たとえば水素の $l = 1$ 状態は奇であり，基底状態は偶である．

相対論的量子力学で，フェルミ粒子の反粒子の固有パリティはフェルミ粒子の固有パリティの逆であることが示される．したがって，e^+ は負の固有パリティをもつので，$l = 0$ であるポジトロニウムの基底状態は**負**のパリティをもつ．

この議論の興味深い応用は素粒子物理で見られる．最初に発見された不安定粒子は湯川が予言した π 中間子である．核力で重要な役割をする，この粒子は，三つの荷電状態 π^+, π^0, π^- で現れる．この粒子のスピンはゼロであることがわかった．そこで，パイ中間子 (pion) とよばれるようになったこの粒子の波動関数が鏡映に対して偶関数か奇関数かが問題になった．もちろん既知の粒子である陽子と中性子の固有パリティは正としてである．次のような実験が提案された．

重陽子による π^- 捕獲を考えよう．液体重水素中の遅いパイ中間子はいろいろな機構でそのエネルギーを失い，ついに (pn) 核のまわりの最低ボーア軌道に落ち，核力により捕獲される．核反応

$$\pi^- + d \to n + n$$

において，角運動量は 1 である，この時パイオンのスピンはゼロ，最低ボーア状態の軌道角運動量もゼロだから，重陽子の角運動量 1 だけが寄与する．したがって，二つの中性子は角運動量 1 の状態にある．もし，2 中性子状態の全スピンがゼロであれば，軌道角運動量は 1 でなければならない．もし，2 中性子状態の全スピンが 1 なら，軌道角運動量は 0, 1, 2 が可能である．なぜならば角運動量 1 のものを二つ足せば 0, 1, 2 が可能である．また角運動量 1 と 2 を足せば 3, 2, 1 ができる．しかし，二つの同種フェルミ粒子からなる 1 重項状態は偶の角運動量をもたねばならない．よってこれは排除される．3 重項状態は奇の軌道角運動量をもたなければならない．そしてそれは軌道角運動量が 1 のとき可能である．この様な状態は式 (15-51) より，奇パリティである．したがってパイ中間子は奇パリティである．われわれが用いようとしている，状態を

$$^{2S+1}L_j \tag{15-52}$$

でラベルする分光学的な記法によれば，2 中性子状態は全体の $^1S_0$, $^1P_1$, $^1D_2$, $^1F_3\ldots$, $^3S_1$, $^3P_2$, $^3P_1$, $^3P_0$, $^3D_3$, $^3D_2$, $^3D_1$, $^3F_4$, $^3F_3$, $^3F_2\ldots$ からフェルミ-ディラック統計の議論によって $^1S_0$, $^1D_2\ldots$, $^3P_{2,1,0}$, $^3F_{4,3,2}\ldots$ に制限され，その中で角運動量 1 のものは $^3P_1$ だけである．

問　題

15-1 式 (15-38) と (15-39) を軌道角運動量 L とスピン 1 の合成に一般化せよ.

(a) $\boldsymbol{S}^2$ と S_z の固有状態を求めよ. ただし
$$S_z = \hbar \begin{pmatrix} 1 & 0 & 0 \\ 0 & 0 & 0 \\ 0 & 0 & -1 \end{pmatrix}$$
である.

(b) これらの固有状態を ξ_{+1}, ξ_0, ξ_{-1} と表して, これらに対する S_+ と S_- の作用を求めよ.

(c)
$$\boldsymbol{J}^2 = \boldsymbol{L}^2 + \boldsymbol{S}^2 + 2L_z S_z + L_+ S_- + L_- S_+$$
が次のようなコンビネーション
$$\Psi_{j,m+1} = \alpha Y_{lm}\xi_1 + \beta Y_{l,m+1}\xi_0 + \gamma Y_{l,m+2}\xi_{-1}$$
に作用したときの効果を計算せよ.

(d) 次式から得られる α, β, γ の間の関係を求めよ.
$$\boldsymbol{J}^2 \Psi_{j,m} = \hbar^2 j(j+1)\Psi_{j,m}$$

15-2 式 (15-47) に対応する表式を, 二つのスピン 1 の粒子について求めよ. 合成される状態のスピンは 2, 1, 0 である. 1粒子スピンベクトルに対する表記 $\xi_{+1}^{(i)}$, $\xi_0^{(i)}$, $\xi_{-1}^{(i)}$ を用いよ.

15-3 重陽子はスピン 1 をもつ. 2重陽子系の可能なスピンおよび全角運動量状態を任意の角運動量状態 L に対して求めよ. 対称化の規則を忘れないようにせよ.

15-4 スピン 1 の粒子が中心力ポテンシャル
$$V(r) = V_1(r) + \frac{\boldsymbol{S}\cdot\boldsymbol{L}}{\hbar^2}V_2(r) + \frac{(\boldsymbol{S}\cdot\boldsymbol{L})^2}{\hbar^4}V_3(r)$$
の中で運動している. 状態 $J = L+1, L, L-1$ に於ける $V(r)$ の値を求めよ.

15-5 π^- のパリティを決定したときの議論を考えよう. いま, π^- のスピンが 1 であったとして, 同じように反応
$$\pi^- + d \to 2n$$
で $L = 0$ の軌道において捕獲されると仮定しよう. 2中性子状態としてどのような状態が可能か? π^- が負のパリティをもつとすればどの状態が許されるか?

15-6 π^- がスピン 0 で負のパリテイィをもち, 反応
$$\pi^- + d \to 2n$$
で, P軌道から捕獲されるとする. 2中性子は1重項状態でなければならないことを示せ.

15-7 スピン系のハミルトニアンが
$$H = A + \frac{B\boldsymbol{S}_1 \cdot \boldsymbol{S}_2}{\hbar^2} + \frac{C(S_{1z} + S_{2z})}{\hbar}$$
で与えられている．2粒子系の固有値と固有関数を次の各場合に求めよ．(a) 2粒子がともにスピン $\frac{1}{2}$ であるとき．(b) 一方の粒子がスピン $\frac{1}{2}$, 他方がスピン 1 のとき．(a) の場合の 2 粒子は同種粒子であると仮定せよ．

15-8 2個のスピン $\frac{1}{2}$ 粒子を考えよう．それらのスピンはパウリ演算子 $\boldsymbol{\sigma}_1$ と $\boldsymbol{\sigma}_2$ で記述される．$\hat{e}$ が2粒子をつなぐ方向の単位ベクトルであるとして，演算子
$$S_{12} = 3(\boldsymbol{\sigma}_1 \cdot \hat{e})(\boldsymbol{\sigma}_2 \cdot \hat{e}) - \boldsymbol{\sigma}_1 \cdot \boldsymbol{\sigma}_2$$
を定義しよう．もし 2 粒子が $S = 0$ の状態 (1 重項) にあれば，
$$S_{12} X_{\text{singlet}} = 0$$
であることを示せ．また，3重項状態に対しては
$$(S_{12} - 2)(S_{12} + 4) X_{\text{triplet}} = 0$$
であることを示せ．

(**ヒント**：$\hat{e}$ を z 軸方向に選べ．)

15-9 低エネルギーにおける中性子–陽子系 (ゼロ軌道角運動量状態) のポテンシャルエネルギーは
$$V(r) = V_1(r) + V_2(r)\left(3\frac{(\boldsymbol{\sigma}_1 \cdot \boldsymbol{r})(\boldsymbol{\sigma}_2 \cdot \boldsymbol{r})}{r^2} - \boldsymbol{\sigma}_1 \cdot \boldsymbol{\sigma}_2\right) + V_3(r)\boldsymbol{\sigma}_1 \cdot \boldsymbol{\sigma}_2$$
で与えられる．ここで $\boldsymbol{r}$ は 2 粒子を結ぶベクトルである．中性子–陽子系のポテンシャルエネルギーを次の場合に計算せよ．

(a) スピン 1 重項状態において．
(b) スピン 3 重項状態において．

15-10 スピン 1 重項状態における 2 電子を考えよう．

(a) もし，一方の電子のスピンを測定したとき，それが $s_z = \frac{1}{2}$ であれば，もう一方の電子のスピンの z 成分を測定したとき，それが $s_z = \frac{1}{2}$ である確率はいくらか？

(b) もし，一方の電子のスピンを測定したとき，それが $s_y = \frac{1}{2}$ の状態にあることが示されたならば，もう一方の電子のスピンの x 成分を測定したとき，それが $s_x = -\frac{1}{2}$ である確率はいくらか？

(c) もし電子 (1) が $\cos\alpha_1 \chi_+ + \sin\alpha_1 e^{i\beta_1} \chi_-$ の状態に，また電子 (2) が $\cos\alpha_2 \chi_+ + \sin\alpha_2 e^{i\beta_2} \chi_-$ の状態にあるとき，この 2 電子状態がスピン 3 重項状態にある確率はいくらか？

参考文献

ここで議論された内容は，すべての量子力学の教科書で何らかの形で議論されている．詳細には次の本が良い．

M. E. Rose, *Elementary Theory of Angular Momentum*, John Willey & Sons, New York, 1957 [山内恭彦, 森田正人 訳：角運動量の基礎理論 (みすず書房, 1971)].

16

時間によらない摂動論

非縮退状態に対する摂動論

シュレーディンガー方程式が厳密に解けるようなポテンシャル $V(r)$ はほんのわずかであるが，そのほとんどをわれわれはすでに論じてきた．したがって，われわれは，厳密には解けないようなポテンシャルの固有値や固有関数を求めるための，近似法を開発しなければならない．この章で，われわれは摂動論を論じる．いま，ハミルトニアン H_0 に対する，固有値と規格化された固有関数の完全系が見つかっていて

$$H_0 \phi_n = E_n^0 \phi_n \tag{16-1}$$

であると仮定して，次のハミルトニアン

$$H = H_0 + \lambda H_1 \tag{16-2}$$

の固有値と固有関数を求める．すなわち，

$$(H_0 + \lambda H_1)\psi_n = E_n \psi_n \tag{16-3}$$

の解をさがす．われわれは，求めたい量を λ のべき級数として表す．級数の収束性に関する問題は論じない．ときどき級数が明らかに収束しないにもかかわらず，λ が小さければ，最初の数項で，物理系が記述できることがある．われわれは，$\lambda \to 0$ のとき，$E_n \to E_n^0$ でかつ $\psi_n \to \phi_n$ を仮定する．ϕ_i は，完全系をなしているから，すべての ϕ_i を使えば，われわれは，ψ_n を展開して，

$$\psi_n = N(\lambda)\left[\phi_n + \sum_{k \neq n} C_{nk}(\lambda)\phi_k\right] \tag{16-4}$$

と書くことができる．ここで $N(\lambda)$ は ψ_n を規格化するための因子である．われわれは ψ_n の位相を選ぶ自由度があるが，それを，この展開で ϕ_n の係数が実数で正になるように選ぶ．$\lambda \to 0$ のとき，$\psi_n \to \phi_n$ であるから，

$$N(0) = 1, \qquad C_{nk}(0) = 0 \tag{16-5}$$

である．もっと一般的に

$$C_{nk}(\lambda) = \lambda C_{nk}^{(1)} + \lambda^2 C_{nk}^{(2)} + \cdots \tag{16-6}$$

であり，かつ

$$E_n = E_n^0 + \lambda E_n^{(1)} + \lambda^2 E_n^{(2)} + \cdots \tag{16-7}$$

である．したがって，シュレーディンガー方程式は

$$(H_0 + \lambda H_1) \left[\phi_n + \sum_{k \neq n} \lambda C_{nk}^{(1)} \phi_k + \sum_{k \neq n} \lambda^2 C_{nk}^{(2)} \phi_k + \cdots \right]$$
$$= (E_n^0 + \lambda E_n^{(1)} + \lambda^2 E_n^{(2)} + \cdots) \left[\phi_n + \sum_{k \neq n} \lambda C_{nk}^{(1)} \phi_k + \sum_{k \neq n} \lambda^2 C_{nk}^{(2)} \phi_k + \cdots \right]$$
(16-8)

となる．この線形方程式の中には，規格化因子の $N(\lambda)$ は現れないことに注意しよう．両辺における λ のべきを比較することにより，一連の方程式が得られる．その第 1 の式は

$$H_0 \sum_{k \neq n} C_{nk}^{(1)} \phi_k + H_1 \phi_n = E_n^0 \sum_{k \neq n} C_{nk}^{(1)} \phi_k + E_n^{(1)} \phi_n \tag{16-9}$$

である．$H_0 \phi_k = E_k^0 \phi_k$ を用いて，

$$E_n^{(1)} \phi_n = H_1 \phi_n + \sum_{k \neq n} (E_k^0 - E_n^0) C_{nk}^{(1)} \phi_k \tag{16-10}$$

が得られる．この式と ϕ_n とのスカラー積をとり，直交条件

$$\langle \phi_k | \phi_l \rangle = \delta_{kl} \tag{16-11}$$

を考慮すれば，

$$\lambda E_n^{(1)} = \langle \phi_n | \lambda H_1 | \phi_n \rangle \tag{16-12}$$

が得られる．これは**たいへん重要な公式**である．この式の意味することは，ある状態に対するエネルギーの 1 次の偏移（シフト）は，その状態における摂動ポテンシャルの期待値で与えられる，ということである．もし，ポテンシャルの変化が一定の符号をもてば，エネルギーの偏移も，それと同符号である．あらわな表式

$$\lambda E_n^{(1)} = \int d^3 r \phi_n^*(\boldsymbol{r}) \lambda H_1(\boldsymbol{r}) \phi_n(\boldsymbol{r}) \tag{16-13}$$

からわかるように，エネルギーの偏移が大きくなるには，ポテンシャルの変化と同時に，確率密度 $|\phi_n(\boldsymbol{r})|^2$ も大きくなければならない．もし，式 (16-10) と ϕ_m とのスカラー積を，$m \neq n$ に対してとれば，

$$\langle \phi_m | H_1 | \phi_n \rangle = (E_m^0 - E_n^0) C_{nm}^{(1)} = 0$$

となり，したがって

$$\lambda C_{nk}^{(1)} = \frac{\langle \phi_k | \lambda H_1 | \phi_n \rangle}{E_n^0 - E_k^0} \tag{16-14}$$

が得られる．分子にある量は，H_0 を対角化する状態を基底にした，H_1 の行列要素である．この公式は，λ^2 の項を比較して得られる次式で使われる．

$$H_0 \sum_{k \neq n} C_{nk}^{(2)} \phi_k + H_1 \sum_{k \neq n} C_{nk}^{(1)} \phi_k = E_n^0 \sum_{k \neq n} C_{nk}^{(2)} \phi_k + E_n^{(1)} \sum_{k \neq n} C_{nk}^{(1)} \phi_k + E_n^{(2)} \phi_n \tag{16-15}$$

すなわち，この式と ϕ_n との，スカラー積をとれば，

$$\begin{aligned} E_n^{(2)} &= \sum_{k \neq n} \langle \phi_n | H_1 | \phi_k \rangle C_{nk}^{(1)} = \sum_{k \neq n} \frac{\langle \phi_n | H_1 | \phi_k \rangle \langle \phi_k | H_1 | \phi_n \rangle}{E_n^0 - E_k^0} \\ &= \sum_{k \neq n} \frac{|\langle \phi_k | H_1 | \phi_n \rangle|^2}{E_n^0 - E_k^0} \end{aligned} \tag{16-16}$$

が得られる．最後の行は H_1 のエルミート性

$$\langle \phi_n|H_1|\phi_k\rangle = \langle \phi_k|H_1|\phi_n\rangle^* \tag{16-17}$$

からの帰結である．この公式 (16-16) もたいへん重要な式である．特に対称性のおかげで，1 次の偏移がときどきゼロになることがあるからである．この公式は次のように解釈することができる．すなわち，エネルギーの 2 次の偏移は，その摂動ポテンシャルを与えられた状態 ϕ_n と，他のすべての状態とで挿んだ行列要素の 2 乗がその強度になっている項を，状態間のエネルギー差の逆数で重みをつけて，和をとったものであると．われわれはこの公式からいくつかの結論を引き出すことができる．

(a) もし，ϕ_n が**基底状態**，すなわちエネルギー最低状態であれば，上の和の分母は常に負であり，したがって式 (16-16) も負である．

(b) H_1 の行列要素がほぼ等しい大きさをもつ場合 (特別な情報がないとき，ふつうはこう考えるのが妥当であろう) は，2 次のエネルギー偏移に対する効果は近いエネルギー準位の方が，遠い準位に比べて大きい．

(c) もし，重要な準位「k」(エネルギー準位が近くにあるか，$\langle\phi_k|H_1|\phi_n\rangle$ が大きいという意味で重要) が与えられた準位「n」より上にあれば，2 次のエネルギー偏移によるずれは下向きで，下にあれば，ずれは上向きである．このことをわれわれは，準位は互いに反発しあうと表現する．

$C_{nk}^{(2)}$ に対する表式は，式 (16-15) から $\phi_m, m \neq n$ とのスカラー積をとることによって求めることができるが，われわれはそれを必要としない．また，$N(\lambda)$ も

$$\langle \psi_n|\psi_n\rangle = N^2(\lambda)\left[1 + \lambda^2 \sum_{k\neq n}|C_{nk}^{(1)}|^2 + \cdots\right] = 1 \tag{16-18}$$

から求めることができる．すなわち，その値は λ の 1 次で，1 である．したがって，λ の 1 次までで，

$$\psi_n = \phi_n + \sum_{k\neq n}\frac{\langle\phi_k|\lambda H_1|\phi_n\rangle}{E_n^0 - E_k^0}\phi_k \tag{16-19}$$

と書くことができて，この式はしばしば有用である．

縮退のある摂動論

縮退があるとき，今までの議論は変更を要する．なぜならば，分母に現れるエネルギー差がゼロになる可能性があるからである．この困難は，唯一の ϕ_n のかわりに，同じエネルギー E_n^0 をもった有限個の $\phi_n^{(i)}$ が存在することに関連している．このセットは，ラベル「i」に関して規格直交化することができる．なぜなら，4 章で学んだように，このラベルは，別の同時交換可能なエルミート演算子の固有値と関連づけることが可能だからである．したがって，われわれは $\phi_n^{(i)}$ の組を

$$\langle\phi_m^{(j)}|\phi_n^{(i)}\rangle = \delta_{mn}\delta_{ij} \tag{16-20}$$

のように選ぶ．

縮退を考慮する最も自然な方法は，式 (16-4) のかわりに，H_0 の縮退固有関数の線形結合を含んだ表現

$$\psi_n = N(\lambda) \left[\sum_i \alpha_i \phi_n^{(i)} + \lambda \sum_{k \neq n} C_{nk}^{(1)} \sum_i \beta_i \phi_k^{(i)} + \cdots \right] \tag{16-21}$$

で置き換えることである．ここで，係数 α_i, β_i などはこれから決めるべきものである．これらを，シュレーディンガー方程式 (16-3) に代入すれば，λ の 1 次のオーダーで

$$H_0 \sum_{k \neq n} C_{nk}^{(1)} \sum_i \beta_i \phi_k^{(i)} + H_1 \sum_i \alpha_i \phi_n^{(i)} = E_n^{(1)} \sum_i \alpha_i \phi_n^{(i)} + E_n^0 \sum_{k \neq n} C_{nk}^{(1)} \sum_i \beta_i \phi_k^{(i)} \tag{16-22}$$

が得られる．$\phi_n^{(j)}$ とのスカラー積をとれば，1 次の偏移に対する方程式

$$\sum_i \alpha_i \langle \phi_m^{(j)} | \lambda H_1 | \phi_n^{(i)} \rangle = \lambda E_n^{(1)} \alpha_j \tag{16-23}$$

を得る．これは，有限次元の固有値問題である．たとえば，2 重縮退の場合

$$\langle \phi_n^{(j)} | H_1 | \phi_n^{(i)} \rangle = h_{ji} \tag{16-24}$$

とおけば，この方程式は

$$\begin{array}{rcl} h_{11}\alpha_1 + h_{12}\alpha_2 & = & E_n^{(1)}\alpha_1 \\ h_{21}\alpha_1 + h_{22}\alpha_2 & = & E_n^{(1)}\alpha_2 \end{array} \tag{16-25}$$

となる．固有値と α_i とは，条件

$$\sum_i |\alpha_i|^2 = 1 \tag{16-26}$$

を考慮すれば，この方程式から決定される．β_i の決定については，議論しないことにして，縮退のある場合の摂動論はエネルギー固有値に関して，1 次までしか使わないことにする．もし，$i \neq j$ に対して $h_{ij} = 0$，すなわち行列 h_{ij} が対角行列であれば，1 次の偏移はこの行列の対角要素そのものである．このようなことが起こるのは，固有値がラベル「i」で表される演算子と摂動項 H_1 とが交換する場合である．たとえば，水素原子においては，L_z の固有値についての縮退がある．すなわちすべての m 値は，同じエネルギーである．もし，

$$[H_1, L_z] = 0 \tag{16-27}$$

であり，$\phi_n^{(i)}$ を L_z の固有関数に選べば，h_{ij} は対角行列である．このことを確かめるために，

$$L_z \phi_n^{(i)} = \hbar m^{(i)} \phi_n^{(i)} \tag{16-28}$$

$$\begin{array}{rcl} \langle \phi_n^{(j)} | [H_1, L_z] | \phi_n^{(i)} \rangle & = & \langle \phi_n^{(j)} | H_1 L_z - L_z H_1 | \phi_n^{(i)} \rangle \\ & = & \hbar (m^{(i)} - m^{(j)}) h_{ji} \\ & = & 0 \end{array} \tag{16-29}$$

に注意しよう．すなわち，式 (16-27) は

$$h_{ji} = 0 \qquad (m^{(i)} \neq m^{(j)}) \tag{16-30}$$

を意味する．これらの性質のいくつかは以下の例で示す．また，実際の水素原子についての議論でも現れる．

シュタルク効果

実際の問題に対する，摂動論の応用を説明するために，水素様原子のエネルギー準位に対する，外部電場の影響を考えよう．これが，**シュタルク効果** (Stark effect) である．非摂動ハミルトニアンは

$$H_0 = \frac{\bm{p}^2}{2\mu} - \frac{Ze^2}{r} \tag{16-31}$$

である．その固有関数を $\phi_{nlm}(\bm{r})$ で表す．摂動ポテンシャルは

$$\lambda H_1 = e\mathcal{E} \cdot \bm{r} = e\mathcal{E}z \tag{16-32}$$

である．ここで，$\mathcal{E}$ は電場を表す．$e\mathcal{E}$ が，パラメター λ の役をする．縮退していない基底状態のエネルギー偏移は

$$E_{100}^{(1)} = e\mathcal{E}\langle\phi_{100}|z|\phi_{100}\rangle = e\mathcal{E}\int d^3r |\phi_{100}(r)|^2 z \tag{16-33}$$

で与えられる．この積分はゼロである．なぜなら波動関数の2乗はパリティ変換に関して偶関数であり，摂動ポテンシャルは鏡映に関して奇関数であるから．このように，基底状態に対しては，電場 $\mathcal{E}$ に比例したエネルギー偏移はない．古典論では，電気双極子モーメント $\bm{d}$ をもった系は，$-\bm{d}\cdot\bm{\mathcal{E}}$ のエネルギー偏移を受けるだろう．式 (16-33) は，原子はその基底状態で，恒久的な電気双極子モーメントをもたないことを示している．パリティの議論は，非摂動ハミルトニアンが鏡映に関して不変なとき，いつでも応用でき，**系が非縮退状態にあれば，恒久的な双極子モーメント はもちえない**と一般化することができる．このとき，非縮退の条件は重要である．このときに限って状態は，パリティ演算子の固有状態でもあり，そのとき $|\phi(\bm{r})|^2$ は偶関数であり，z の期待値はゼロである．

多くの分子は実際，恒久的な双極子モーメントをもっている．そしてその理由は基底状態が縮退しているためだといわれている．$\alpha\psi_+ + \beta\psi_-$ のような状態に対する z の期待値は確かにゼロでない．ここで添字はパリティを表す．そして ψ_+ と ψ_- が同じエネルギーをもてば，この状態は，空間反転した状態 $\alpha\psi_+ - \beta\psi_-$ と縮退するだろう．この説明は厳密には正しくない．その理由は，最低状態は縮退しないからである．たとえば，アンモニア分子 NH_3 を考えよう．その構造は，3個の水素核が正三角形をなす四面体である．N の位置は (エネルギー最小の条件から決まるが) 三角形の「上方」か「下方」かのいずれかの可能性がある．この二つの状態の和と差の状態 (偶と奇の線形結合) は，エネルギー差は非常に小さい (-10^{-4}eV)(「上方」と「下方」との間のエネルギー障壁が大きいため) が，同じエネルギーをもっているわけでない．したがって，正確にいうと，基底状態は縮退していない．しかし，

$$d = e\int \psi^*_{\text{above}} z \psi_{\text{above}} = -e\int \psi^*_{\text{below}} z \psi_{\text{below}} \tag{16-34}$$

の d を用いて，$\mathcal{E}d$ が，この小さな分岐に比べて十分に大きければ，エネルギー偏移は電場に比例し，分子はあたかも電気双極子モーメントをもっているような行動をする．このことは，式 (16-56) に関連した議論で詳しく述べる．

次に，摂動2次の項を見ていこう．その形は

$$E^{(1)}_{100} = e^2 \mathcal{E}^2 \left[\sum_{nlm} \frac{|\langle \phi_{nlm}|z|\phi_{100}\rangle|^2}{E_1 - E_n} + \sum_k \frac{|\langle \phi_k|z|\phi_{100}\rangle|^2}{E_1 - \hbar^2 k^2/2m} \right] \quad (16\text{-}35)$$

である．この式の第2項が現れる理由は，式(16-16)において，われわれは H_0 の固有状態の完全系についての和をとらなければならないことである．原子についていえば，束縛状態 ϕ_{nlm} のみならず，電子が正のエネルギーをもつ連続状態も考慮すべきである．連続状態は k のラベルをもつ．ここで k と正の運動エネルギーとの関係は $E = \hbar^2 k^2/2m$ である．この和は直接計算するのは困難である．なぜなら，クーロン問題のかなり複雑な連続解の k に関する積分をする必要があるからである．（ここではやらないが，あるトリックを使えば計算は可能である．）ここで，われわれができるのは，その上限を見つけることによって，E_{100} の大きさを評価することである．式(16-35)をもっとシンボリックな形に書き直すと，

$$|E_{100}| = e^2 \mathcal{E}^2 \sum_E \frac{\langle \phi_{100}|z|\phi_E\rangle \langle \phi_E|z|\phi_{100}\rangle}{E - E_1} \quad (16\text{-}36)$$

となる．ここで完全系は ϕ_E と書く．E_1 は基底状態のエネルギーであり，他のエネルギーはそれより上にあるから，

$$\frac{1}{E - E_1} \leq \frac{1}{E_2 - E_1} \quad (16\text{-}37)$$

である．したがって

$$|E_{100}| \leq \frac{e^2 \mathcal{E}^2}{E_1 - E_2} \sum_E \langle \phi_{100}|z|\phi_E\rangle \langle \phi_E|z|\phi_{100}\rangle \quad (16\text{-}38)$$

と書くことができる．完全系に対しては

$$\sum_E |\phi_E\rangle \langle \phi_E| = 1 \quad (16\text{-}39)$$

であるから，われわれは

$$|E_{100}| < \frac{e^2 \mathcal{E}^2}{E_2 - E_1} \sum \langle \phi_{100}|z^2|\phi_{100}\rangle \quad (16\text{-}40)$$

を得る．これは簡単に計算できる．基底状態の波動関数は球対称であるから，

$$\begin{aligned}\langle \phi_{100}|z^2|\phi_{100}\rangle &= \langle \phi_{100}|y^2|\phi_{100}\rangle = \langle \phi_{100}|x^2|\phi_{100}\rangle \\ &= \frac{1}{3}\langle \phi_{100}|r^2|\phi_{100}\rangle = a_0^2\end{aligned} \quad (16\text{-}41)$$

最後のステップで式(12-36)を使った．したがって

$$|E_{100}| < \frac{8e^2 \mathcal{E}^2 a_0^2}{3mc^2 \alpha^2} = \frac{8}{3}\mathcal{E}^2 a_0^3 \quad (16\text{-}42)$$

である．$\int d^3 r \mathcal{E}^2$ はエネルギーであり，a_0 が問題に現れる唯一の長さであるから，次元解析より，(定数)$\mathcal{E}^2 a_0^3$ となる．正確な，2次の計算によると，$\mathcal{E}^2 a_0^3$ の係数は 2.25 である．水素様原子に対しては $a_0 \to a_0/Z$ の置き換えをする必要がある．エネルギー偏移を電場で微分すれば，双極子モーメントに対する表現

$$d = -\frac{\partial E_{100}}{\partial \mathcal{E}} = \frac{9}{2}\mathcal{E}a_0^3 \quad (16\text{-}43)$$

が得られる．双極子モーメントは電場 $\mathcal{E}$ に比例する．すなわち，双極子モーメントは誘導される．**分極率** (polarizability) は

$$P = \frac{d}{\mathcal{E}} \quad (16\text{-}44)$$

で定義され，$P = 4.5a_0^3$ で与えられる．

縮退のある摂動論を説明するために，水素原子の $n = 2$ 状態に対する 1 次の (電場 $\mathcal{E}$ に比例する) シュタルク効果を計算する．非摂動系においては，同じエネルギーをもった四つの $n = 2$ 状態がある．それらは

$$\begin{aligned}
\phi_{200} &= (2a_0)^{-3/2} 2 \left(1 - \frac{r}{2a_0}\right) \mathrm{e}^{-r/2a} Y_{00} \\
\phi_{211} &= (2a_0)^{-3/2} 3^{-1/2} \left(\frac{r}{a_0}\right) \mathrm{e}^{-r/2a} Y_{11} \\
\phi_{210} &= (2a_0)^{-3/2} 3^{-1/2} \left(\frac{r}{a_0}\right) \mathrm{e}^{-r/2a} Y_{10} \\
\phi_{2,1,-1} &= (2a_0)^{-3/2} 3^{-1/2} \left(\frac{r}{a_0}\right) \mathrm{e}^{-r/2a} Y_{1,-1}
\end{aligned} \tag{16-45}$$

である．$l = 0$ 状態は偶パリティ，$l = 1$ 状態は奇パリティである．われわれは，式 (16-23) タイプの方程式を解きたい．そこには 4 個の方程式が含まれている．しかし，(1) 摂動ポテンシャル (つまり z) が L_z と可換であるため，m 値が等しい状態しか結合しないこと，(2) パリティを考慮すれば，摂動ポテンシャルは $l = 1$ の項を $l = 0$ の項としか結合させない，すなわち

$$\langle \phi_{2,1,\pm 1} | z | \phi_{2,1,\pm 1} \rangle = 0 \tag{16-46}$$

であることから，式 (16-23) の行列は 2 行 2 列である．方程式は

$$e\mathcal{E} \begin{pmatrix} \langle \phi_{200} | z | \phi_{200} \rangle & \langle \phi_{200} | z | \phi_{210} \rangle \\ \langle \phi_{210} | z | \phi_{200} \rangle & \langle \phi_{210} | z | \phi_{210} \rangle \end{pmatrix} \begin{pmatrix} \alpha_1 \\ \alpha_2 \end{pmatrix} = E^{(1)} \begin{pmatrix} \alpha_1 \\ \alpha_2 \end{pmatrix} \tag{16-47}$$

となる．対角要素はパリティからゼロであり，非対角要素は互いに複素共役であり，実数に選べば，等しい．

$$\begin{aligned}
\langle \phi_{200} | z | \phi_{210} \rangle &= \int_0^\infty r^2 \mathrm{d}r (2a_0)^{-3} \mathrm{e}^{-r/a_0} \frac{2r}{\sqrt{3}a_0} \left(1 - \frac{r}{2a_0}\right) r \\
&\quad \cdot \int \mathrm{d}\Omega Y_{00}^* (\sqrt{4\pi/3} Y_{10}) Y_{10} \\
&= -3a_0
\end{aligned} \tag{16-48}$$

であるから，式 (16-47) は

$$\begin{pmatrix} -E^{(1)} & -3e\mathcal{E}a_0 \\ -3e\mathcal{E}a_0 & -E^{(1)} \end{pmatrix} \begin{pmatrix} \alpha_1 \\ \alpha_2 \end{pmatrix} = 0 \tag{16-49}$$

となる．固有値は

$$E^{(1)} = \pm 3e\mathcal{E}a_0 \tag{16-50}$$

であり，対応する固有状態は，正しく規格化して

$$\frac{1}{\sqrt{2}} \begin{pmatrix} 1 \\ -1 \end{pmatrix} \quad \text{および} \quad \frac{1}{\sqrt{2}} \begin{pmatrix} 1 \\ 1 \end{pmatrix}$$

となる．このように，$n = 2$ 状態に対する線形シュタルク効果は図 16-1 のような縮退準位の分岐を引き起こす．

図 16-1 の分岐パターンは定性的に次のように理解することが可能である．$\phi_{2,1,\pm 1}$ の電荷分布は $e|\phi_{2,1,\pm 1}|^2$ で与えられ，角度依存性は $\sin^2 \theta$ である．したがって，電荷は x–y 平面上で木の葉状に分布し (図 12-3 参照)，z 軸に関しては円筒的に対称であ

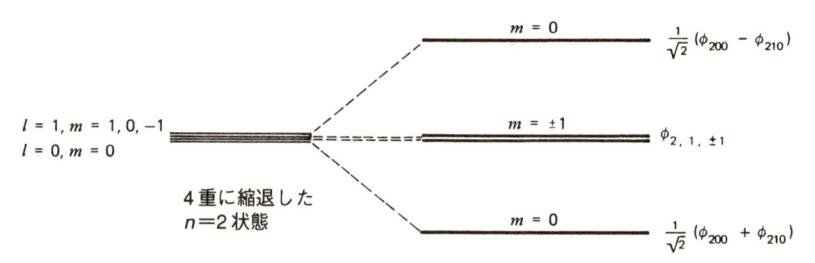

図 16-1 水素原子の $n=2$ 状態におけるシュタルク分岐のパターン．四重縮退は摂動で部分的に解ける．$m=\pm 1$ の状態は縮退したままであって，シュタルク効果では分岐しない．

る．正電荷が原点にあるから，双極子モーメントはゼロであり，したがって，$\boldsymbol{d}\cdot\boldsymbol{E}$ の項はない．他方，$\phi_{200}\pm\phi_{210}$ の形の線形結合は，$A+B\cos^2\theta+c\cos\theta$ の形の電荷分布を与える．プラス符号の項は z の正の方向へ電荷分布をずらすため，双極子モーメントは，場 E に平行に，z の正の方向を向く．したがって，$-\boldsymbol{d}\cdot\boldsymbol{E}$ は負となり，エネルギーは下がる．また，マイナス符号の項はエネルギーを上げ，われわれの計算結果と定性的に一致した結論を出す．これらの計算から次のような一般的なコメントが引き出せる．

(a) 電場が存在するときの状態は，もはや $\boldsymbol{L}^2$ の固有状態ではない．たとえば，上の場合，摂動項を対角化するのは，$l=0$ と $l=1$ の等しい混合状態であった．しかし，両方とも依然として L_z の固有状態ではある．理由は，摂動でハミルトニアンが変わり，もはや $\boldsymbol{L}^2$ と交換しないことである．これは詳しく計算すればわかるが，外場が特定の方向を選んでいて，物理系が任意の回転に関してもはや不変ではないことは明らかである．この系は，特定の方向，今の場合 z 軸方向の回転に関しては，依然として不変である．したがって L_z は運動の定数である．

(b) 一般に，ある量 (今の場合 $\boldsymbol{L}^2$) を保存しないような摂動があれば，新しいハミルトニアンを何らかの近似で「対角化」する状態は，以前に保存していた量子数の異なった値に対する状態の重ね合せとなり，縮退が解ける．

(c) 縮退のある摂動で起きることを，行列の言葉で次のようにまとめることができる．もし H_0 が対角的だが，H_1 は非対角であれば，H_0 と H_1 とは交換しないから，H_0 を「対角のままにして」，H_1 だけを対角化することはできない．

$$H = H_0 + H_1$$

を全体として取り扱う必要がある．もし，縮退した状態，すなわち，**同じ固有値をもった** H_0 の固有状態から成る部分集合を考える限り，H_0 は単に対角的であるばかりでなく，単位行列に比例する．H_1 (ばかりでなくどんな行列でも) は単位行列とは交換するので，H_0 に影響を与えることなく，H_1 だけを対角化することができる．

ここで考えた水素様原子はいくらか理想化されている．17 章で見るように，小さな

相対論的効果やスピン−軌道結合効果があるおかげで，縮退のいくつかは取り除かれる．ということは，縮退のある摂動論は必要ないということだろうか? 実際，たとえば，ϕ_{200} と ϕ_{210} とは，厳密には同じエネルギーをもっていなくても，摂動展開のとき，それらの線形結合を考えるのは，やはり意味があるかもしれない．たとえば，

$$\begin{aligned} H_0 \phi_{200} &= (E_2^0 - \Delta) \phi_{200} \\ H_0 \phi_{210} &= (E_2^0 + \Delta) \phi_{210} \end{aligned} \qquad (16\text{-}51)$$

において，Δ が小さければ，線形結合をとって，シュレーディンガー方程式は

$$\begin{aligned} &(H_0 + \lambda H_1) \left(\alpha_1 \phi_{200} + \alpha_2 \phi_{210} + \lambda \sum_{n \neq 2} C_n \phi_n \right) \\ &= E \left(\alpha_1 \phi_{200} + \alpha_2 \phi_{210} + \lambda \sum_{n \neq 2} C_n \phi_n \right) \end{aligned} \qquad (16\text{-}52)$$

となる．それぞれ，ϕ_{200} と ϕ_{210} とのスカラー積をとれば，λ のオーダーまでで，次式が得られる．

$$\begin{pmatrix} E_2^0 - \Delta - \langle \phi_{200} | \lambda H_1 | \phi_{200} \rangle & \langle \phi_{200} | \lambda H_1 | \phi_{210} \rangle \\ \langle \phi_{210} | \lambda H_1 | \phi_{200} \rangle & E_2^0 + \Delta - \langle \phi_{210} | \lambda H_1 | \phi_{210} \rangle \end{pmatrix} \begin{pmatrix} \alpha_1 \\ \alpha_2 \end{pmatrix} = E \begin{pmatrix} \alpha_1 \\ \alpha_2 \end{pmatrix} \qquad (16\text{-}53)$$

もし，

$$\langle \phi_{200} | \lambda H_1 | \phi_{210} \rangle = \langle \phi_{210} | \lambda H_1 | \phi_{200} \rangle = a\lambda \qquad (16\text{-}54)$$

と書けば，われわれは行列

$$\begin{pmatrix} E_2^0 - \Delta & \lambda a \\ \lambda a & E_2^0 + \Delta \end{pmatrix} \qquad (16\text{-}55)$$

の固有値を求める必要がある．それらは

$$E = E_2^0 \pm \sqrt{a^2 \lambda^2 + \Delta^2} \qquad (16\text{-}56)$$

である．(ここで，$\langle \phi_{200} | H_1 | \phi_{200} \rangle = \langle \phi_{210} | H_1 | \phi_{210} \rangle = 0$ を使った．) $\Delta \gg a\lambda$ のとき，「2乗」の効果しかないことがわかる．これは，縮退がないことに対応している．$\Delta \ll a\lambda$ のときは，式(16-50)の形の結果が得られる．中間的な領域では，以前のようなもっと慎重な取扱いが必要である．さらにいえることは，新しい線形結合を用いれば，2次摂動論で非常に小さなエネルギー差はもはや現われない．ここでは，詳しく議論しないが，簡単に確かめることができる．

最後のコメントとして，一見矛盾する，二つの事実を指摘する．(1) シュタルク効果に関する摂動論の予言は実験的に非常によく確かめられている．(2) 摂動の級数は明らかに発散する．なぜなら，$e\mathcal{E}$ がいかに小さくても，z が非常に大きくなれば，摂動ポテンシャル $e\mathcal{E}z$ は，上限なく大きくなるからである．問題は，数学的に発散する級数の最初の数項の正確さを信じてよいかということである．なぜなら，よく知られているように，数学的に発散する級数はまったく異なった展開に並べ替えることができるからである．答は問題のもつ数学にではなく物理にある．発散の理由は図16-2で見ることができる．ここには，x, y を固定したときの，全ポテンシャルの大体の様子が描かれている．そこでわかることは，束縛された電子に対して障壁が形成されている．

16 時間によらない摂動論

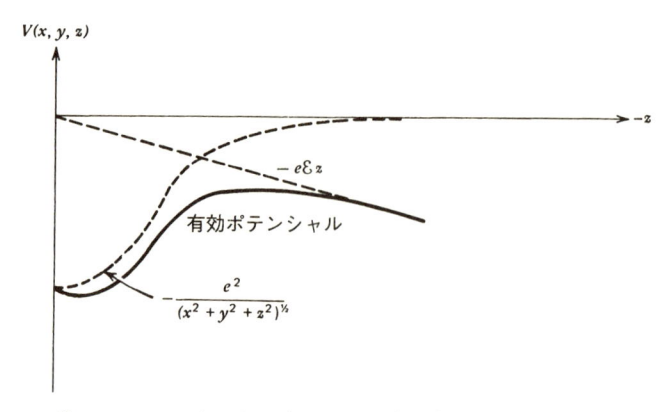

図 16-2 ポテンシャルエネルギーを，x と y を固定し z の関数としてプロットした模式図．右上がりの破線はクーロン・ポテンシャル，右下がりの破線は外場によるポテンシャルエネルギー，そして実線は全ポテンシャルを表す．

この障壁は，小さな $e\mathcal{E}$ に対して非常に広いが，最終的には透過可能である．級数の数学的発散が表しているのは，たとえば，基底状態にある電子が (非常に小さいが) 有限の確率で原子核から遠くへ離れ，そこでは外部電場の方がクーロン場より強いため，電子は電場に連れ去られうることである．このように，新しくできた，「シフト」された，水素原子のエネルギー準位はもはや安定ではなく，準安定である．もし電場が弱ければ，宇宙の年齢[*1]の時間スケールでは安定と見てよい．したがって，観測値は摂動展開の最初の数項の予言と完全に一致する．

問 題

16-1 $C_{nk}^{(2)}$ を計算し，これを用いて，$E_n^{(3)}$ に対する表現を求めよ．

16-2 水素原子を考え，陽子がクーロン場の点源でなく，半径 R の一様に荷電された球であると仮定せよ．したがってクーロン・ポテンシャルは

$$\begin{aligned}V(r) &= -\frac{3e^2}{2R^3}\left(R^2 - \frac{1}{3}r^2\right) \quad (r < R[\ll a_0]) \\ &= -\frac{e^2}{r} \quad (r > R)\end{aligned}$$

と変わる．式 (12-30) の波動関数を使って，この変化によるエネルギー偏移を，$n=1, l=0$ の状態と $n=2$ の諸状態について求めよ．

16-3 1 次元調和振動子の基底状態エネルギーに対する偏移を，摂動

$$V = \lambda x^4$$

が

$$H = \frac{p^2}{2m} + \frac{1}{2}m\omega^2 x^2$$

に加わった場合について求めよ．

[*1] 実際，5 章で行ったタイプの簡単な障壁透過の計算によると，合理的に考えられる場に対して時間のスケールは宇宙の寿命の 10^{1000} 倍である．

16-4 無限に深い井戸型ポテンシャルの底を
$$V(x) = \epsilon \sin \frac{\pi x}{b} \qquad (0 \leq x \leq b)$$
のように，変形したとき，すべての励起状態のエネルギー偏移を ϵ の1次まで計算せよ．最初のポテンシャルは，$0 \leq x \leq b$ に対して $V(x) = 0$，それ以外では $V = \infty$ である．

16-5 次の和則 (Thomas–Reiche–Kuhn sum rule) を証明せよ．
$$\sum_n (E_n - E_a)|\langle n|x|a\rangle|^2 = \frac{\hbar^2}{2m}$$

[ヒント：

(a) 交換関係 $[p, x] = \hbar/i$ を次のように書き直せ．
$$\sum_n \left\{ \langle a|p|n\rangle\langle n|x|a\rangle - \langle a|x|n\rangle\langle n|p|a\rangle \right\} = \frac{\hbar}{i}\langle a|a\rangle = \frac{\hbar}{i}$$

(b) 次式
$$\langle a|p|n\rangle = \left\langle a \left| m\frac{\mathrm{d}x}{\mathrm{d}t} \right| n \right\rangle = m\frac{i}{\hbar}\langle a|[H, x]|n\rangle$$
を用いよ．]

16-6 問題 16-5 の和則を，1次元調和振動子についてチェックせよ．ただし，「a」として基底状態をとれ．

16-7 水素原子の $n = 3$ 状態に対する1次のシュタルク効果を計算せよ．積分をすべて実行することにはこだわらなくてよいが，状態の線形結合を正しく構成せよ．得られたエネルギー偏移のパターンに関する定性的な説明を与えることができるか？

16-8 電子が，1次元調和振動子ポテンシャル $m\omega^2 x^2/2$ の中にあり，全体が x 軸方向を向いた電場中にあるとき，1次および2次のエネルギー偏移を求めよ．この場合，厳密解が得られるので，それと比較せよ．

16-9 次のハミルトニアンで表される2次元調和振動子を考えよ．
$$H = \frac{1}{2m}(p_x{}^2 + p_y{}^2) + \frac{1}{2}m\omega^2(x^2 + y^2)$$
7章の方法を一般化してこの場合に適用し，上昇演算子を基底状態に掛けることによって問題を解け．摂動項
$$V = 2\lambda xy$$
があるときの，基底状態および縮退している第1励起状態のエネルギー偏移を，1次の摂動で求めよ．得られた結果をごく簡単に解釈することができるか？ 問題を厳密に解き，基底状態の偏移に対する，2次の摂動計算と比較せよ．

16-10 次の形のハミルトニアン
$$H = \begin{pmatrix} E_0 & 0 \\ 0 & -E_0 \end{pmatrix} + \lambda \begin{pmatrix} \alpha & \mathcal{U} \\ \mathcal{U}^* & \beta \end{pmatrix}$$
を考える．

(a) エネルギー偏移を λ の1次および2次まで計算せよ．得られた結果を厳密解の固有値と比較せよ．

(b) いま，$\mathcal{U}^*$ を $V \neq \mathcal{U}^*$ で置き換える．この新しい非エルミートな H の，異なった固有値に属する固有状態はもはや直交しないことを示せ．(この問題の，この部分については，簡単のため，$\alpha = \beta = 0$ とおいてよい．)

16-11 電荷 q の粒子とその反粒子 (電荷が $-q$ で同じ質量) がクーロン・ポテンシャルを通して相互作用している．ポテンシャルエネルギーを $V_1 = Kr$ を加えることによって変えた場合，低エネルギー準位はどれほどずれるか?

[**ヒント**：式 (12-30) 用いよ．]

(1) 一定磁場 $\boldsymbol{B}$ の中にいる水素原子中の電子に対するハミルトニアンは，スピンを無視して，

$$H = \frac{\boldsymbol{p}^2}{2m} - \frac{e^2}{r} + \left(\frac{e}{2mc}\right) \boldsymbol{L} \cdot \boldsymbol{B}$$

と書くことができる．ここで $\boldsymbol{L}$ は角運動量演算子である．磁場がないときは，状態 $(n=4, l=3)$ から $(n=3, l=2)$ への遷移には，1本の線しかない．この線に対する磁場の影響は何か? 新しいスペクトルを描き，$\Delta l_z = \pm 1, 0$ の選択則で制限される可能な遷移を示せ．線の数は何本か? $\boldsymbol{B}$ に平行な一定電場 $\boldsymbol{E}$ の影響はどうなるか?

参 考 文 献

1次の摂動論の応用例は教科書の中にたくさん見受けられる．また，巻末にあげられた参考文献や本の中にも多くの例がある．シュタルク効果の2次の計算に関する議論については，

S. Borowitz, *Fundamentals of Quantum Mechanics*, W. A. Benjamin, New York, 1967.

を参照．

17

実際の水素原子

水素原子に関する 12 章での議論は，次のハミルトニアンにもとづいていた．

$$H_0 = \frac{\bm{p}^2}{2\mu} - \frac{Ze^2}{r} \tag{17-1}$$

もっと現実的な取扱いでは，いくつかの補正を考慮しなければならない．われわれは，相対論の効果と，陽子の運動を含んだ単純な運動学に伴うスピン効果の議論をごちゃまぜにしないために，陽子の運動の取扱いを分離する．12 章の最初の議論では，

$$K = \frac{\bm{p}_\mathrm{e}^2}{2m_\mathrm{e}} + \frac{\bm{p}_\mathrm{p}^2}{2M_\mathrm{p}} = \frac{1}{2}\bm{p}^2\left(\frac{1}{m_\mathrm{e}} + \frac{1}{M_\mathrm{p}}\right) \equiv \frac{\bm{p}^2}{2\mu}$$

とした．ここで，重心系では $\bm{p} = \bm{p}_\mathrm{e} = -\bm{p}_p$ である．水素原子中の換算質量 μ は電子の質量に比べてほんのわずかしか違わず，

$$\frac{\mu}{m_\mathrm{e}} \approx 1 - \frac{m_\mathrm{e}}{M_\mathrm{p}} \approx 1 - 5.4 \times 10^{-4}$$

である．12 章で得られたスペクトルに対する補正を議論するときは，陽子は無限大の質量をもつものとし，陽子の運動から来る効果は別の節で考えることにする．

相対論的運動エネルギー効果

電子の運動エネルギーに対する相対論的表式は

$$K = \sqrt{(\bm{p}c)^2 + (m_\mathrm{e}c^2)^2} - m_\mathrm{e}c^2 \approx \frac{\bm{p}^2}{2m_\mathrm{e}} - \frac{1}{8}\frac{(\bm{p}^2)^2}{m_\mathrm{e}^3 c^2} + \cdots \tag{17-2}$$

と書くことができる．この第 2 項

$$H_1 = -\frac{1}{8}\frac{(\bm{p}^2)^2}{m_\mathrm{e}^3 c^2} \tag{17-3}$$

は摂動的に取り扱うことにする．エネルギー固有値に対する，その効果の割合は

$$\frac{\langle H_1 \rangle}{\langle H_0 \rangle} \approx \frac{\bm{p}^2}{m_\mathrm{e}^2 c^2} \approx (Z\alpha)^2 = (0.53 \times 10^{-4})Z^2 \tag{17-4}$$

から評価することができる．このように，相対論の効果は換算質量の効果に比べて，約 1 桁小さい．また，後で議論するように，水素原子においては，相対論的な項に対する換算質量補正は非常に小さい．

スピン−軌道結合

電子にスピンがあることによって，大きさが同じくらいの別の補正が現れる．それは，定性的に次のように理解することができる．もし，電子が陽子に対して静止していたとすれば（ここでは古典論の範囲で論じる），そのとき電子に働く力は，陽子の電荷による電場だけである．これは，H_0 に現れるクーロン・ポテンシャルの項である．しかし，電子は運動しているため，別の効果が現れる．電子の静止系では陽子が運動しており，したがって電流が発生し，電子は磁力を「感じる」ことになる．相対運動が直線的であれば，電子が感じる磁場は $\bm{v} \times \bm{E}/c$ となるはずである．この磁場が電子のスピンと，もっと正確にいうと，電子の磁気モーメントと相互作用する．式 (14-60) に与えられているように，電子の磁気モーメント $\bm{M}$ が

$$\bm{M} = -\frac{eg}{2m_\mathrm{e}c}\bm{S}$$

であるとして，期待される付加項は

$$\begin{aligned}
-\bm{M}\cdot\bm{B} = \frac{eg}{2m_\mathrm{e}c}\bm{S}\cdot\bm{B} &= -\frac{e}{m_\mathrm{e}c^2}\bm{S}\cdot\bm{v}\times\bm{E} \\
&= \frac{e}{m_\mathrm{e}{}^2c^2}\bm{S}\cdot\bm{p}\times\bm{\nabla}\phi(r) \\
&= \frac{e}{m_\mathrm{e}{}^2c^2}\bm{S}\cdot\bm{p}\times\bm{r}\frac{1}{r}\frac{\mathrm{d}\phi(r)}{\mathrm{d}r} \\
&= -\frac{e}{m_\mathrm{e}{}^2c^2}\bm{S}\cdot\bm{L}\frac{1}{r}\frac{\mathrm{d}\phi(r)}{\mathrm{d}r}
\end{aligned} \tag{17-5}$$

となる．ここで $\phi(r)$ は核電荷からのポテンシャルで $g=2$ とした．この式は，実は正しくない．電子が直線運動をしないことに対応した，相対論的効果 [トーマス歳差効果 (Thomas precession effect)] のため，大きさが半分になる．したがって，正しい摂動補正は

$$H_2 = -\frac{1}{2m_\mathrm{e}{}^2c^2}\bm{S}\cdot\bm{L}\frac{1}{r}\frac{\mathrm{d}[e\phi(r)]}{\mathrm{d}r} \tag{17-6}$$

となる．さて，ここで水素様原子のスペクトルに対する，H_1 と H_2 の効果を計算するために，1次の摂動論を使うことにする．H_1 は，換算質量の効果を無視すれば，次のように書き換えることができる．

$$\begin{aligned}
H_1 = -\frac{1}{8}\frac{(\bm{p}^2)^2}{m_\mathrm{e}{}^3c^2} &= -\frac{1}{2m_\mathrm{e}c^2}\left(\frac{\bm{p}^2}{2m}\right)^2 \\
&= -\frac{1}{2m_\mathrm{e}c^2}\left(H_0 + \frac{Ze^2}{r}\right)\left(H_0 + \frac{Ze^2}{r}\right)
\end{aligned} \tag{17-7}$$

したがって,

$$\begin{aligned}\langle \phi_{nlm}|H_1|\phi_{nlm}\rangle &= -\frac{1}{2m_e c^2}\left\langle \phi_{nlm}\left|\left(H_0+\frac{Ze^2}{r}\right)\left(H_0+\frac{Ze^2}{r}\right)\right|\phi_{nlm}\right\rangle\\
&= -\frac{1}{2m_e c^2}\left[E_n{}^2 + 2E_n Ze^2\left\langle\frac{1}{r}\right\rangle_{nl} + (Ze^2)^2\left\langle\frac{1}{r^2}\right\rangle_{nl}\right]\\
&= -\frac{1}{2m_e c^2}\left\{\left[\frac{m_e c^2 (Z\alpha)^2}{2n^2}\right]^2 - 2Ze^2\frac{m_e c^2 (Z\alpha)^2}{2n^2}\left(\frac{Z}{a_0 n^2}\right)\right.\\
&\qquad\left. + (Ze^2)^2\frac{Z^2}{a_0{}^2 n^3(l+1/2)}\right\}\\
&= -\frac{1}{2}m_e c^2 (Z\alpha)^2 \left[\frac{(Z\alpha)^2}{n^3(l+1/2)} - \frac{3(Z\alpha)^2}{4n^4}\right]\end{aligned}$$

(17-8)

となる.上の計算で,われわれは式 (12-36) の表現

$$\left\langle\frac{1}{r}\right\rangle_{nl} \equiv \left\langle\phi_{nlm}\left|\frac{1}{r}\right|\phi_{nlm}\right\rangle \quad \text{および} \quad \left\langle\frac{1}{r^2}\right\rangle_{nl} \equiv \left\langle\phi_{nlm}\left|\frac{1}{r^2}\right|\phi_{nlm}\right\rangle$$

を使った.H_1 はスピンに依存しないので,電子スピンはこのエネルギー準位のずれには現れない.しかし,H_2 の方はスピンに依存するので,われわれは,非摂動波動関数として 2 成分波動関数を考える必要がある.なぜなら,われわれが計算したいのは次の期待値であるからである.

$$-\frac{1}{2m^2 c^2}\boldsymbol{S}\cdot\boldsymbol{L}\frac{1}{r}\frac{e\mathrm{d}\phi(r)}{\mathrm{d}r} = \frac{Ze^2}{2m_e{}^2 c^2}\boldsymbol{S}\cdot\boldsymbol{L}\frac{1}{r^3} \qquad (17\text{-}9)$$

ここで,再びわれわれは縮退摂動論の例に出会った.与えられた n と l に対して,H_0 の固有状態は $2(2l+1)$ 重に縮退している.ここで,2 はスピンの二つの状態から来ている.したがって,エネルギーのずれを計算するには,式 (16-23) におけるような,小行列の対角化をする必要がある.

$$\boldsymbol{S}+\boldsymbol{L}=\boldsymbol{J} \qquad (17\text{-}10)$$

が

$$\boldsymbol{S}^2 + 2\boldsymbol{S}\cdot\boldsymbol{L} + \boldsymbol{L}^2 = \boldsymbol{J}^2$$

を意味し,すなわち

$$\boldsymbol{S}\cdot\boldsymbol{L} = \tfrac{1}{2}(\boldsymbol{J}^2 - \boldsymbol{L}^2 - \boldsymbol{S}^2) \qquad (17\text{-}11)$$

であることに注意すれば,かなりの計算が省略できる.よって,縮退した固有関数を $\boldsymbol{J}^2$ の固有関数(これらはすでに $J_z = L_z + S_z$ の固有関数である)の線形結合で表せば,これらは H_2 を対角化する.適切な線形結合は,15 章で求められていて,式 (15-38) と (15-39) である.これらの線形結合を用いて,

$$\begin{aligned}\boldsymbol{S}\cdot\boldsymbol{L}\,\psi_{\substack{j=l+(1/2)\\m_j=m+(1/2)}} &= \tfrac{1}{2}(\boldsymbol{J}^2-\boldsymbol{L}^2-\boldsymbol{S}^2)\psi_{\substack{j=l+(1/2)\\m_j=m+(1/2)}}\\
&= \tfrac{1}{2}\hbar^2\left[\left(l+\tfrac{1}{2}\right)\left(l+\tfrac{3}{2}\right)-l(l+1)-\tfrac{3}{4}\right]\psi_{\substack{j=l+(1/2)\\m_j=m+(1/2)}}\\
&= \tfrac{1}{2}\hbar^2 l\,\psi_{\substack{j=l+(1/2)\\m_j=m+(1/2)}}\end{aligned}$$

(17-12)

および

$$
\begin{aligned}
\boldsymbol{S}\cdot\boldsymbol{L}\psi_{\substack{j=l-(1/2)\\m_j=m+(1/2)}} &= \frac{1}{2}\hbar^2\left[\left(l-\frac{1}{2}\right)\left(l+\frac{1}{2}\right)-l(l+1)-\frac{3}{4}\right]\psi_{\substack{j=l-(1/2)\\m_j=m+(1/2)}} \\
&= -\frac{1}{2}\hbar^2(l+1)\psi_{\substack{j=l-(1/2)\\m_j=m+(1/2)}}
\end{aligned}
\tag{17-13}
$$

のように，書くことができる．与えられた l の値に対して，$[2(l+1/2)+1]+[2(l-1/2)+1]$ 個の状態が存在する．いったい何が起きたかというと，縮退状態の単なる組み替えが行われたのだが，二つのグループに分けられた状態は H_2 の作用で異なったふるまいをする．この線形結合を ϕ_{jm_jl} とよぶと，$j=l\pm\frac{1}{2}$ それぞれに対して

$$
\begin{aligned}
\langle\phi_{jm_jl}|H_2|\phi_{jm_jl}\rangle &= \frac{Ze^2}{2m_e^2c^2}\frac{\hbar^2}{2}\left\{\begin{array}{c}l\\-l-1\end{array}\right\}\\
&\quad\times\int_0^\infty dr\, r^2[R_{nl}(r)]^2\frac{1}{r^3}
\end{aligned}
\tag{17-14}
$$

となる．$\langle 1/r^3\rangle_{nl}$ は計算可能である．結果は

$$
\left\langle\frac{1}{r^3}\right\rangle_{nl} = \frac{Z^3}{a_0^3}\frac{1}{n^3 l(l+1/2)(l+1)}
\tag{17-15}
$$

であり，この式は $l\neq 0$ のとき成立する．ここで

$$
a_0 = \frac{\hbar}{\mu c\alpha}
$$

であることに注意しよう．これは，われわれは H_0 の固有状態を考察していて，そこでは電子の換算質量が使われるからである．エネルギーシフトは

$$
\Delta E = \frac{1}{4}m_e c^2(Z\alpha)^4\frac{\left\{\begin{array}{c}l\\-l-1\end{array}\right\}}{n^3 l(l+1/2)(l+1)}
\tag{17-16}
$$

となり，この式は $l\neq 0$ のとき成立する．H_1 と H_2 の効果をたすと，多少の計算の後，$l=j\pm\frac{1}{2}$ の両方に対して

$$
\Delta E = -\frac{1}{2}m_e c^2(Z\alpha)^4\frac{1}{n^3}\left(\frac{1}{j+1/2}-\frac{3}{4n}\right)
\tag{17-17}
$$

となる．この結果が $l=0$ に対しても正しいことを示すには，式 (17-14) の積がきちんと定義されていないが，相対論的なディラック方程式を使う必要がある．エネルギー準位の分岐は図 17-1 のグラフで示されている．非常に面白いことに，補正はちょうど足しあって，$^2S_{1/2}$ と $^2P_{1/2}$ の状態が縮退したままになっている．相対論的なディラック方程式を使った，もっと注意深い議論でもこの結論は変わらない．1947 年に，Lamb と Retherford は精密なマイクロ波吸収の実験を行った結果，この二つの準位が，わずかに分岐していることを示した．$m_e c^2(Z\alpha)^4\alpha\log\alpha$ の大きさをもつ，この分岐は，電子の自分自身がつくる電磁場との付加的相互作用，すなわち自己エネルギー効果で説明された．これらは，本書の範囲外である．

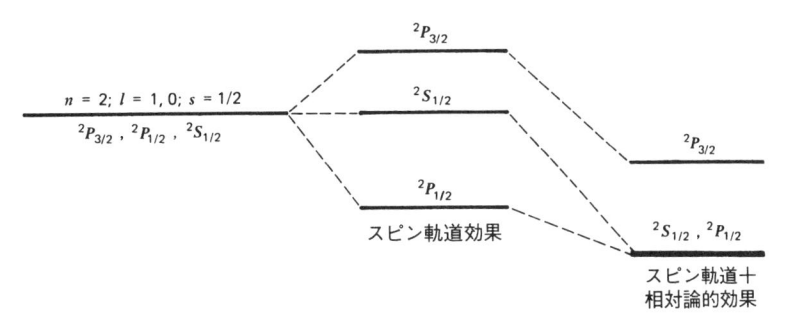

図 17-1 (1) スピン–軌道結合 (これは $S-$ 状態に影響しない) と (2) 相対論的効果による $n=2$ 状態の分岐. 最後の $^2S_{1/2}$ と $^2P_{1/2}$ の縮退は量子電気力学的効果で解ける. このとき $^2S_{1/2}$ 状態がわずかに上方へシフトするが, それはラム・シフト (Lamb shift) とよばれる.

異常ゼーマン効果

さて, 次に, われわれは水素様原子が外部磁場の中におかれた場合のふるまいについて議論する. これが, **異常ゼーマン効果** (anomalous Zeeman effect) である. もちろん, この効果について, 何も異常なことはない. 古典論で説明ができるゼーマン効果が示されるのは, 電子のトータルスピンがゼロの原子に限られていた. (スピンが含まれるため) 古典的な説明ができなかった状態に対する, ゼーマン分岐の様子は異なっていてしたがって「異常」とよばれていた.

非摂動ハミルトニアンとして, われわれはいつもの H_0 のほかに, スピン–軌道項を加える. このようにする理由は, 外部からの摂動の方が, われわれが H_2 とよぶ項の効果に比べて, 小さいからである. したがって

$$H_0 = \frac{p^2}{2\mu} - \frac{Ze^2}{r} + \frac{1}{2m_e^2 c^2}\frac{Ze^2}{r^3}\boldsymbol{S}\cdot\boldsymbol{L} \tag{17-18}$$

とする. 摂動項は

$$H_1 = \frac{e}{2m_e c}(\boldsymbol{L}+2\boldsymbol{S})\cdot\boldsymbol{B} \tag{17-19}$$

となる. 第 1 項は, 効果として, 回転する電荷からくる磁気双極子モーメントの相互作用であり, 第 2 項はスピンをもった物体の内部双極子モーメント

$$\boldsymbol{M} = -\frac{eg}{2m_e c}\boldsymbol{S} \tag{17-20}$$

からの寄与である. ここで $g=2$ である. H_0 の選び方から, 摂動の期待値は $\boldsymbol{J}^2$ と J_z の固有状態 (15-38) と (15-39) でとるべきであることがわかる. z 軸として $\boldsymbol{B}$ の方向をとれば, われわれは

$$\begin{aligned}\left\langle \phi_{jm_jl}\left|\frac{eB}{2m_e c}(L_z+2S_z)\right|\phi_{jm_jl}\right\rangle &= \left\langle \phi_{jm_jl}\left|\frac{eB}{2m_e c}(J_z+S_z)\right|\phi_{jm_jl}\right\rangle \\ &= \frac{eB}{2m_e c}(\hbar m_j + \langle \phi_{jm_jl}|S_z|\phi_{jm_jl}\rangle)\end{aligned} \tag{17-21}$$

を計算する必要がある. 最後の行列要素を計算するために, われわれは, 式 (15-38) と (15-39) で与えられた固有関数を使って, 実際に計算を実行する. こうして, われわれ

図中ラベル:

$j = l + 1/2$ 分岐: $m_j = l + 1/2,\ l - 1/2,\ l - 3/2,\ \ldots,\ -l - 1/2$
エネルギー差は、すべて $\dfrac{e\hbar B}{2mc} \cdot \dfrac{2l+2}{2l+1}$

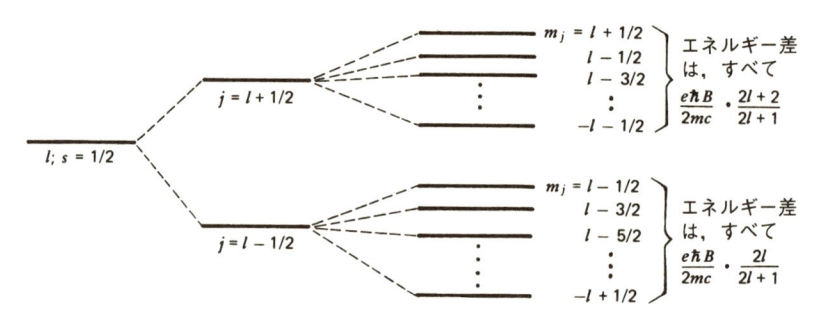

$j = l - 1/2$ 分岐: $m_j = l - 1/2,\ l - 3/2,\ l - 5/2,\ \ldots,\ -l + 1/2$
エネルギー差は、すべて $\dfrac{e\hbar B}{2mc} \cdot \dfrac{2l}{2l+1}$

図 17-2 異常ゼーマン効果の一般的な表現

は $j = l + \frac{1}{2}$ に対して

$$\left\langle \sqrt{\frac{l+m+1}{2l+1}} Y_{lm}\chi_+ + \sqrt{\frac{l-m}{2l+1}} Y_{l,m+1}\chi_- \Big| S_z \Big| \sqrt{\frac{l+m+1}{2l+1}} Y_{lm}\chi_+ \right.$$
$$\left. + \sqrt{\frac{l-m}{2l+1}} Y_{l,m+1}\chi_- \right\rangle = \frac{\hbar}{2}\left(\frac{l+m+1}{2l+1} - \frac{l-m}{2l+1}\right) \quad (17\text{-}22)$$
$$= \frac{\hbar}{2}\frac{2m+1}{2l+1} = \frac{\hbar m_j}{2l+1}$$

を得, $j = l - \frac{1}{2}$ に対しては

$$\left\langle \sqrt{\frac{l-m}{2l+1}} Y_{lm}\chi_+ - \sqrt{\frac{l+m+1}{2l+1}} Y_{l,m+1}\chi_- \Big| S_z \Big| \sqrt{\frac{l-m}{2l+1}} Y_{lm}\chi_+ \right.$$
$$\left. - \sqrt{\frac{l+m+1}{2l+1}} Y_{l,m+1}\chi_- \right\rangle = \frac{\hbar}{2}\left(\frac{l-m}{2l+1} - \frac{l+m+1}{2l+1}\right) \quad (17\text{-}23)$$
$$= -\frac{\hbar}{2}\frac{2m+1}{2l+1} = -\frac{\hbar m_j}{2l+1}$$

を得る. 両方の場合, われわれは $m_j = m + \frac{1}{2}$ であることを使った. 式 (17-22) と (17-23) の結果を式 (17-21) に代入すれば,

$$\Delta E = \frac{e\hbar B}{2m_e c} m_j \left(1 \pm \frac{1}{2l+1}\right) \qquad (j = l \pm \tfrac{1}{2}) \quad (17\text{-}24)$$

が得られる. 分岐の様子は図 17-2 に示す. 遷移に関する選択則 [*1] は, やはり

$$\Delta m_j = \pm 1, 0 \quad (17\text{-}25)$$

であるが, 線の間の分岐が, 各多重項に関して, 同じでないので, 13 章の正常ゼーマン効果で得た, 単なる三つの線とは異なる結果になる. たとえば, $n = 2$ の $^2P_{3/2}$ 状態は四つの線に分岐し, その分岐幅は, $^2P_{1/2}$ の二つの状態の分岐幅の 2 倍である (図 17-3). もし, 外場が非常に強くて, スピン-軌道結合が無視できるならば, われわれは普通の水素原子波動関数とスピノールの積, すなわち L^2, L_z, S^2 と S_z の固有状態を使うことができる. L_z と S_z の固有値をそれぞれ m_l と m_s とすれば, 式 (17-19) における H_1 の期待値は, B が z 軸方向を向いているとして,

$$\langle H_1 \rangle = \frac{e\hbar B}{2mc}(m_l + 2m_s) \quad (17\text{-}26)$$

となる. このように, $n = 2$, $l = 1$ の状態は, $m_l = 1, 0, -1$ と $m_s = \frac{1}{2}, -\frac{1}{2}$ に対応して, 五つの準位に分岐する.

[*1] この選択則の導出 (その他) は 21 章で議論される.

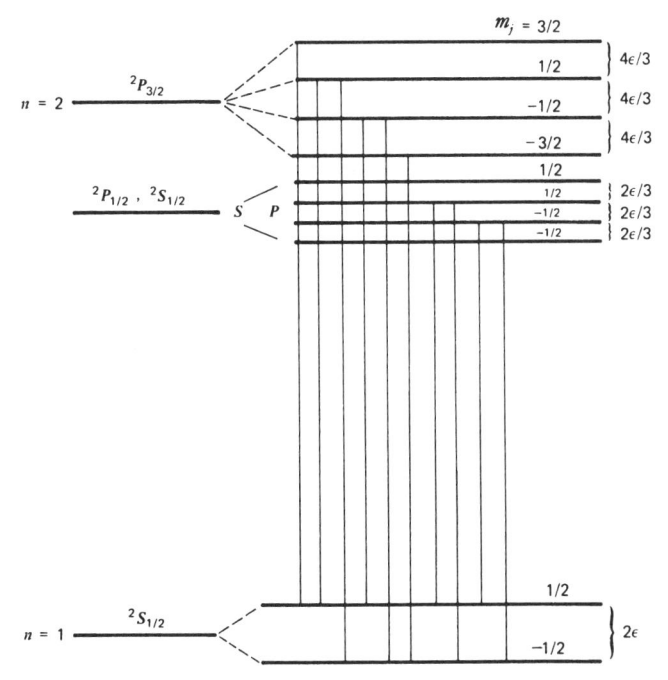

図 17-3 水素原子のゼーマン効果．ここで ϵ は，エネルギー $e\hbar B/2mc$ を表す．$l=1, \Delta m = 1, 0, -1$ の遷移を図に示す．非摂動状態の位置は図 17-1 に与える．

超微細構造

スピン–軌道結合によって引き起こされる**微細構造** (fine structure) に加えて，原子核の磁気双極子モーメントでつくられる磁場が原因の恒久的なゼーマン効果である非常に小さな**超微細分裂** (hyperfine splitting) が存在する．原子核のスピンが I であれば，磁気双極子モーメント演算子は

$$\boldsymbol{M} = \frac{Zeg_N}{2M_Nc}\boldsymbol{I} \tag{17-27}$$

で与えられる．ここで Ze は原子核の電荷，M_N はその質量，g_N は磁気回転比である．電磁気学から，点双極子によるベクトルポテンシャルは

$$\boldsymbol{A}(\boldsymbol{r}) = -\frac{1}{4\pi}(\boldsymbol{M} \times \boldsymbol{\nabla})\frac{1}{r} \tag{17-28}$$

となる．したがって磁場は

$$\boldsymbol{B} = \boldsymbol{\nabla} \times \boldsymbol{A} = -\frac{\boldsymbol{M}}{4\pi}\nabla^2\frac{1}{r} + \frac{1}{4\pi}\boldsymbol{\nabla}(\boldsymbol{M}\cdot\boldsymbol{\nabla})\frac{1}{r} \tag{17-29}$$

である．この式は次のように書き直すことができる．

$$\begin{aligned} B_i &= -M_i\frac{1}{4\pi}\nabla^2\frac{1}{r} + \frac{1}{4\pi}M_j\frac{\partial^2}{\partial x_i \partial x_j}\frac{1}{r} \\ &= M_i\delta(r) + \frac{1}{4\pi}M_j\frac{\partial^2}{\partial x_i \partial x_j}\frac{1}{r} \end{aligned} \tag{17-30}$$

ここで，われわれは

$$\nabla^2 \frac{1}{r} = -4\pi\delta(r) \tag{17-31}$$

を使った[*2]．摂動項は

$$H_{hf} = -\boldsymbol{M}_{\mathrm{e}} \cdot \boldsymbol{B} = -M_{ei}M_i\delta(\boldsymbol{r}) + \frac{1}{4\pi}M_{ei}M_j\frac{\partial^2}{\partial x_i \partial x_j}\frac{1}{r} \tag{17-32}$$

となる．簡単な次元解析により，摂動項は $\boldsymbol{M}_{\mathrm{e}} \cdot \boldsymbol{M}/a_0^3$ の形をしていることがわかる．すなわち，

$$\langle H_{hf}\rangle \approx \frac{Ze^2 g_N}{m_e M_N c^2}\hbar^2 \left(\frac{Z\alpha m_e c}{\hbar}\right)^3 \approx g_N(Z\alpha)^4 m_e c^2 (m_e/M_N)$$

この形は，典型的なスピン-軌道分岐に比べて，因子 m_e/M_N だけ小さい．さて，われわれは水素原子の $l=0$ 状態の分岐に関心がある．そのために，

$$\int \mathrm{d}^3 r |\phi_{n0}(\boldsymbol{r})|^2 \left(-M_{ei}M_i\delta(\boldsymbol{r}) + \frac{1}{4\pi}M_{ei}M_j\frac{\partial^2}{\partial x_i \partial x_j}\frac{1}{r}\right)$$

を計算する必要がある．$|\phi_{n0}(\boldsymbol{r})|^2$ が球対称であることから，

$$\begin{aligned}\int \mathrm{d}^3 r |\phi_{n0}(\boldsymbol{r})|^2 \frac{\partial^2}{\partial x_i \partial x_j}\frac{1}{r} &= \frac{1}{3}\delta_{ij}\int \mathrm{d}^3 r |\phi_{n0}(\boldsymbol{r})|^2 \nabla^2 \frac{1}{r} \\ &= \frac{4\pi}{3}\delta_{ij}\int \mathrm{d}^3 r |\phi_{n0}(\boldsymbol{r})|^2 \delta(\boldsymbol{r})\end{aligned} \tag{17-33}$$

となる．したがって，最終的に

$$\langle \phi_{n0}|H_{hf}|\phi_{n0}\rangle = -\frac{2}{3}\boldsymbol{M}_{\mathrm{e}} \cdot \boldsymbol{M}|\phi_{n0}(0)|^2 \tag{17-34}$$

が得られる．また，

$$|\phi_{n0}(0)|^2 = R_{n0}(0)^2 = \frac{4}{n^3}\left(\frac{Z\alpha m_e c}{\hbar}\right)^2 \tag{17-35}$$

であることから[*3]，

$$\langle H \rangle = \frac{4}{3}g_N\frac{m_{\mathrm{e}}}{M_N}(Z\alpha)^4 m_e c^2 \frac{1}{n^3}\left(\frac{\boldsymbol{S}\cdot\boldsymbol{I}}{\hbar^2}\right) \tag{17-36}$$

となる．電子と核の全スピンを $\boldsymbol{F}$ とすれば，

$$\boldsymbol{F} = \boldsymbol{S} + \boldsymbol{I} \tag{17-37}$$

であるから，

$$\begin{aligned}\frac{\boldsymbol{S}\cdot\boldsymbol{I}}{\hbar^2} &= \frac{\boldsymbol{F}^2 - \boldsymbol{S}^2 - \boldsymbol{I}^2}{2\hbar^2} = \frac{[F(F+1) - 3/4 - I(I+1)]}{2} \\ &= \frac{1}{2}\begin{cases} I & F = I + \frac{1}{2} \\ -I - 1 & F = I - \frac{1}{2}\end{cases}\end{aligned} \tag{17-38}$$

と書くことができる．水素に対しては，$g_N = g_P \cong 5.56$ である．したがって，$F=1$ で特徴づけられる励起状態と $F=0$ の基底状態とのエネルギー差は

$$\Delta E = \frac{4}{3}(5.56)\frac{1}{1840}\frac{1}{(137)^4}(m_e c^2) \tag{17-39}$$

となる．$F=1$ と $F=0$ の状態間の遷移に対応する放射の波長は

$$\lambda \simeq 21.1\mathrm{cm} \tag{17-40}$$

[*2] ここで，必要なのは ∇^2 の半径方向の部分である．この式は，$r \neq 0$ に対して，$(1/r^2)(\mathrm{d}/\mathrm{d}r)[r^2(\mathrm{d}/\mathrm{d}r)](1/r) = 0$ であることを証明し，$\nabla^2(1/r)$ を半径 ϵ の小さな球面にわたって積分すると，ϵ のいかんにかかわらず，答は -4π であることを示せば，明らかであろう．

[*3] たとえば，この章の最後にある参考文献の Bethe と Salpeter を参照せよ．

であり，振動数[*4]は
$$\nu = \frac{c}{\lambda} \simeq 1420\,\text{MHz} \tag{17-41}$$
である．この遷移からの放射は天文学で重要な役割を果たしている．中性原子気体中では，選択則のため，軌道角運動量が変化しない遷移は強く抑えられているので，$F=1$ 状態は，普通の放射では励起できない．$F=1$ と $F=0$ の状態とも，角運動量ゼロである．他方，この遷移を引き起こす別の機構が存在する．$F=1$ 状態は，たとえば衝突によっても励起させることができて，その状態が $F=0$ の基底状態に戻るときの放射が観測できる．受信される 21 cm 放射の強度の解析から，天文学者たちは，星間空間における中性水素の密度分布や，水素を含んだガス雲の運動と温度など，多くのことを学んだ．太陽近くの銀河面における中性水素原子の平均密度は，ほぼ 1 cm^{-3} であり，温度は 100K のオーダーである．

換算質量効果に関するコメント

m_e/M_p の値が小さいため，これまで摂動計算では換算質量効果を無視してきた．しかし，ここ三十年の間に，短寿命の μ^-（質量 $m_\mu = 205.8 m_\text{e}$ の重い電子）が陽子と結合してできる原子のような，不安定原子や，e$^-$ が，陽電子 e$^+$ [電荷（と磁気モーメント）の符号以外電子とまったく等しい粒子] とつくる束縛状態である，ポジトロニウムのスペクトルの研究が可能になった．これらの場合には，換算質量効果がより重要になる．ここで，われわれはこのことが，相対論的効果の議論にどう影響するかをしらべる．われわれは水素原子の言葉を借りて議論を進める．

陽子と電子の相対論的運動エネルギーを考慮すれば，非相対論的運動エネルギーに対する補正は
$$H_1 = -\frac{1}{8}\frac{(\boldsymbol{p}^2)^2}{c^2}\left(\frac{1}{m_\text{e}{}^3} + \frac{1}{M_\text{p}{}^3}\right)$$
と書くことができ，少し計算をすれば，
$$H_1 = -\frac{1}{8}\frac{(\boldsymbol{p}^2)^2}{\mu m_\text{e}^2 c^2}\left[1 - \frac{m_\text{e}}{M_\text{p}} + \left(\frac{m_\text{e}}{M_\text{p}}\right)^2\right] \tag{17-42}$$
と書き直すことができる．スピン–軌道項で $\boldsymbol{M}$ は変化しないが，$\boldsymbol{v} = \boldsymbol{p}/\mu$ である．異常ゼーマン効果の議論で摂動は今や
$$H_3 = \left(\frac{e}{2\mu c}\boldsymbol{L} + \frac{eg}{2m_\text{e}c}\boldsymbol{S}\right)\cdot\boldsymbol{B} \tag{17-43}$$
となり，式 (17-21) は
$$\begin{aligned}
&\left\langle\phi_{jml}\left|\frac{eB}{2\mu c}L_z + \frac{egB}{2m_\text{e}c}S_z\right|\phi_{jml}\right\rangle \\
&= B\left\langle\phi_{jml}\left|\frac{e}{2\mu c}J_z + \left(\frac{eg}{2m_\text{e}c} - \frac{e}{2\mu c}\right)S_z\right|\phi_{jml}\right\rangle \\
&= \frac{eB}{2\mu c}\left[\hbar m_j + \left(g\frac{\mu}{m_\text{e}} - 1\right)\langle\phi_{jml}|S_z|\phi_{jml}\rangle\right]
\end{aligned} \tag{17-44}$$

[*4] この振動数は物理量のなかで，最も精密に測定される量の一つである．$\nu_\text{exp} = 1420405751.800 \pm 0.028\,\text{Hz}$．この数値の中には陽子中の磁化分布の影響まで入ってる．しかし，この精度の数値を扱える理論がない．

となる．水素原子の微細構造を議論するさいは，換算質量効果は無視してよい．なぜなら，いま考えている原子の効果に比べて，この効果全体がファクター m_e/M_N だけ小さいからである．数値的にも，換算質量効果は小さい．下の表[*5]に相対論の項とスピン–軌道項を含んだエネルギーシフトをミリ電子ボルトの単位で与える．

準位	$\mu = m_e$ のエネルギーシフト	換算質量効果を含むエネルギーシフト
$1S_{1/2}$	-0.18113	-0.18074
$2S_{1/2}$	-0.05660	-0.05648
$2P_{1/2}$	-0.05660	-0.05651
$2P_{3/2}$	-0.01132	-0.01128

エネルギーシフトに対する換算質量効果は 4×10^{-7} eV のオーダーである．一方，量子電気力学の効果（ラム・シフト）は 4×10^{-6} eV である．したがって，水素原子に対しては，非常に精密な計算に興味がある場合を除いて，換算質量効果を考慮する意味がない．他方，$e^- - e^+$ の束縛状態であるポジトロニウムのような系に対しては，二つの粒子の質量が同じであるから，換算質量効果はきわめて重要である．ここでは，微細分裂は，スピン–軌道項に対しても相対論の項に対しても，相対的に決して小さくはない．

問　題

17-1 もし，ポテンシャル $V(r)$ 中を動く，質量 m，スピン S の粒子に対するスピン–軌道結合の一般的な形が
$$H_{\mathrm{SO}} = \frac{1}{2m^2c^2} \boldsymbol{S} \cdot \boldsymbol{L} \frac{1}{r}\frac{dV(r)}{dr}$$
であったとしたとき，この項の3次元調和振動子のスペクトルに対する効果を求めよ．

17-2 実際の水素原子において，$n = 2$ の状態を考えよう．磁場がないときのスペクトルはどうなっているか？ この原子を 25,000 ガウスの磁場中においたときこのスペクトルはどう変わるか？（微細構造は無視してよい．）

17-3 次式を示せ．
$$\nabla^2 \frac{1}{r} = -4\pi \delta(\boldsymbol{r})$$
式 (17-31) の脚注の議論を参考にせよ．

17-4 基底状態にある水素原子気体を考えよう．微細構造に対する磁場の効果は？ $B = 1$ ガウスと $B = 10^4$ ガウスの場合のスペクトルを計算せよ．

ヒント：これを解くには，相互作用 $A\boldsymbol{S} \cdot \boldsymbol{I}/\hbar^2 + aS_z/\hbar + bI_z/\hbar$ に対する固有値問題を考えよ．ここで，$a = \hbar B/m_e c$, $b = -eg_N\hbar B/M_N c$，また，$A = g_N(4m_e/3M_N)\alpha^4 m_e c^2$ である．2×2 の行列を対角化する必要がある．

17-5 3次元の調和振動子を考えよう．運動エネルギーに対して相対論的な式を使えば，基底状態のエネルギーのシフトはいくらか？

[*5] この表は J. S. Tenn 教授の好意による．

17-6 重水素は陽子 (電荷 $+e$) と中性子 (電荷 0) が，全スピン 1，全角運動量 $J=1$ の状態にあって構成している．陽子と中性子に対する g 因子は，

$$g_P = 2(2.7896)$$
$$g_N = 2(-1.9103)$$

である．

(a) この系の可能な軌道角運動量状態は何か? 最初の状態が $^3S_1$ であったとし，パリティ保存を仮定して，どんな混合が許されるか?

(b) 重水素と外部磁場との相互作用に対する表式を書いて，ゼーマン分裂を計算せよ．磁場との相互作用が次式で書き表せるなら，

$$V = -\boldsymbol{\mu}_{\text{eff}} \cdot \boldsymbol{B}$$

重水素の有効磁気モーメントは陽子と中性子の磁気モーメントの和であることを示し，その結果からのいかなるずれも波動関数の中の非 S 波成分から来ることを示せ．

17-7 電子と陽電子 (電子と同じ質量で電荷が逆) からなる水素様原子，ポジトロニウムを考えよう．(a) 基底状態エネルギーと $n=2$ 状態エネルギー，(b) 相対論的運動エネルギー効果とスピン−軌道結合，(c) 基底状態の微細分裂，を計算せよ．結果を水素原子のそれと比較し，主な違いを説明せよ．

参 考 文 献

水素様原子の物理に関する最も詳しい議論は，

H. A. Bethe and E. E. Salpeter, *Quantum Mechanics of One- and Two-Electron Atoms*, Springer-Verlag, Berlin/New York, 1957.

トーマス歳差は次に論じられている．

R. M. Eisberg, *Fundamentals of Modern Physics*, John Wiley & Sons, New York, 1961.

18
ヘリウム原子

電子–電子の反発力を考えないヘリウム原子

ヘリウム原子は電荷 $Z = 2$ の原子核と 2 個の電子 (1, 2 とラベル表示する) からなる. 各電子は, 原子核に引っ張られ, 2 個の電子は互いに反発しあう. ヘリウム原子の力学を量子力学で記述するには, 電磁相互作用 (クーロン力で非常に良く近似できる) 以外の力は必要ないと仮定する. この仮定は後に正しいことがわかる. 原子核を原点におき, 電子の座標を $\boldsymbol{r}_1$, $\boldsymbol{r}_2$ とすれば, 原子に対するハミルトニアン (図 18-1) は

$$H = \frac{1}{2m}\boldsymbol{p}_1{}^2 + \frac{1}{2m}\boldsymbol{p}_2{}^2 - \frac{Ze^2}{r_1} - \frac{Ze^2}{r_2} + \frac{e^2}{|\boldsymbol{r}_1 - \boldsymbol{r}_2|} \tag{18-1}$$

となる. ここで, m は電子の質量である. われわれは, 原子核の運動[*1]に関連した小さな効果, 相対論的効果, スピン–軌道効果と一方の電子の運動に伴う電流がもう一方の電子に及ぼす効果などは無視することにする. いま与えたハミルトニアンは次のように書くことができる.

$$H = H^{(1)} + H^{(2)} + V \tag{18-2}$$

ここで,

$$H^{(i)} = \frac{1}{2m}\boldsymbol{p}_i{}^2 - \frac{Ze^2}{r_i} \tag{18-3}$$

および

$$V = \frac{e^2}{|\boldsymbol{r}_1 - \boldsymbol{r}_2|} \tag{18-4}$$

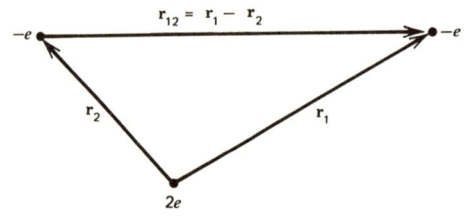

図 18-1 ヘリウム原子の記述に用いられた座標

[*1] 換算質量効果はいくらか違った形をとる, なぜなら, ここでわれわれは 3 体問題を実質的 2 体問題に転換しようとしているのだから. この問題は D. Park, *Introduction to the Quantum Theory*, McGraw-Hill, New York, Third Edition (1992) で議論されている.

である．原子核の電荷は Z であるとして，後で $Z=2$ とおく．水素原子についてわれわれが得た結果は，$H^{(1)}$ と $H^{(2)}$ に対する固有関数の完全系を与えてくれる．したがって，全体のハミルトニアンの中で，V を無視すれば，2電子系の固有値問題に対する解が得られたことになる．そのときの固有関数は

$$u(\bm{r}_1, \bm{r}_2) = \phi_{n_1 l_1 m_1}(\bm{r}_1)\phi_{n_2 l_2 m_2}(\bm{r}_2) \tag{18-5}$$

となり，方程式は

$$[H^{(1)} + H^{(2)}]u(\bm{r}_1, \bm{r}_2) = Eu(\bm{r}_1, \bm{r}_2) \tag{18-6}$$

である．エネルギーは (図 18.2a)

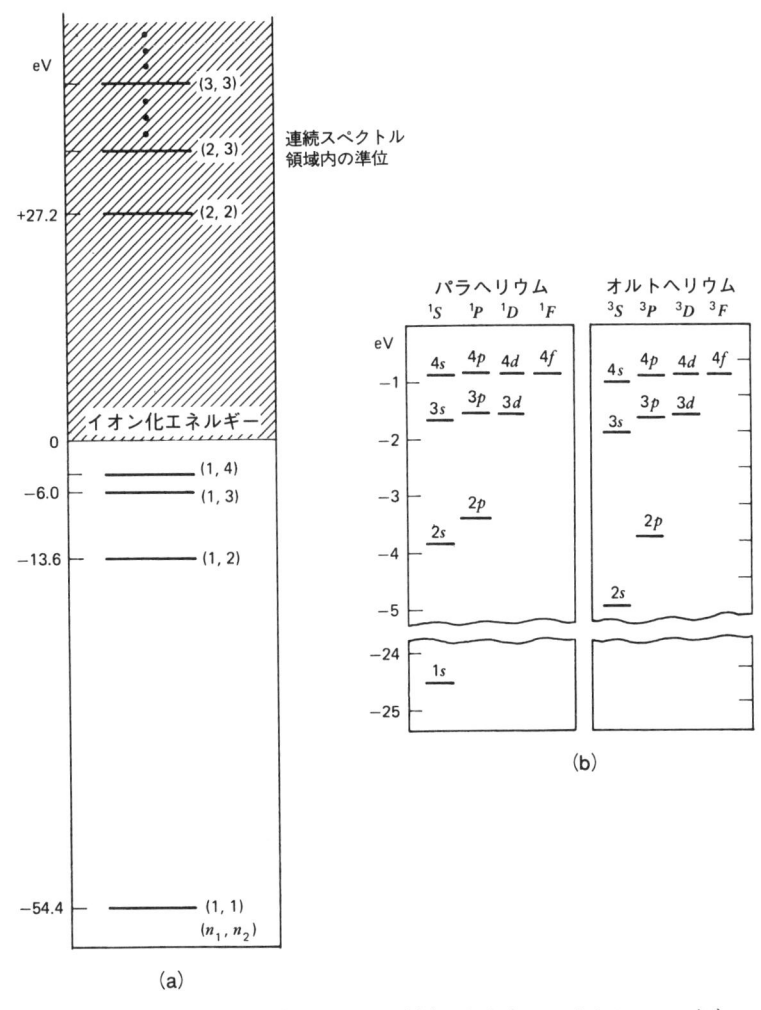

図 18-2 (a) 電子–電子相互作用がないと仮定したときのヘリウムのスペクトル．ゼロエネルギーの点はイオン化エネルギーにとった．(b) 1重項 (パラヘリウム) および3重項 (オルトヘリウム) 状態におけるヘリウムの実際のスペクトル．準位のラベル表示は $(1s)$ を省略した，したがって $(2p)$ 準位はほぼ $(1s)(2p)$ 軌道で記述される．

$$E = E_{n_1} + E_{n_2} \tag{18-7}$$

で与えられる．ここで $E_n = -(mc^2/2)(Z\alpha)^2/n^2$ である．このように，二つの電子が互いに他を無視する理想化された模型では，最低エネルギーは

$$E = -2E_1 = -mc^2(2\alpha)^2 = -108.8\,\text{eV} \tag{18-8}$$

である．この値は，水素原子の $-13.6\,\text{eV}$ の $2 \times Z^2 = 8$ 倍であることに注意しよう．第1励起状態とは，一つの電子が基底状態 $n=1$ にあって，2番目の電子が第1励起状態 $n=2$ にあることである．したがって，

$$E = E_1 + E_2 = -68.0\,\text{eV} \tag{18-9}$$

である．イオン化エネルギー，すなわち，一つの電子を基底状態から n が無限大の状態(自由電子)へ移すためのエネルギーは，

$$E_{\text{ioniz}} = (E_1 + E_\infty) - 2E_1 = 54.4\,\text{eV} \tag{18-10}$$

であり，そして面白いことに，連続スペクトルが始まるところの方が，両方の電子が $n=2$ の励起状態にあるエネルギーより**低い**．後者のエネルギーは

$$E = 2E_2 = -27.2\,\text{eV} \tag{18-11}$$

である．このことは新しい現象を引き起こす．すなわちハミルトニアン $H^{(1)} + H^{(2)}$ においては，連続スペクトルの中に離散スペクトルが存在する．これが意味することは，この章の終りに論じる．

排他原理の効果

二つの電子は**同一フェルミ粒子**であるから，全波動関数を電子の空間およびスピン座標の入れ替えに対して反対称にしなければならない．したがって，この理想化されたモデルの基底状態のしかるべき記述は

$$u_0(\boldsymbol{r}_1, \boldsymbol{r}_2) = \phi_{100}(\boldsymbol{r}_1)\phi_{100}(\boldsymbol{r}_2)X_{\text{singlet}} \tag{18-12}$$

である．波動関数の空間部分は必然的に対称である．したがってこの状態はスピン1重項である．

$$X_{\text{singlet}} = \frac{1}{\sqrt{2}}(\chi_+^{(1)}\chi_-^{(2)} - \chi_-^{(1)}\chi_+^{(2)}) \tag{18-13}$$

第1励起状態として，二つの可能性があり，それらは $V=0$ のときエネルギー的に縮退している．それらは

$$u_1^{(s)} = \frac{1}{\sqrt{2}}[\phi_{100}(\boldsymbol{r}_1)\phi_{2lm}(\boldsymbol{r}_2) + \phi_{2lm}(\boldsymbol{r}_1)\phi_{100}(\boldsymbol{r}_2)]X_{\text{singlet}} \tag{18-14}$$

と，空間的に反対称でスピン対称な

$$u_1^{(t)} = \frac{1}{\sqrt{2}}[\phi_{100}(\boldsymbol{r}_1)\phi_{2lm}(\boldsymbol{r}_2) - \phi_{2lm}(\boldsymbol{r}_1)\phi_{100}(\boldsymbol{r}_2)]X_{\text{triplet}} \tag{18-15}$$

である．ここで

$$X_{\text{triplet}} = \begin{cases} \chi_+^{(1)}\chi_+^{(2)} \\ \frac{1}{\sqrt{2}}(\chi_+^{(1)}\chi_-^{(2)} + \chi_-^{(1)}\chi_+^{(2)}) \\ \chi_-^{(1)}\chi_-^{(2)} \end{cases} \tag{18-16}$$

であり，これは X_singlet と直交している．

電子–電子反発の効果

V の存在，すなわち，電子–電子クーロン相互作用は第 1 次近似で，摂動的に取り扱ってよい．最初に，基底状態のエネルギーシフトを V の 1 次で計算しよう．答は

$$\Delta E = \int \mathrm{d}^3 r_1 \mathrm{d}^3 r_2\, u_0^*(\boldsymbol{r}_1, \boldsymbol{r}_2) \frac{e^2}{|\boldsymbol{r}_1 - \boldsymbol{r}_2|} u_0(\boldsymbol{r}_1, \boldsymbol{r}_2) \tag{18-17}$$

である．摂動はスピンを含んでいないので，

$$\Delta E = \int \mathrm{d}^3 r_1 \mathrm{d}^3 r_2\, |\phi_{100}(\boldsymbol{r}_1)|^2 \frac{e^2}{|\boldsymbol{r}_1 - \boldsymbol{r}_2|} |\phi_{100}(\boldsymbol{r}_2)|^2 \tag{18-18}$$

だけを考えればよい．積分は物理的に簡単な解釈がつく．$|\phi_{100}(\boldsymbol{r}_1)|^2$ は電子 1 を $\boldsymbol{r}_1$ で見つける確率密度であるから，$e|\phi_{100}(\boldsymbol{r}_1)|^2$ は電子 1 の電荷密度と解釈することができる．したがって，

$$\mathcal{U}(\boldsymbol{r}_2) = -\int \mathrm{d}^3 r_1 \frac{e|\phi_{100}(\boldsymbol{r}_1)|^2}{|\boldsymbol{r}_1 - \boldsymbol{r}_2|} \tag{18-19}$$

は，電子 1 の電荷分布による，点 $\boldsymbol{r}_2$ におけるポテンシャルである．よって，

$$\Delta E = -\int \mathrm{d}^3 r_2\, e|\phi_{100}(\boldsymbol{r}_2)|^2 \mathcal{U}(\boldsymbol{r}_2) \tag{18-20}$$

は電子 2 と，このポテンシャルとの相互作用の静電エネルギーである．積分は実行できて，$\phi_{100} = (2/\sqrt{4\pi})(Z/a_0)^{3/2} e^{-Zr/a_0}$ を使うと

$$\Delta E = \left[\frac{1}{\pi}(Z/a_0)^3\right]^2 e^2 \int_0^\infty r_1{}^2\, \mathrm{d}r_1\, e^{-2Zr_1/a_0} \int_0^\infty r_2{}^2\, \mathrm{d}r_2\, e^{-2Zr_2/a_0}$$
$$\int \mathrm{d}\Omega_1 \int \mathrm{d}\Omega_2 \frac{1}{|\boldsymbol{r}_1 - \boldsymbol{r}_2|} \tag{18-21}$$

となる．この式を書くとき，次の分離を用い，

$$\int \mathrm{d}^3 r = \int_0^\infty r^2 \mathrm{d}r\, \mathrm{d}\Omega$$

$\boldsymbol{r}_1$ と $\boldsymbol{r}_2$ の間の角度に依存する項だけを隔離した．われわれは

$$\frac{1}{|\boldsymbol{r}_1 - \boldsymbol{r}_2|} = \frac{1}{(r_1{}^2 + r_2{}^2 - 2r_1 r_2 \cos\theta)^{1/2}} \tag{18-22}$$

と書く．ここで θ は $\boldsymbol{r}_1$ と $\boldsymbol{r}_2$ の間の角である．これから，次の二つの方法が考えられる．

(a) 最も直接的には，$\mathrm{d}\Omega_2$ 積分のために，$\boldsymbol{r}_1$ の方向を z 軸に選び，

$$\int \mathrm{d}\Omega_2 \frac{1}{|\boldsymbol{r}_1 - \boldsymbol{r}_2|} = \int_0^{2\pi} \mathrm{d}\phi \int_{-1}^{1} \mathrm{d}(\cos\theta) \frac{1}{(r_1{}^2 + r_2{}^2 - 2r_1 r_2 \cos\theta)^{1/2}}$$
$$= -2\pi \frac{1}{r_1 r_2} \left[(r_1{}^2 + r_2{}^2 - 2r_1 r_2 \cos\theta)^{1/2}\right]_{\cos\theta=-1}^{\cos\theta=+1}$$
$$= \frac{2\pi}{r_1 r_2}(r_1 + r_2 - |r_1 - r_2|) \tag{18-23}$$

を得る．$\mathrm{d}\Omega_1$ 積分の方は，その角に依存するものがないから自明であり，

$$\int \mathrm{d}\Omega_1 = 4\pi \tag{18-24}$$

となる．そして，最終結果は
$$8e^2\left(\frac{Z}{a_0}\right)^6 \int_0^\infty r_1 dr_1\, e^{-2Zr_1/a_0} \int_0^\infty r_2 dr_2\, e^{-2Zr_2/a_0} \times (r_1+r_2-|r_1-r_2|) \tag{18-25}$$
である．

(b) さらに分子に角度依存性がある場合の便利な展開は，$r_1>r_2$ のとき，
$$(r_1{}^2+r_2{}^2-2r_1r_2\cos\theta)^{-1/2} = r_1^{-1}\left(1+\frac{r_2^2}{r_1^2}-2\frac{r_2}{r_1}\cos\theta\right)^{-1/2}$$
$$= \frac{1}{r_1}\sum_{L=0}^\infty \left(\frac{r_2}{r_1}\right)^L P_L(\cos\theta) \tag{18-26}$$
である．$r_2>r_1$ のときは r_1 と r_2 を入れ替えればよい．したがって，
$$\int d\Omega_1 \int d\Omega_2 \frac{1}{|\boldsymbol{r}_1-\boldsymbol{r}_2|} = \int d\Omega_1 \int d\Omega_2 \sum_{L=0}^\infty \frac{r_<^L}{r_>^{L+1}} P_L(\cos\theta) \tag{18-27}$$
と書ける．ここで，$r_>$ ($r_<$) は r_1 と r_2 のうちの大きい（小さい）方である．ここからは，
$$\frac{1}{2}\int_{-1}^1 d(\cos\theta) P_L(\cos\theta) = \delta_{L0} \tag{18-28}$$
が
$$\frac{1}{2}\int_{-1}^1 d(\cos\theta) P_L(\cos\theta) P_{L'}(\cos\theta) = \frac{\delta_{LL'}}{2L+1} \tag{18-29}$$
の特別な場合であることを利用すれば，前と同様な議論が使える．いずれにしろ，式 (18-25) は
$$\begin{aligned}\Delta E &= 8e^2\left(\frac{Z}{a_0}\right)^6 \int_0^\infty r_1 dr_1 e^{-2Zr_1/a_0}\left\{2\int_0^{r_1} r_2^2 dr_2 e^{-2Zr_2/a_0}\right.\\ &\quad \left. + 2r_1 \int_{r_1}^\infty r_2 dr_2 e^{-2Zr_2/a_0}\right\}\end{aligned} \tag{18-30}$$
となる．積分は簡単にできて，答は
$$\Delta E = \frac{5}{8}\frac{Ze^2}{a_0} = \frac{5}{4}Z\left(\frac{1}{2}mc^2\alpha^2\right) \tag{18-31}$$
となる．これは反発力に起因しているので，正の寄与を与え，$Z=2$ のとき $34\,\text{eV}$ である．これを，第 0 次近似の結果 $-108.8\,\text{eV}$ に加えれば，第 1 次近似で
$$E \simeq -74.8\,\text{eV} \tag{18-32}$$
を得る．この値を実験値
$$E_{\text{exp}} = -78.975\,\text{eV} \tag{18-33}$$
と比べれば，かなりの違いがある．物理的にいって，この違いは，われわれの計算では「スクリーニング」(遮蔽)，すなわち一つの電子の存在が，他方の電子が「感じる」電荷を減少させる傾向があるということを考慮に入れていないせいだと考えられる．たとえば，大ざっぱにいって，電子 1 が半分の時間，電子 2 と原子核との「間」にいたとすれば，電子 2 は半分の時間電荷 Z を感じ，半分の時間電荷 $Z-1$ を感じることになる．すなわち，式
$$E+\Delta E = -\frac{1}{2}mc^2\alpha^2\left(2Z^2-\frac{5}{4}Z\right) \tag{18-34}$$

の中には，実質的に Z のかわりに $(Z - \frac{1}{2})$ が代入されなければならない．このことによって，実験値との一致は改良されるが，このような，粗っぽい議論では，実効的な遮蔽確率として 50%を選ぶ根拠としては十分ではない．われわれは，この章で，基底状態エネルギーに対するレーリー–リッツの変分原理 (Rayleigh–Ritz variational principle) を論じるときに，この問題に立ち返ることにする．

排他原理と交換相互作用

次にわれわれはヘリウムの第 1 励起状態を考察する．エネルギーシフトは L_z と交換する摂動に起因しているので，式 (18-14) と (18-15) にあげられている 1 重項と 3 重項の $m = 0$ の状態に対してのみ計算すれば十分である．このような摂動に対しては，シフトは m 値によらない．さらに，摂動ポテンシャル V がスピンに依存しないことから，

$$\begin{aligned}\Delta E_1^{(s,t)} &= \frac{1}{2}e^2 \int \mathrm{d}^3 r_1 \int \mathrm{d}^3 r_2 [\phi_{100}(\boldsymbol{r}_1)\phi_{210}(\boldsymbol{r}_2) \pm \phi_{210}(\boldsymbol{r}_1)\phi_{100}(\boldsymbol{r}_2)]^* \\ &\quad \times \frac{1}{|\boldsymbol{r}_1 - \boldsymbol{r}_2|}[\phi_{100}(\boldsymbol{r}_1)\phi_{210}(\boldsymbol{r}_2) \pm \phi_{210}(\boldsymbol{r}_1)\phi_{100}(\boldsymbol{r}_2)] \\ &= e^2 \int \mathrm{d}^3 r_1 \int \mathrm{d}^3 r_2 |\phi_{100}(\boldsymbol{r}_1)|^2 |\phi_{210}(\boldsymbol{r}_2)|^2 \frac{1}{|\boldsymbol{r}_1 - \boldsymbol{r}_2|} \\ &\quad \pm e^2 \int \mathrm{d}^3 r_1 \int \mathrm{d}^3 r_2 \phi_{100}^*(\boldsymbol{r}_1)\phi_{210}^*(\boldsymbol{r}_2) \frac{1}{|\boldsymbol{r}_1 - \boldsymbol{r}_2|}\phi_{210}(\boldsymbol{r}_1)\phi_{100}(\boldsymbol{r}_2)\end{aligned} \tag{18-35}$$

と書くことができる．この式を得るため，われわれは V の $\boldsymbol{r}_1 \leftrightarrow \boldsymbol{r}_2$ に対する対称性を利用した．エネルギーシフトは二つの項からなっている．最初の項は見慣れた形をしていて，二つの電子の波動関数に従って分布している二つの「電子雲」間の静電相互作用を表している．この項はまた，われわれが基底状態のエネルギーシフトを見つけたときの項の簡単な一般化にもなっている．第 2 項は古典的解釈をもたない．この起源はパウリの原理にあり，その符号は状態のスピンが 0 か 1 かによる．このように，この**交換**からの寄与によって，1 重項と 3 重項の縮退はなくなる．ここでわれわれは $n = 2$ を考えたが，もっと一般的に

$$\begin{aligned}\Delta E_{n,l}^{(t)} &= J_{nl} - K_{nl} \\ \Delta E_{n,l}^{(s)} &= J_{nl} + K_{nl}\end{aligned} \tag{18-36}$$

となることがわかっている．積分は実行できる [ここで式 (18-27) が有用になる] が，ここでは行わない．積分 J_{nl} は明らかに正である．また K_{nl} も正であることがわかる．$l = n - 1$ のときは，明らかである．なぜなら，式 (18-35) に現れる波動関数はこの場合節をもたないから．3 重状態の方が 1 重状態より低いエネルギーをもつこと，すなわち

$$J_{nl} - K_{nl} < J_{nl} + K_{nl}$$

であること，または，同等なこととして

$$K_{nl} > 0 \tag{18-37}$$

であることは，定性的に次のような議論でわかる．3 重項の空間的波動関数は反対称であるため，電子はいくぶん離れているように制限されている．その結果，各電子は原子核の電荷のより多くの部分を「見る」ことができるので，遮蔽すなわちスクリーニングの効果が減少する傾向がある．このことはまた，空間的に対称な 1 重項に比べて，電子間の反発力の効果を減少させる傾向にある．この結果の面白いところは，摂動ポテンシャル $e^2/|\boldsymbol{r}_1 - \boldsymbol{r}_2|$ はスピンに依存しないにもかかわらず，波動関数の対称性のため，ポテンシャルがあたかもスピン依存性をもつかのようになることである．この事実を表すような形に (18-36) を書き換えることが可能である．二つの電子のスピンを $\boldsymbol{s}_1$ と $\boldsymbol{s}_2$ としよう．全スピンは $\boldsymbol{S} = \boldsymbol{s}_1 + \boldsymbol{s}_2$ となり，

$$\boldsymbol{S}^2 = \boldsymbol{s}_1{}^2 + \boldsymbol{s}_2{}^2 + 2\boldsymbol{s}_1 \cdot \boldsymbol{s}_2 \tag{18-38}$$

である．この式を $\boldsymbol{s}_1{}^2$ と $\boldsymbol{s}_2{}^2$ の固有状態でもある，3 重項と 1 重項，式 (18-16) と (18-13) に作用させれば，

$$S(S+1)\hbar^2 = \frac{3}{4}\hbar^2 + \frac{3}{4}\hbar^2 + 2\boldsymbol{s}_1 \cdot \boldsymbol{s}_2$$

となり，つまり

$$2\boldsymbol{s}_1 \cdot \boldsymbol{s}_2/\hbar^2 = S(S+1) - \frac{3}{2} = \begin{cases} \dfrac{1}{2} & (3\,\text{重項}) \\ -\dfrac{3}{2} & (1\,\text{重項}) \end{cases} \tag{18-39}$$

となる．したがって，スピンと $\boldsymbol{s}_i = \frac{1}{2}\hbar\boldsymbol{\sigma}_i$ の関係にある $\boldsymbol{\sigma}$ を使って，

$$\Delta E_{n,l} = J_{n,l} - \frac{1}{2}(1 + \boldsymbol{\sigma}_1 \cdot \boldsymbol{\sigma}_2)K_{n,l} \tag{18-40}$$

と書くことができる．この現象は，後に H_2 分子を考察するときにも出てくる．ふつうは原子間のスピンに依存する力は非常に小さい．スピン–軌道結合の例で見たように，スピンに依存した力は，静的な力に対する相対論的補正から発生する傾向がある．スピン–軌道の例では，これらの力は因子 α^2，すなわち $(v/c)^2$ だけ小さい．このような力が，強磁性体における電子スピンを一方向にそろえるほど強くなることは，非現実的な低温以外にはありえない．交換相互作用によるスピン依存性の方がこれよりずっと強く，静電気力と同じオーダーの大きさであり，最初に Heisenberg が指摘したように，強磁性の原因になっている．ヘリウムの最初の励起状態のいくつかを図 18-3 に示す．非摂動状態は**軌道**による記述法，すなわち摂動を受けていない電子の量子数を用いる方法で表す．したがって，基底状態の電子は両方とも $n=1, l=0$ の状態にあり，$(1s, 1s)$ またはもっと簡単に $(1s)^2$ と表される．第 1 励起状態のときのように，われわれが $(1s)(2p)$ と書く場合，これは一方の電子が一つの状態にあり，他方がもう一つの状態にあることを意味しているわけではない．なぜなら，われわれは電子に対して完全反対称な波動関数をつくらなければならないからである．もう一つの記述法は $^{2S+1}L_J$ であり，これをわれわれは図の中で，摂動状態を記述するのに用いた．この多重項では，1 重項の方が 3 重項より上にきている．これは，対称性からの帰結 (前

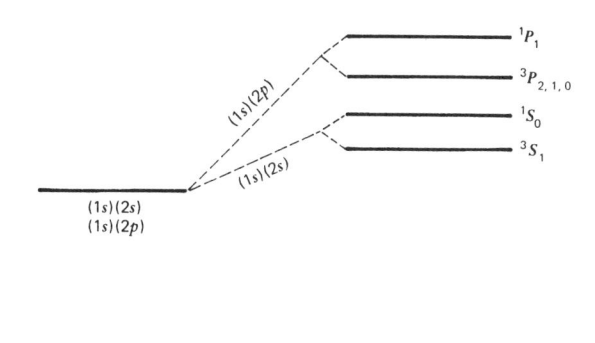

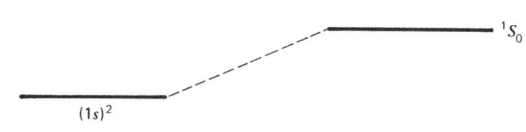

図 18-3 ヘリウムの最初の励起状態の分岐の模式図

にあった $K_{nl} > 0$ の議論を参照せよ) であり，**他のことが等しい場合，スピンの最も高い状態が最も低いエネルギーをもつというフントの規則**[*2](Hund's rule) の一つの特別な例である．ヘリウムに紫外線を当て，基底状態から励起してやると，後で導く**選択則** $\Delta L = 1$ から，励起状態は P 状態である．さらに，選択則 $\Delta S = 0$ があるため，遷移は 1 重項 → 1 重項と 3 重項 → 3 重項だけである[*3]．したがって，基底状態からは $^1P_1$ が最も強く励起される．他の準位も他の機構，たとえば衝突による励起で占められることもある．そして，いったん占められたら，基底状態への放射遷移はほとんど起こらない．^3P 状態は，$^1P_1$ 状態の原子が気体中の他の原子と衝突した場合に起こりうるが，$^3S_1$ 状態へしか崩壊できなくて，基底状態へは簡単には崩壊できないため，**準安定**である．非常によい近似で，3 重項から 1 重項への遷移がなかったため，一時 2 種類のヘリウム，オルトヘリウム (3 重項) とパラヘリウム (1 重項) の存在が信じられた．図 18-2b で見るヘリウムのスペクトルから，$(1s)(nl)$ の励起状態は水素原子のそれとあまり違わないエネルギーをもっていることがわかる．したがって，原子中の 1 電子あたりの束縛エネルギーは 24.6 eV (全束縛エネルギーから 1 価にイオン化されたヘリウムの束縛エネルギーを引いたもの，すなわち $79.0 - 54.4 = 24.6$ eV)．一方 $2s$ 状態から 1 個の電子が束縛を解かれた場合のエネルギーは約 4–5 eV であり，このエネルギーは水素の 3.4 eV $(= 13.6/n^2 \text{eV})$ とほぼ等しい．このような現象の原因は，「外の方の」電子は，$(1s)$ 軌道にいる「内側の」電子が原子核をシールドして，実効的電荷として $Z-1$ しか残さないため，単位の電荷のみを感じることにある．このようなことは基底状態では起こらない．なぜなら，両方の電子とも原子核に近づくことが可能だからである．したがって，水素原子の基底状態に比べて，ヘリウムの基底状態はかなり深いところにある．基底状態のエネルギーを摂動 1 次で計算したとき，実験値に比べて 4 eV の食い違いがあった．非常に面倒な 2 次の摂動を評価することよりは，基

[*2] フントの規則は 19 章でもっと詳しく議論する．
[*3] 選択則は 21 章で議論する．

底状態エネルギーを計算するまったく異なった方法を適用しよう．それは**リッツの変分法**である．

変 分 原 理

ハミルトニアン H と任意の 2 乗積分可能な関数 Ψ を考えよう．関数は 1 に規格化されているとする．すなわち

$$\langle \Psi | \Psi \rangle = 1 \tag{18-41}$$

この関数 Ψ は，H の固有状態がつくる完全系 ψ_n

$$H\psi_n = E_n \psi_n \tag{18-42}$$

で次のように展開できる．

$$\Psi = \sum_n C_n \psi_n \tag{18-43}$$

さて，

$$\begin{aligned}
\langle \Psi | H | \Psi \rangle &= \sum_n \sum_m C_n^* \langle \psi_n | H | \psi_m \rangle C_m \\
&= \sum_n \sum_m C_n^* C_m E_m \langle \psi_n | \psi_m \rangle \\
&= \sum_n |C_n|^2 E_n \\
&\geq E_0 \sum_n |C_n|^2
\end{aligned} \tag{18-44}$$

と書くことができる．式 (18-41) は

$$\sum_n |C_n|^2 = 1 \tag{18-45}$$

を意味するから，次の結果が得られる．

$$E_0 \leq \langle \Psi | H | \Psi \rangle \tag{18-46}$$

この結果を利用して，E_0 に対する上限が得られる．それには，Ψ をいくつかのパラメター $(\alpha_1, \alpha_2, \cdots)$ に依存するように選び，$\langle \psi | H | \psi \rangle$ を計算し，パラメターに関してこれを最小にする．この計算法の有用性を説明するために，Ψ を水素様原子の $(1s)$ 軌道波動関数の積に選んで，ヘリウムの基底状態エネルギーを計算する．ただし電荷は任意の Z^* とする．そこで，

$$\Psi(\boldsymbol{r}_1, \boldsymbol{r}_2) = \psi_{100}(\boldsymbol{r}_1) \psi_{100}(\boldsymbol{r}_2) \tag{18-47}$$

とおく．ただし

$$\left(\frac{\boldsymbol{p}^2}{2m} - \frac{Z^* e^2}{r} \right) \psi_{100}(\boldsymbol{r}) = \epsilon \psi_{100}(\boldsymbol{r}) \tag{18-48}$$

であり，$\epsilon = -(1/2)mc^2(Z^*\alpha)^2$ である．われわれが必要とするのは

$$\begin{aligned}
\int \mathrm{d}^3 r_1 \int \mathrm{d}^3 r_2 \, &\psi_{100}^*(\boldsymbol{r}_1) \psi_{100}^*(\boldsymbol{r}_2) \left(\frac{\boldsymbol{p}_1^2}{2m} + \frac{\boldsymbol{p}_2^2}{2m} - \frac{Ze^2}{r_1} - \frac{Ze^2}{r_2} \right. \\
&\left. + \frac{e^2}{|\boldsymbol{r}_1 - \boldsymbol{r}_2|} \right) \psi_{100}(\boldsymbol{r}_1) \psi_{100}(\boldsymbol{r}_2)
\end{aligned} \tag{18-49}$$

である．計算すると

$$
\begin{aligned}
\int \mathrm{d}^3 r_1 \int \mathrm{d}^3 r_2\, \psi_{100}^*(\boldsymbol{r}_1)\psi_{100}^*(\boldsymbol{r}_2) &\left(\frac{\boldsymbol{p}_1^2}{2m} - \frac{Ze^2}{r_1}\right)\psi_{100}(\boldsymbol{r}_1)\psi_{100}(\boldsymbol{r}_2) \\
=\ & \int \mathrm{d}^3 r_1\, \psi_{100}^*(\boldsymbol{r}_1)\left(\frac{\boldsymbol{p}_1^2}{2m} - \frac{Z^*e^2}{r_1} + \frac{(Z^*-Z)e^2}{r_1}\right)\psi_{100}(\boldsymbol{r}_1) \\
=\ & \epsilon + (Z^*-Z)e^2 \int \mathrm{d}^3 r_1 |\psi_{100}(\boldsymbol{r}_1)|^2 \frac{1}{r_1} \\
=\ & \epsilon + (Z^*-Z)e^2 \frac{Z^*}{a_0} \\
=\ & \epsilon + Z^*(Z^*-Z)mc^2\alpha^2
\end{aligned}
\tag{18-50}
$$

となる．まったく同じ因子は電子2のハミルトニアンからも来る．そして，電子-電子反発力はすでに式 (18-31) で計算を行った．ただし Z のかわりに Z^* を代入しなければならない．項を全部足しあげると，

$$
\begin{aligned}
\langle \Psi | H | \Psi \rangle &= -\frac{1}{2}mc^2\alpha^2 \left[2Z^{*2} + 4Z^*(Z-Z^*) - \frac{5}{4}Z^*\right] \\
&= -\frac{1}{2}mc^2\alpha^2 \left(4ZZ^* - 2Z^{*2} - \frac{5}{4}Z^*\right)
\end{aligned}
\tag{18-51}
$$

となる．これを Z^* について変分し，最小にすると

$$Z^* = Z - \frac{5}{16} \tag{18-52}$$

が得られる．これは以前に想像した $(Z-\frac{1}{2})$ に比べて改良されている．そして $Z=2$ を代入すると，

$$E_0 \leq -\frac{1}{2}mc^2\alpha^2 \left[2\left(Z - \frac{5}{16}\right)^2\right] = -77.38\,\mathrm{eV} \tag{18-53}$$

となり，これは1次の摂動に比べてずっとよい近似になっている．変分計算はもっと複雑な波動関数を使って実行することができる．Pekeris [4] は1075の項からなる波動関数を用いて，$\langle \psi | H | \psi \rangle$ の最小化を計算機を使って実行した．得られた上限は，実験誤差の範囲内で測定値と一致した．このように複雑な波動関数は，式 (18-47) のように，部分的遮蔽効果という簡単な解釈はできないのは事実である．しかし，このことは量子力学の正当性，さらには原子の構造を説明するには電磁気学だけで十分であるという事実に強い支持を与える．

自発的イオン化

最後に，前に触れた事実，$H^{(1)}+H^{(2)}$ の固有値でイオン化の閾値より上にいながら，離散的であるものの存在に立ち戻る．たとえば，軌道 $(2s)^2$ や $(2s)(2p)$ でラベル表示される状態はイオン化エネルギーよりかなり上にある．このことは際だった物理的帰結に導く．たとえば，$(2s)(2p)$ 状態を考えよう．もし電子がスピン1重項を形成していれば，それは $^1P_1$ 状態である．そしてそれは基底状態から光の吸収により励起することができる．なぜなら選択則 $\Delta l = 1$ も $\Delta S = 0$ も破れていないからである．この状態はいったん励起されてしまえば，基底状態 ($^1S_0$) や選択則で許される他の状態 (たとえば $^1D_2$) へ崩壊する必要がない．なぜなら，他の**チャンネル**があるからである．す

---

[4] このことは，本章の最後にあげた参考文献の中の Bethe と Jackiw の本の中で議論されている．

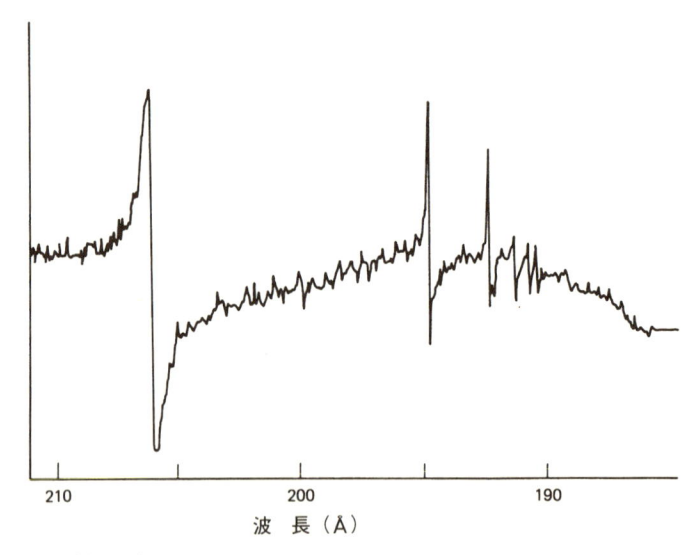

図 18-4 連続閾値より上にあるヘリウムの吸収スペクトル中の共鳴. 最初のピークは $(2s)(2p)$ 準位の位置に対応するエネルギーで起きる. [R. P. Madden and K. Codling, *Phys. Rev. Lett.* **10**, 516 (1963) より許可を得て転載.]

なわちこの状態は電子と1価のヘリウムイオン He^+ とに崩壊できる. このときの電子エネルギーはエネルギー保存則で決まる. この過程が**自発的イオン化** (autoionization) である. 連続スペクトル中の $(2s)(2p)$ 状態は, 電子と He^+ イオンの散乱過程ではっきり見ることができる. 電子のエネルギーがちょうど**複合状態** (compound state) ができる値であれば, 散乱確率に際だったピークが現れる. 同様に, ヘリウムが光を吸収するとき $(e^- - He^+)$ の複合状態のエネルギー付近で吸収に鋭いピーク (図 18-4) が見られる. 吸収は他のエネルギーでもある. なぜなら

$$放射 + He \to e^- + He^+$$

なる過程はいつでも起こりうるからである. しかし複合状態のエネルギーからずれたところでの吸収はエネルギーとともに滑らかに変化する. われわれはこれを**共鳴状態** (resonant state) とよんで別の描像で見ることができる. この状態は, その構成要素 $e^- + He^+$ に崩壊するので, 永遠に存在できるわけではない. したがって, 不確定性原理の関係 $\Delta E \gtrsim \hbar/\Delta t$ より, そのエネルギーは正確には決まらないはずであり, このことは $(2s)(2p)$ 状態がはっきりしたエネルギーをもつことと矛盾するように見える. しかし, この離散状態と連続状態との結合を考慮に入れると, この状態は離散的でなくなり, エネルギーも結合なしで計算したエネルギーのあたりの狭い領域の何処かにあればよいことになる. この話題は 23 章と付録 ST 4 「寿命, 線幅, および共鳴」で再び論じる.

問 題

18-1 ヘリウム原子を電子–電子相互作用を無視する近似で考えよう．最低のオルトヘリウム (スピン 1) 状態は何か? この近似における縮退はどうか? 電子–電子反発による第 1 次摂動論の分岐に対する表式を書き下し，その大きさを求めよ．

18-2 最低次のエネルギーシフト $\Delta E_{2,l}^{(t)}(l=0,1)$ を計算せよ．

18-3 オルトヘリウムの最低状態を考えよう．その磁気能率はいくらか? 換言すれば，外部磁場との相互作用を計算せよ．

18-4 次の式

$$''E'' = \langle \Psi | H | \Psi \rangle$$

を考えよ．ここで Ψ は任意の試行関数である．もし Ψ が，本当の基底状態関数 ψ_0 と ϵ のオーダーをもつ項だけ異なれば，$''E''$ と基底状態エネルギーとの差は ϵ^2 のオーダーの項であることを示せ．

[**注意**：規格化条件 $\langle \Psi | \Psi \rangle = 1$ を忘れないこと．]

18-5 変分原理を用いて 3 次元調和振動子の基底状態エネルギーを求めよ．試行関数として

$$\Psi = Ne^{-\alpha r}$$

を用いよ．

18-6 陽子と中性子 (両方とも近似的に質量 $mc^2 = 938\,\mathrm{MeV}$) をポテンシャル

$$V(r) = V_0 \frac{e^{-r/r_0}}{r/r_0}$$

で，束縛することを考えよう．ただし系は $l=0$ 状態であるとする．ポテンシャルのレンジは r_0 で与えられる．束縛エネルギー E_B を与えるのに必要なポテンシャルの深さを次の順序で計算せよ．(a) 変分原理を用いて束縛エネルギーの近似値を求めよ．(b) r_0 とポテンシャルの深さに関連したこの近似値に対する表式の中に E_B の実験値を代入せよ．数値計算は $r_0 = 2.8 \times 10^{-13}\,\mathrm{cm}$ と $E_B = -2.23\,\mathrm{MeV}$ を使って実行せよ．(換算質量を忘れないようにせよ．)

18-7 有限次元の行列 H_{ij} を考えよ．条件

$$\langle \Psi | \Psi \rangle = \sum_{i=1}^{n} a_i^* a_i = 1$$

のもとで，

$$\langle \Psi | H | \Psi \rangle = \sum_{i,j=1}^{n} a_i^* H_{ij} a_j$$

を最小化する条件から，行列 H の固有値が定まることを示せ．

(**ヒント**：ラグランジュの未定定乗法を用いよ．)

18-8 変分原理を用いて 1 次元との引力ポテンシャルには必ず束縛状態があることを示せ．

(**ヒント**：$\langle\Psi|H|\Psi\rangle$ を適当な試行関数，たとえば $Ne^{-\beta^2 x^2}$ を用いて計算し，この期待値が常に負にできることを示せ．)

18-9 図 18-4 のデータを用いて，ヘリウムの基底状態から測った $(2s)(2p)$ 状態の位置を計算し，自発イオン化で放射される電子の速度を，最終的に He^+ イオンが基底状態にある場合に計算せよ．もし He^+ イオンが第 1 励起状態にある場合はどうなるか？

18-10 波動関数 $\psi(\alpha_1, \alpha_2, \ldots \alpha_n)$ がいくつかのパラメーターに対する依存性だけがわかっている場合を考えよう．

この波動関数は規格化されており
$$\langle\psi(\alpha_1, \alpha_2, \ldots \alpha_n)|\psi(\alpha_1, \alpha_2, \ldots \alpha_n)\rangle = 1$$
かつ，パラメーター依存性は
$$\mathcal{E} = \langle\psi(\alpha_1, \ldots)|H|\psi(\alpha_1, \ldots)\rangle$$
が最小になるように選んであるとしよう．このとき，パラメーターは次の方程式で決まることを示せ．
$$\left\langle\psi(\alpha_1, \ldots)|H|\frac{\partial\psi}{\partial\alpha_i}\right\rangle - \mu\left\langle\psi(\alpha_1, \ldots)|\frac{\partial\psi}{\partial\alpha_i}\right\rangle = 0 \quad (i = 1, 2, \ldots, n)$$
ただし μ はラグランジュの未定乗数である．いま H があるパラメーター λ (たとえば原子核の電荷とか分子中の核子間距離) に依存しているとしよう．α_i はそのパラメーターに依存するだろう．そこで，次式が成立することを示せ．
$$\frac{d\mathcal{E}}{d\lambda} = \left\langle\psi(\alpha_1, \cdots)\left|\frac{\partial H}{\partial\lambda}\right|\psi(\alpha_1, \cdots)\right\rangle$$
この式はファインマン–ヘルマンの定理 (Feynman–Hellmann theorem) として知られ，分子物理の計算では非常に有効である．

18-11 変分原理を用いて非調和振動子
$$H = \frac{p^2}{2m} + \lambda x^4$$
の基底状態エネルギーを求め，厳密解の結果
$$E_0 = 1.060\lambda^{1/3}\left(\frac{\hbar^2}{2m}\right)^{2/3}$$
と比較せよ．

(**ヒント**：ガウス型の試行関数を用いよ．)

18-12 水素原子に対するハミルトニアンの動径方向成分が次のポテンシャル
$$V_{\mathrm{eff}} = -\frac{Ze^2}{r} + \frac{l(l+1)\hbar^2}{2\mu r^2}$$
で与えられること，また固有値が
$$E(n_r, l) = -\frac{1}{2}\mu c^2 \frac{(Z\alpha)^2}{(n_r + l + 1)^2}$$
であることを考慮に入れ，ファインマン–ヘルマンの定理を使ってパラメーター λ を上手に選び，$\langle 1/r\rangle_{nl}$ と $\langle 1/r^2\rangle_{nl}$ を計算せよ．

18-13 問題 18-11 で与えた厳密解の結果とファインマン–ヘルマンの定理を使って，非調和振動子の基底状態に対する $\langle p^2\rangle$ と $\langle x^4\rangle$ を計算せよ．

18-14 リッツの変分原理によると，任意の規格化された状態 ψ におけるハミルトニアン H の期待値は次式を満足する．

$$\langle \psi | H | \psi \rangle > E_0$$

ここで E_0 は H の最低固有値である．いま H が $N \times N$ のエルミート行列であるとして，$H_{ij}(i,j=1,2,3,\ldots,N)$ が行列要素，E_0 が最低固有値であるとする．ψ を上手に選ぶことによって，E_0 が行列 H のすべての対角要素 H_{ii} より小さいことを示せ．

18-15 スピン $1/2$ の二つの同種粒子が調和振動子ポテンシャルの中にある．したがってハミルトニアンは

$$H = \frac{p_1{}^2}{2m} + \frac{p_2{}^2}{2m} + \frac{1}{4}m\omega^2(\boldsymbol{r}_1 - \boldsymbol{r}_2)^2$$

である．2 粒子系は重心の運動量ゼロ，角運動量 $l=0$ の状態にあるとする．

(a) スピン状態を含んだ基底状態波動関数を書き下せ．
(b) スピン 1 重項および 3 重項にある第 1 励起状態を書き下せ．
(c) 粒子間の短距離相互作用があって $l=0$ では $C[\delta(r)/r^2]$ と近似できるとする．(b) で求めた状態に対して，この摂動の効果を計算せよ．

参 考 文 献

ヘリウムのスペクトルに関する非常によい議論が次の本に書かれている．

H. A. Bethe and R. W. Jackiw, *Intermediate Quantum Mechanics*, W, A. Benjamin, New York, 1968.

19
原子の構造

ハートリー近似

Z 個の電子をもつ原子のエネルギー固有値問題は次式

$$\left(\sum_{i=1}^{Z}\frac{\boldsymbol{p}_i^2}{2m}-\frac{Ze^2}{r_i}+\sum_{i>j}\frac{e^2}{|\boldsymbol{r}_i-\boldsymbol{r}_j|}\right)\psi(\boldsymbol{r}_1,\boldsymbol{r}_2,\ldots\boldsymbol{r}_Z)=E\psi(\boldsymbol{r}_1,\boldsymbol{r}_2,\ldots\boldsymbol{r}_Z) \quad (19\text{-}1)$$

で表される $3Z$ 次元の偏微分方程式である．軽い原子に対しては，このような方程式はコンピューターで解くことが可能である．しかし，このような解は専門家にしか意味がない．われわれは，原子構造の議論を，別のアプローチにもとづいて論じる．ヘリウム ($Z=2$) の例でも見たように，独立電子が Z 個，一つのポテンシャルの中にあって，電子–電子相互作用は後で考えることにした方が，実質的でわかりやすい．$Z=2$ のときは摂動論が使えた．しかし電子の数が増えるに従って，1次の摂動論では考慮されなかった遮蔽効果がますます重要になる．18章の最後で議論した変分原理が，1粒子描像を保ちながら，遮蔽補正を考慮に入れた1粒子波動関数を与えてくれた．変分原理を適用するために，試行波動関数が

$$\psi(\boldsymbol{r}_1,\boldsymbol{r}_2,\ldots\boldsymbol{r}_Z)=\phi_1(\boldsymbol{r}_1)\phi_2(\boldsymbol{r}_2)\cdots\phi_Z(\boldsymbol{r}_Z) \quad (19\text{-}2)$$

の形をしていると仮定しよう．各関数は1に規格化されているものとする．この状態における H の期待値を計算すると，

$$\begin{aligned}\langle H\rangle &= \sum_{i=1}^{Z}\int d^3\boldsymbol{r}_i\phi_i^*(\boldsymbol{r}_i)\left(-\frac{\hbar^2}{2m}\boldsymbol{\nabla}_i^2-\frac{Ze^2}{r_i}\right)\phi_i(\boldsymbol{r}_i) \\ &+ e^2\sum_{i>j}\sum_{j}\iint d^3\boldsymbol{r}_i d^3\boldsymbol{r}_j\frac{|\phi_i(\boldsymbol{r}_i)|^2|\phi_j(\boldsymbol{r}_j)|^2}{|\boldsymbol{r}_i-\boldsymbol{r}_j|}\end{aligned} \quad (19\text{-}3)$$

を得る．変分原理の手続きは，$\langle H\rangle$ を最小にするような $\phi_i(\boldsymbol{r}_i)$ を選ぶことである．$\phi_i(\boldsymbol{r}_i)$ として水素様波動関数を選び，各電子に対して異なった Z_i （各電子はもちろん，パウリの排他原理を満たすよう，異なった量子状態にいなければならない）を仮定すれば，式 (18-51) と (18-52) に類似の一連の方程式を得ることになる．もっと一般的なアプローチは Hartree による方法である．もし $\phi_i(\boldsymbol{r}_i)$ が $\langle H\rangle$ を最小にする1粒子波動関数であるならば，この関数を極微少量だけ変化させて

$$\phi_i(\boldsymbol{r}_i)\to\phi_i(\boldsymbol{r}_i)+\lambda f_i(\boldsymbol{r}_i) \quad (19\text{-}4)$$

としても，$\langle H \rangle$ は λ^2 のオーダーしか変化しないはずである．その微少変化は

$$\int d^3 \boldsymbol{r}_i |\phi_i(\boldsymbol{r}_i) + \lambda f_i(\boldsymbol{r}_i)|^2 = 1 \tag{19-5}$$

を満足していなければならない．すなわち λ の1次で

$$\int d^3 \boldsymbol{r}_i [\phi_i^*(\boldsymbol{r}_i) f_i(\boldsymbol{r}_i) + \phi_i(\boldsymbol{r}_i) f_i^*(\boldsymbol{r}_i)] = 0 \tag{19-6}$$

である必要がある．そこで，式 (19-4) を (19-3) に代入したとき得られる，λ に関して1次の項を計算しよう．1項ずつ求めると

$$\sum_i \int d^3 \boldsymbol{r}_i \left[\phi_i^*(\boldsymbol{r}_i) \left(-\frac{\hbar^2}{2m} \boldsymbol{\nabla}_i^2 \right) \lambda f_i(\boldsymbol{r}_i) + \lambda f_i^*(\boldsymbol{r}_i) \left(-\frac{\hbar^2}{2m} \boldsymbol{\nabla}_i^2 \right) \phi_i(\boldsymbol{r}_i) \right]$$
$$= \lambda \sum_i \int d^3 \boldsymbol{r}_i \left\{ f_i(\boldsymbol{r}_i) \left[-\frac{\hbar^2}{2m} \boldsymbol{\nabla}_i^2 \phi_i^*(\boldsymbol{r}_i) \right] + f_i^*(\boldsymbol{r}_i) \left[-\frac{\hbar^2}{2m} \boldsymbol{\nabla}_i^2 \phi_i(\boldsymbol{r}_i) \right] \right\} \tag{19-7}$$

を得る．この式に到達する前に，われわれは部分積分を2度行い，$f_i(\boldsymbol{r}_i)$ が無限の遠方ではゼロになることを使った．このことは2乗積分可能な関数の変分関数には必要な条件である．次に

$$-\lambda \sum_i \int d^3 \boldsymbol{r}_i \left[f_i^*(\boldsymbol{r}_i) \frac{Ze^2}{r_i} \phi_i(\boldsymbol{r}_i) + \phi_i^*(\boldsymbol{r}_i) \frac{Ze^2}{r_i} f_i(\boldsymbol{r}_i) \right] \tag{19-8}$$

そして，最後に

$$\lambda e^2 \sum_{i>j} \sum_j \int d^3 \boldsymbol{r}_i \int d^3 \boldsymbol{r}_j \frac{1}{|\boldsymbol{r}_i - \boldsymbol{r}_j|} \{ [f_i^*(\boldsymbol{r}_i) \phi_i(\boldsymbol{r}_i) + f_i(\boldsymbol{r}_i) \phi_i^*(\boldsymbol{r}_i)] |\phi_j(\boldsymbol{r}_j)|^2$$
$$+ [f_j^*(\boldsymbol{r}_j) \phi_j(\boldsymbol{r}_j) + f_j(\boldsymbol{r}_j) \phi_j^*(\boldsymbol{r}_j)] |\phi_i(\boldsymbol{r}_i)|^2 \} \tag{19-9}$$

を得る．この三つの項の和を単純にゼロとおくわけにはいかない．なぜなら関数 $f_i(\boldsymbol{r}_i)$ は式 (19-6) のような拘束を受けているからである．拘束を正しく考慮するには，ラグランジュの未定乗数法を用いる．すなわちわれわれは拘束の式のそれぞれに定数 (未定係数) を掛け，上の三つの項に足し，全体をゼロとおけば $f_i(\boldsymbol{r}_i)$ に対する拘束は考慮されたことになる．記号法上の見通しから未定係数を $-\epsilon_i$ とラベルすれば，

$$\sum_i \int d^3 \boldsymbol{r}_i \left\{ f_i^*(\boldsymbol{r}_i) \left[-\frac{\hbar^2}{2m} \boldsymbol{\nabla}_i^2 \phi_i(\boldsymbol{r}_i) \right] - f_i^*(\boldsymbol{r}_i) \frac{Ze^2}{r_i} \phi_i(\boldsymbol{r}_i) \right\}$$
$$+ e^2 \sum_{i \neq j} \sum_j \iint d^3 \boldsymbol{r}_i d^3 \boldsymbol{r}_j f_i^*(\boldsymbol{r}_i) \frac{|\phi_j(\boldsymbol{r}_j)|^2}{|\boldsymbol{r}_i - \boldsymbol{r}_j|} \phi_i(\boldsymbol{r}_i) \tag{19-10}$$
$$- \epsilon_i \int d^3 r_i f_i^*(\boldsymbol{r}_i) \phi_i(\boldsymbol{r}_i) + (複素共役) = 0$$

が得られる．この式の2行目を導くために，まずわれわれは2重和 $\sum_{i>j} \sum_j$ を $i \neq j$ 以外の制約がない $\frac{1}{2} \sum_{i \neq j} \sum_j$ に変換し，式 (19-9) の積分が i と j に関して対称であることを使った．今や $f_i(\boldsymbol{r}_i)$ にはまったく拘束がないので，われわれは $f_i(\boldsymbol{r}_i)$ と $f_i^*(\boldsymbol{r}_i)$ をまったく独立であるように扱ってよい (おのおの実部と虚部をもつ)．さらに，これらの関数は2乗積分可能であることを除けばまったく任意である，したがって式 (19-10) が成立するには，$f_i(\boldsymbol{r}_i)$ と $f_i^*(\boldsymbol{r}_i)$ の係数がそれぞれ別々に**各点 $\boldsymbol{r}_i$ で**ゼロでなければならない，なぜならばわれわれは関数 $f_i(\boldsymbol{r}_i)$ と $f_i^*(\boldsymbol{r}_i)$ に対して局所的変分をしても

よいからである．このようにして，われわれは次の条件

$$\left[-\frac{\hbar^2}{2m}\nabla_i^2 - \frac{Ze^2}{r_i} + e^2 \sum_{j \neq i} \int d^3 r_j \frac{|\phi_j(\boldsymbol{r}_j)|^2}{|\boldsymbol{r}_i - \boldsymbol{r}_j|}\right] \phi_i(\boldsymbol{r}_i) = \epsilon_i \phi_i(\boldsymbol{r}_i) \tag{19-11}$$

とその複素共役な関係を得る．この方程式には次のような簡単な解釈が可能である．すなわちこれは $\boldsymbol{r}_i$ に局在している電子「i」が，電荷 Z の原子核によるクーロン引力と他のすべての電子の電荷密度による斥力からなるポテンシャル

$$V_i(\boldsymbol{r}_i) = -\frac{Ze^2}{r_i} + e^2 \sum_{j \neq i} \int d^3 r_j \frac{|\phi_j(\boldsymbol{r}_j)|^2}{|\boldsymbol{r}_i - \boldsymbol{r}_j|} \tag{19-12}$$

の中を運動するときのエネルギー固有値方程式である．われわれはもちろん，他のすべての電子の電荷密度

$$\rho_j(\boldsymbol{r}_j) = -e|\phi_j(\boldsymbol{r}_j)|^2 \tag{19-13}$$

など知るゆえもないので，$\phi_i(\boldsymbol{r}_i)$ をポテンシャルに代入したとき，それが同じ $\phi_i(\boldsymbol{r}_i)$ を固有関数として再現するような，**セルフコンシステント（自己無撞着）な** $\phi_i(\boldsymbol{r}_i)$ の組を探さなければならない．式 (19-11) はかなり複雑な積分方程式であるが，少なくとも3次元空間の方程式（変数 $\boldsymbol{r}_i$ は $\boldsymbol{r}$ で置き換えることができる）であるため，数値計算はずっと簡単である．さらに，$V_i(\boldsymbol{r})$ をその角度平均

$$V_i(r) = \int \frac{d\Omega}{4\pi} V_i(\boldsymbol{r}) \tag{19-14}$$

で置き換えると，議論はもっと簡単になる．なぜならセルフコンシステントなポテンシャルは中心力型になり，セルフコンシステントな解は角度依存部分と動径部分とに関数が分解できるからである．すなわちそれらは n_i, l_i, m_i, σ_i でラベル付けされる関数になる．ただし最後のラベルはスピン状態（$s_{iz} = \pm\frac{1}{2}$）を表す．試行関数 (19-2) は排他原理を考慮に入れていない．この原理は重要な役割を演じている．なぜなら，もしすべての電子が同じ量子状態にいることが許されるなら，最小エネルギーはすべての電子が $n=1$，$l=0$「軌道」の場合となる．原子はこのような単純な構造ではない．排他原理を考慮するために，式 (19-2) で表される**仮説**のほかに，**各電子はそれぞれ異なった状態にあるべし**というルールをつけ加えよう．ここでスピン状態もラベルの中に含まれているとする．このことをもっとうまく自動的に行うには，式 (19-2) を**スレーター行列式** [式 (8-60) 参照] の形をした試行関数で置き換えればよい．その結果でてくる方程式は (19-11) とは異なり，交換項が加わっている．新しい，ハートリー-フォックの方程式は，排他原理を考慮したハートリー方程式から得られる固有値に比べて 10–20% ほど異なった固有値を与える．しかし，原子構造の物理について議論するには，ハートリーの描像の方が容易なので，ここではハートリー-フォックの方程式は論じないことにする．ポテンシャル (19-14) はもはや $1/r$ の形をしていない．したがって与えられた n と $l \leq n-1$ に対する縮退は存在しない．しかし，少なくとも小さな Z に対しては，n が与えられたときに，異なった l の値に対する分岐は，異なった n 値に対する分岐に比べて小さいことが期待できる．したがって，$1s, 2s, 2p, 3s, 3p, 3d, 4s, 4p, 4d, 4f, \cdots$

の軌道に置かれた電子は，だんだん弱く束縛されていると考えられる[*1]．遮蔽効果はこのことをもっと際立たせる．s 軌道が r の小さな領域を覆いつくし，原子核のすべての引力を感じるのに対して，$p, d, \cdots$ 軌道は遠心力によって外の方へ追いやられ，引力の一部しか感じない．この効果は非常に強く，$3d$ 電子のエネルギーが $4s$ 電子のそれに非常に接近しているし，ときには，予想された順番が狂うこともある．同じことが，$4d$ と $5s$ 電子にも，また $4f$ と $6s$ 電子，などなどにもいえる．**周期表**の議論のところで知るように，Z 値が大きくなるに従って，l 依存性の方が n 依存性よりますます重要になる．与えられた (n, l) 軌道に入れることができる電子の数は $2(2l+1)$ である．なぜならば各 m 値に対して二つのスピン状態があるからである．$2(2l+1)$ 個の状態全部が占められるとき，**殻が閉じられた**という．閉じた殻の電荷密度は

$$-e \sum_{m=-l}^{l} |R_{nl}(r)|^2 |Y_{lm}(\theta, \phi)|^2 \tag{19-15}$$

のように表され，球面調和関数の性質

$$\sum_{m=-l}^{l} |Y_{lm}(\theta, \phi)|^2 = \frac{2l+1}{4\pi} \tag{19-16}$$

のため，球対称である．

組立の原理

この節では，適当な原子核に，次々と電子を付け加えることによって，原子を組み立てていく議論をする．ここでの原子核の役割は，よい近似で単に正の電荷 Ze を提供するだけにすぎない．

水素($Z = 1$)　　ここには電子は 1 個しかない．そして基底状態の配位は $(1s)$ である．イオン化エネルギーは 13.6 eV，基底状態の上の第 1 励起状態を励起するのに必要なエネルギーは 10.2 eV である．原子の半径は 0.5 Å，そして分光学的記号は $^2S_{1/2}$ である．

ヘリウム($Z = 2$)　　18 章で学んだように，2 電子の最低エネルギー状態は両方の電子が $(1s)$ 軌道にある状態である．この配位は $(1s)^2$ と記述される．分光学的記述では，基底状態は $l = 0$ のスピン 1 重項 $^1S_0$ である．なぜなら交換効果がそちらを選ぶからである．全結合エネルギーは 79 eV．1 個の電子を取り除けば，残った電子は $(Z = 2)$ 核のまわりの $(1s)$ 軌道にある．したがってその結合エネルギーは $13.6Z^2$ eV $= 54.4$ eV である．そして最初の電子を取り除くのに必要なエネルギーすなわち**イオン化エネルギー**は $79.0 - 54.4 = 24.6$ eV である．$(1s)(2s)$ の配位をもつ第 1 励起状態エネルギーはほぼ $-13.6Z^2 - 13.6(Z-1)^2/n^2 \approx -58$ eV である．ここで $Z = 2$, $n = 2$ とおいた．この

[*1] この記述法は水素原子の場合と同じである．原子核の殻構造研究者が使う記述法の方がもっと合理的かも知れない．彼らは n のかわりに $n - l$ を使い，それは与えられた l 状態の順番を表す．たとえば $3d$ 状態から出発するよりは，d 状態の最低レベルを $1d$ とよんだ方が合理的である．しかしながら，たとえ，特に大きな Z の原子に対しては n の値はレベルの順番にはあまり関係ないとしても，われわれは通常の記述法を使い続けることにする．

式は第2項で遮蔽を考慮している．したがって励起エネルギーは $79\,\text{eV} - 58\,\text{eV} \approx 21\,\text{eV}$ である[*2]．他の物質といかなる反応をするときも，電子の組換えには約 20 eV が必要になる．したがって，ヘリウムは化学的に非常に不活性である．この性質は，電子が閉殻をなすすべての原子に共通であるが，必要なエネルギーはヘリウムが特に大きい．

リチウム ($Z = 3$)　排他原理より $(1s)^3$ の配位は禁止されていて，最低エネルギー配位は $(1s)^2(2s)$ である．したがってわれわれは閉殻に電子を 1 個加えることになる．そして殻は $^1S_0$ 状態にあるから，基底状態の分光学的記述は $^2S_{1/2}$ であり，これは水素原子の場合とまったく同じである．もし遮蔽が完全ならば結合エネルギーは $-3.4\,\text{eV}$ であると期待される ($n = 2$ であるから)．しかし，遮蔽は完全ではない．特に外側の**価電子**が s 状態にあるため，その波動関数は $r = 0$ にある原子核とかなりの重なりをもつ．イオン化エネルギーの測定値 5.4 eV より，Z の実効値が評価でき，それによると，$Z^* = 1.3$ である．リチウム原子を励起するには，ほんのわずかなエネルギーでよい．6 個の $(2p)$ 電子状態は，$(2s)$ 状態のすぐ上にあり，これらの $(2p)$ 状態が占められると，原子は化学的に活性化する (詳しくは炭素に関する議論を参照)．閉殻の外に 1 個の電子があるほかの原子同様，リチウムは非常に活性的な原子である．

ベリリウム ($Z = 4$)　4 番目の電子が占めるべき自然な場所は，$(2s)$ 軌道の 2 番目の席である．したがって配位は $(1s)^2(2s)^2$ である．ここに再び閉殻が現れ，分光学的記述では $^1S_0$ となる．エネルギーに関する限り，状況はヘリウムの場合に非常に似ている．もし遮蔽が完全であれば，結合エネルギーもヘリウムのときと同じであることが期待できる．なぜならば，内側の電子が実効的 Z をほぼ $Z = 2$ にまで下げるからである．$n = 2$ であるから，イオン化エネルギーは $24.6/n^2 = 6.2\,\text{eV}$ であると期待される．遮蔽の状況はいくぶんリチウムの場合に似ている．そしてリチウムのときのように，結合エネルギーの増加が約 50% あると想像すれば，近似的にほぼ 9 eV となる．実験値は 9.3 eV である．殻は閉じているが，電子の一つを $(2p)$ 軌道に上げるにはあまりエネルギーを必要としない．したがって，他の元素が近くにあれば，電子の組換えによって，閉殻を壊すのに十分なエネルギーが得られる．このように，ベリリウムはヘリウムに比べてそれほど不活性ではないことが期待される．一般的にいって，外側の電子がスピンを 1 重項状態に「組んでいる」(paired up) 原子は，より不活性であることがいえる．

ボロン ($Z = 5$)　閉殻の形成後，第 5 番目の電子は，$(3s)$ か $(2p)$ の軌道へ入ることができる．後者の方がエネルギー的に低い．したがって $(2p)$ から占められ，その最初がボロンである．その配位は $(1s)^2(2s)^2(2p)$ であり，状態の分光学的記述は $^2P_{1/2}$ である．ここでコメントをする必要がある．もしスピン $\frac{1}{2}$ を $l = 1$ の軌道状態に加えれば，われわれは $J = \frac{3}{2}$ か $J = \frac{1}{2}$ の状態を得る．この二つの状態はスピン-軌道相互

[*2] これは電子-電子斥力や交換力効果を無視した粗っぽい評価である．21 eV と 24.6 eV との差 4-5 eV は励起原子がその基底状態へ崩壊するときに放出される (図 18-2b 参照)．

作用

$$\frac{1}{2m^2c^2}\boldsymbol{L}\cdot\boldsymbol{S}\frac{1}{r}\frac{dV(r)}{dr} = \frac{1}{4m^2c^2}[J(J+1)-L(L+1)-S(S+1)]\frac{1}{r}\frac{dV}{dr} \quad (19\text{-}17)$$

により分岐している．そしてこの形から J 値の高い方が高いエネルギーをもつことがわかる，なぜなら $(1/r)(dV/dr)$ の期待値は，もはや式 (17-16) に与えられている値には等しくはないが，依然として正だからである．この結論は，特に**フントの規則**で与えられるように，殻がどれほど満たされているかによる．これらは後ほど論じることにする．イオン化エネルギーは 8.3 eV である．このことは，$2p$ 状態のエネルギーが $2s$ 軌道のそれに比べていくぶん高いため，ベリリウムの値よりいくらか低いというわれわれの期待に合致している．

炭素 ($Z=6$)　　炭素の配位は $(1s)^2(2s)^2(2p)^2$ である．2 番目の電子は 1 番目と上向き–下向きの対をつくって，同じ p 状態にいてもよいはずだが，2 番目の電子にとっては，電子間の斥力を下げるように，むしろ 1 番目の電子から離れていた方が得策である．そしてそれが可能なのは，$l=1$ の状態 Y_{11}, Y_{10}, Y_{1-1} からそれぞれ x,y,z 軸に沿った線形結合 $\sin\theta\cos\phi, \sin\theta\sin\phi, \cos\theta$ がつくれるからである．二つの電子が，直交する腕の方向へ行けば重なりは最小になり，斥力は減る．電子は空間的に異なった状態にあるので，それらのスピンは反平行である必要はない．炭素は 2 価であると考えがちだが，実際は，近くにあるエネルギー準位から生ずる微妙な性質のため，そうではない．$(2s)$ 電子の一つを空の $l=1$ の状態へ上げるにはほとんどエネルギーを必要としない．$(1s)^2(2s)(2p)^3$ の配位は四つの「不対」電子をもっていて，他の原子と四つのボンドをつくったときの利得エネルギーは $(2s)$ 電子の一つをもち上げるためのエネルギーを補って余りあるのである．反発力の減少により，イオン化エネルギーはボロンのときに比べていくらか大きくて 11.3 eV である．基底状態の分光学的記述は $^3P_0$ である．二つの $2p$ 電子の合成スピンは 0 か 1 である．われわれは二つの $l=1$ の状態を足しているので，全軌道角運動量は 0 か 1 か 2 である．いくつかの可能な状態，$^1S_0, {}^3P_{2,1,0}, {}^1D_2$ のうち，スピンのより高い状態がより低いエネルギーをもち (ヘリウムの議論を参照)，またもう一つの**フントの規則**により，$^3P_0$ 状態が最低エネルギーをもつ．

窒素 ($Z=7$)　　ここでは配位は $(1s)^2(2s)^2(2p)^3$ である．ときどき簡単に $(2p)^3$ と書くこともある (閉殻や準閉殻は省略する)．三つの電子はすべて重なり合いのない p 状態にあることができる．したがってイオン化エネルギーの増加は，ボロンから炭素への増加と同じであることが期待できる．これは測定値 14.5 eV とよく一致している．

酸素 ($Z=8$)　　配位は略記すれば $(2p)^4$ である．そして殻は半分以上満たされている．電子が四つもあるので，分光学的基底状態を決めるのは非常に困難のように見える．しかし，われわれはこの殻を別の視点から見ることができる．この殻に，さらに 2 個の電子を加えれば，$(2p)^6$ の配位ができあがり，殻は一杯になり全状態は $L=S=0$ となる．したがって，酸素は 2 個の**ホール** (hole)(空孔ともいう) をもった閉 $2p$ 殻をもつと考えることができる．これらのホールはちょうど陽電子のように見え，2 ホー

ル配位と見ることができる．ホールはスピン $\frac{1}{2}$ をもつから，これは 2 電子配位と同じである．したがって，炭素のときと同様，反対称な 2 フェルミオン (2 ホール) 波動関数と矛盾しない可能な状態は ^1S, ^3P, ^1D であり，4 電子は 2 ホール系と一緒になって $L = S = 0$ の状態を形成しなければならないので，やはり同じ ^1S, ^3P, ^1D 状態にある．最高スピンは $S = 1$ であるから，^3P でなければならない．次節で議論するフントの規則により $^3P_2$ 状態となる．4 番目の電子が窒素の配位に付け加えられたとき，それはすでに占められた m 値をもった軌道に行かざるをえない．このように，電子の波動関数の二つは重なり合ってしまい，反発のためエネルギーを押し上げる．したがってイオン化エネルギーが 13.6 eV まで下がるのも驚くに値しない．

フッ素 ($Z = 9$) ここでの配位は $(2p)^5$ である．イオン化エネルギーの単調増加はここで再び戻って，実験値は 17.4 eV となる．フッ素は化学的に非常に活性である．なぜなら電子を一つ「取り込んで」，非常に安定な閉殻 $(2p)^6$ をつくることができるからである．$s = \frac{1}{2}$ で $l = 1$ の電子が 1 個加わると $^1S_0$ 状態ができるので，ホールをもった殻は $s = \frac{1}{2}$ で $l = 1$ である．したがってこれは ^2P 状態であり，後でわかるように，フントの規則より，状態は $^2P_{3/2}$ となる．

ネオン ($Z = 10$) $Z = 10$ で $(2p)$ 殻は閉じて，すべての電子は対をつくってしまう．イオン化エネルギーは 21.6 eV で，依然として単調増加の傾向を続けている．ここでは，ヘリウムのときと同様に，電子が励起される最初の有効状態は，高い n 値をもっているので原子を励起させるにはたくさんのエネルギーが必要である．ネオンはヘリウム同様不活性気体である．ここで，電子をもう一つ加えることは，それをより高い n 値 ($n = 3$) におくことに対応する．したがってネオンはヘリウム同様，周期表の**周期**の終りにある．ネオンにおいては，ヘリウムと同じく，電子を励起させることができる最初の有効状態は高い n 値をもつので，原子を不安定にするには非常にたくさんのエネルギーが必要である．ネオンは**不活性ガス**であるという性質をヘリウムと共有する．次の周期もやはり 8 個の元素を含んでいる．最初に，ナトリウム ($Z = 11$) とマグネシウム ($Z = 12$) で $(3s)$ 殻が一杯になり，次に $(3p)$ 殻が，アルミニウム ($Z = 13$)，シリコン ($Z = 14$)，燐 ($Z = 15$)，硫黄 ($Z = 16$)，塩素 ($Z = 17$) と続き，アルゴン ($Z = 18$) で一杯になる．これらの元素は化学的に，リチウム，…，ネオンのシリーズと非常に似ており，基底状態の分光学的記述は同じである．唯一の違いは，$n = 3$ であるため，章末にある周期表からもわかるように，イオン化エネルギーがいくぶん小さいことである．周期がアルゴンで終わるのは少し不思議に思えるかも知れない．なぜなら $(3d)$ 殻は 10 個の電子を入れることができて，まだ一杯になっていないからである．実際には，セルフコンシステントなポテンシャルが $1/r$ の形をしていなくて，ここでの殻内分岐がかなり大きく，$(4s)$ 状態の方が $(3d)$ より，わずかではあるが，低いところにある．したがって競争になり，次の周期では $(4s)$, $(4s)^2$, $(4s)^2(3d)$, $(4s)^2(3d)^2$, $(4s)^2(3d)^3$, $(4s)(3d)^5$, $(4s)^2(3d)^5$, $(4s)^2(3d)^6$, $(4s)^2(3d)^7$, $(4s)^2(3d)^8$, $(4s)(3d)^{10}$, $(4s)^2(3d)^{10}$ となり，次に $4p$ 殻が満たされ，周期はクリプトン ($Z = 36$) で終わる．この周期の最初の方と最後の方の元素は，他の周期の最初の方と最後の方

の元素と化学的性質が似ている．したがって，(4s) 電子を一つもっているカリウムは，閉殻の外の (3s) 電子を一つもっているナトリウムと同様アルカリ金属である．臭素は $(4s)^2(3d)^{10}(4p)^5$ の配位をもち，p 殻に一つのホールがある．したがって化学的に塩素やフッ素に似ている．(3d) 状態が満たされている一連の元素はどちらかといえば似通った化学的性質をもっている．この理由はやはりセルフコンシステントなポテンシャルの詳細に関連している．実はこれらの軌道の半径[*3]が (4s) 電子の半径に比べていくぶん小さいので，$(4s)^2$ 殻が一杯になると，これらの電子が (3d) 電子の数にかかわらずそれらを外界の影響から遮蔽してしまう傾向がある．同じ効果は，(6s) 殻が一杯になった直後に，(4f) 殻が満たされていくときにも起こる．ここでの元素は**希土類** (rare earths) とよばれる．

基底状態の分光学的記述

軽い原子を議論したとき，われわれはしばしば基底状態に対する分光学的記述を用いた．たとえば酸素に対する $^3P_2$ やフッ素に対する $^2P_{3/2}$ などのように．基底状態の S，L，J を知ることは，選択則によって許される，原子の励起状態に対するこれらの量を決定するために重要である．これらを決めるための**フントの規則**についてこれまで何度かふれたが，この節の主題はこの規則である．基底状態の量子数を決定するのは，スピン–軌道結合と 18 章でヘリウムに関連して議論した交換効果との相互競合である．軽い原子 ($Z < 40$) に対しては，電子の運動が非相対論的であるので，電子–電子反発効果の方がスピン–軌道結合より重要である．このことは，L と S を，それぞれ別々に良い量子数と見なしても，かなり良い近似になっていることを意味している．そこで，われわれはすべてのスピンの和をとって S をつくり，電子のすべての軌道角運動量を足して L をつくる．そしてこれらを結合して全体の J をつくる．もっと重い原子に対しては，最初にスピンと軌道角運動量を結合させてその電子の全角運動量をつくり，次にすべての J を結合させる方が良い近似になっている．前者がラッセル–ソンダース結合 (Russell–Saunders coupling) とよばれ，後者が j–j 結合である．ラッセル–ソンダース結合に対して F. Hund はいろいろな計算の結果をまとめて，最低状態の全体的な量子数を与える 1 組の規則を提案した．その規則は，

(1) S の一番大きな状態が最低である．
(2) 与えられた S に対しては，L が最大の状態が最低である．
(3) S と L が与えられている場合は，完成されていない殻が半分以下しか満たされていないときの最低状態は最小の $J = |L - S|$ をもち，殻が半分以上満たされている場合の最低エネルギ状態は $J = L + S$ をもつ．

である．これらの規則を応用するときパウリの原理を破らないよう気をつける必要がある．最初の規則は次のように簡単に理解することができる．S の 1 番大きな状態は，

[*3] これは電荷分布のピークの位置の表現と理解する．

図 19-1　　　　図 19-2

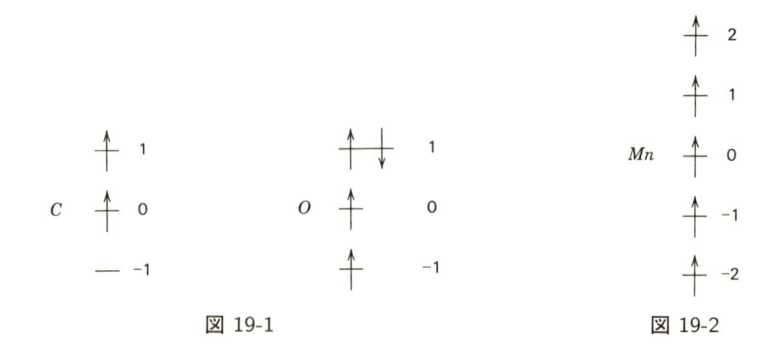

すべてのスピンに関して対称な状態である．(なぜならば，そこにはすべてのスピンが平行な $S_z = S_{\max}$ の状態が含まれているからである．) よって空間的な波動関数は反対称であり，それは電子の重なり具合，したがって斥力ポテンシャルの期待値を最小にする．2 番目の規則は定性的に次の事実から出てくる．図 12-3 に示されているように L 値が大きければ大きいほど，波動関数はたくさんのでこぼこがある．このことは，電子が互いに他から離れて存在し，クーロン斥力の効果が減少することを意味している．3 番目の規則は，スピン–軌道結合の形から導かれる．$[1/r\,dV(r)/dr]$ の期待値が正であることから，スピン–軌道結合による摂動によって，(与えられた L と S に対して) 縮退した J 状態が分岐し，式 (19-17) から明らかなように，1 番小さな J が最低状態を与える．殻が半分以上満たされている場合を考えると，酸素の記述のさいと同じ議論によって，原子を一杯になった殻のなかにいくつかのホールがあると見なした方が簡単になる．これらのホールはあたかも正の電荷をもつように見え，ホールのスピン–軌道結合に対する $[1/r\,dV(r)/dr]$ の期待値の符号も反対になる．したがって，多重項も「ひっくり返り」，最も大きな値の J が最低状態を与える．いくつかの原子に対して，フントの規則の応用と，パウリの原理を考慮する必要性を説明しよう．われわれは炭素 $(2p)^2$，酸素 $(2p)^4$ とマンガン $(3d)^5$ の量子数を考える．最初の二つの場合は，p 状態であるため，われわれは $L_z = 1, 0, -1$ に対応して，1 組の「たな」を描くことができる．電子は斥力を最小にするために，できるだけ異なった**たな**に置かれる．炭素に対しては，$L_z = 1$ と $L_z = 0$ に置く．フントの第 1 規則によりスピンは平行 (正確にいうとスピン 3 重項状態) になる (図 19-1)．そして最も大きな値として $S_z = 1$ となり，3 重項状態を得る．L_z の最も大きな値から $L = 1$ が得られる．したがって，第 3 規則より $J = |L - S| = 0$ となり，$^3P_0$ 状態が得られる．$(2p)^4$ 状態の場合には，上の三つの**たな**全部に一つずつ電子を置き，最後の電子をたとえば $L_z = 1$ の状態に置く．パウリの原理により，$L_z = 1$ 状態の二つの電子は 1 重項をつくる．したがって，問題になるのは他の 2 電子だけであり，$S_z = 1$ より，$S = 1$ となる．最大値 $L_z = [2 + 0 + (-1)] = 1$ より $L = 1$ である．しかし，今度は，殻が半分以上満たされているので $J = L + S = 2$，したがって酸素の基底状態は $^3P_2$ となる．マンガンに対しては，「たな」は図 19-2 に示すように，$L_z = 2, 1, 0, -1, -2$ から成っている．5 個の電子があるので，各席に 1 個ずつ入れればよい．スピンを平行にして，$S_z = 5/2$

を得る．これは $S = 5/2$ を意味する．L_z の全体の値は $L_z = 0$ だから，S 状態となる．以上から基底状態は $^6S_{5/2}$ である．ページ数の余裕がないので，周期表に関するこれ以上の詳しい議論はできないが，いくつかのコメントを追加しておく．

(a) 原子構造で元素の数を制限する要素は何もない．$Z \gtrsim 100$ の原子が自然界に存在しない理由は，重い**原子核**が自発的核分裂を起こすからである．もし，新しい超重準安定核が発見されれば，対応する原子は多分存在し，その構造は，この章で述べた組立の方法が与える予言を確認することになるだろう．

(b) イオン化エネルギーはほぼ 5–15 eV の範囲にある．その理由は，いくら電子の数が増えても，最も外側にいる電子はせいぜい $Z = 1-2$ の範囲にある電荷を「見る」に過ぎないからである．さらに加えて，電荷分布が点状から大きく離れるので，エネルギー依存性ももはや $1/n^2$ の形でなくなる．したがって，最も外側の電子の波動関数は，水素原子の電子に比べて，あまり広がっていない．すべての原子はほぼ同じ大きさをもっている！

(c) いろいろな元素の基底状態がもつ量子数 S, L と J を決定するのにわれわれはたいへんな苦労をした．そのような苦労をした理由は，分光学において量子数が特に関心があるからである．というのは，後で導かれる選択則

$$\Delta S = 0$$
$$\Delta L = \pm 1 \qquad (19\text{-}18)$$
$$\Delta J = 0, \pm 1 \quad (0\text{--}0 \text{ は除く})$$

を用いると，励起状態の量子数が決定できるからである．水素とヘリウムより上では，原子の分光学は非常に複雑である．比較的簡単な例として，炭素の最初のいくつかの状態を考えよう．それらは $(2p)^2$ 軌道の閉殻の外にある 2 電子がつくるいろいろな配位からなっている．すでに指摘したように，可能な状態は $^1S_0$, $^3P_{2,1,0}$ と $^1D_2$ である．$^3P_0$ 状態が最低であるが，他の状態も依然としてそこにある．第 1 励起状態は $(2p)(3s)$ 軌道で記述することができる．ここでは，$S = 0$ または 1 であるが，$L = 1$ だけである．n の値が異なっているため，排他律は状態に対していかなる制限も与えないので，$^1P_1$ と $^3P_{2,1,0}$ のすべての状態が可能である．一方 $(2p)(3p)$ 軌道からの励起状態は $S = 0, 1$ と $L = 2, 1, 0$ が可能であるから，$^1D_2$, $^1P_1$, $^1S_0$, $^3D_{3,2,1}$, $^3P_{2,1,0}$ と $^3S_1$ のすべてがありうる．選択則からくる制限にもかかわらず，たくさんの遷移が可能である．いうまでもないが，これらの準位の順番は競合するいくつかの効果間の微妙なバランスを表しており，より複雑なスペクトルの予言は非常に困難である．しかし，このことは，われわれにとって，あまり重要ではなくて，主要な点は量子力学が，荷電粒子間の電磁相互作用以外にいかなる相互作用も仮定することなく，原子の化学的な性質とそのスペクトルに対する定性的および定量的な詳しい説明を与えていることを示すことにある．われわれはスペクトルの話題に再び立ち戻る機会がある．

周期表

Z	元素	電子配置	項[1]	イオン化ポテンシャル (eV)	半径[2] (Å)
1	H	$(1s)$	$^2S_{1/2}$	13.6	0.53
2	He	$(1s)^2$	$^1S_0$	24.6	0.29
3	Li	$(He)(2s)$	$^2S_{1/2}$	5.4	1.59
4	Be	$(He)(2s)^2$	$^1S_0$	9.3	1.04
5	B	$(He)(2s)^2(2p)$	$^2P_{1/2}$	8.3	0.78
6	C	$(He)(2s)^2(2p)^2$	$^3P_0$	11.3	0.62
7	N	$(He)(2s)^2(2p)^3$	$^4S_{3/2}$	14.5	0.52
8	O	$(He)(2s)^2(2p)^4$	$^3P_2$	13.6	0.45
9	F	$(He)(2s)^2(2p)^5$	$^2P_{3/2}$	17.4	0.40
10	Ne	$(He)(2s)^2(2p)^6$	$^1S_0$	21.6	0.35
11	Na	$(Ne)(3s)$	$^2S_{1/2}$	5.1	1.71
12	Mg	$(Ne)(3s)^2$	$^1S_0$	7.6	1.28
13	Al	$(Ne)(3s)^2(3p)$	$^2P_{1/2}$	6.0	1.31
14	Si	$(Ne)(3s)^2(3p)^2$	$^3P_0$	8.1	1.07
15	P	$(Ne)(3s)^2(3p)^3$	$^4S_{3/2}$	11.0	0.92
16	S	$(Ne)(3s)^2(3p)^4$	$^3P_2$	10.4	0.81
17	Cl	$(Ne)(3s)^2(3p)^5$	$^2P_{3/2}$	13.0	0.73
18	Ar	$(Ne)(3s)^2(3p)^6$	$^1S_0$	15.8	0.66
19	K	$(Ar)(4s)$	$^2S_{1/2}$	4.3	2.16
20	Ca	$(Ar)(4s)^2$	$^1S_0$	6.1	1.69
21	Sc	$(Ar)(4s)^2(3d)$	$^2D_{3/2}$	6.5	1.57
22	Ti	$(Ar)(4s)^2(3d)^2$	$^3F_2$	6.8	1.48
23	V	$(Ar)(4s)^2(3d)^3$	$^4F_{3/2}$	6.7	1.40
24	Cr	$(Ar)(4s)(3d)^5$	$^7S_3$	6.7	1.45
25	Mn	$(Ar)(4s)^2(3d)^5$	$^6S_{3/2}$	7.4	1.28
26	Fe	$(Ar)(4s)^2(3d)^6$	$^5D_4$	7.9	1.23
27	Co	$(Ar)(4s)^2(3d)^7$	$^4F_{9/2}$	7.8	1.18
28	Ni	$(Ar)(4s)^2(3d)^8$	$^3F_4$	7.6	1.14
29	Cu	$(Ar)(4s)(3d)^{10}$	$^2S_{1/2}$	7.7	1.19
30	Zn	$(Ar)(4s)^2(3d)^{10}$	$^1S_0$	9.4	1.07
31	Ga	$(Ar)(4s)^2(3d)^{10}(4p)$	$^2P_{1/2}$	6.0	1.25
32	Ge	$(Ar)(4s)^2(3d)^{10}(4p)^2$	$^3P_0$	8.1	1.09
33	As	$(Ar)(4s)^2(3d)^{10}(4p)^3$	$^4S_{3/2}$	10.0	1.00
34	Se	$(Ar)(4s)^2(3d)^{10}(4p)^4$	$^3P_2$	9.8	0.92
35	Br	$(Ar)(4s)^2(3d)^{10}(4p)^5$	$^2P_{3/2}$	11.8	0.85
36	Kr	$(Ar)(4s)^2(3d)^{10}(4p)^6$	$^1S_0$	14.0	0.80
37	Rb	$(Kr)(5s)$	$^2S_{1/2}$	4.2	2.29
38	Sr	$(Kr)(5s)^2$	$^1S_0$	5.7	1.84
39	Y	$(Kr)(5s)^2(4d)$	$^2D_{3/2}$	6.6	1.69
40	Zr	$(Kr)(5s)^2(4d)^2$	$^3F_2$	7.0	1.59
41	Nb	$(Kr)(5s)(4d)^4$	$^6D_{1/2}$	6.8	1.59
42	Mo	$(Kr)(5s)(4d)^5$	$^7S_3$	7.2	1.52
43	Tc	$(Kr)(5s)^2(4d)^5$	$^6S_{5/2}$	未知	1.39
44	Ru	$(Kr)(5s)(4d)^7$	$^5F_5$	7.5	1.41
45	Rh	$(Kr)(5s)(4d)^8$	$^4F_{9/2}$	7.7	1.36
46	Pd	$(Kr)(4d)^{10}$	$^1S_0$	8.3	0.57
47	Ag	$(Kr)(5s)(4d)^{10}$	$^2S_{1/2}$	7.6	1.29
48	Cd	$(Kr)(5s)^2(4d)^{10}$	$^1S_0$	9.0	1.18
49	In	$(Kr)(5s)^2(4d)^{10}(5p)$	$^2P_{1/2}$	5.8	1.38

周期表 (続き)

Z	元素	電子配置	項[1]	イオン化ポテンシャル (eV)	半径[2] (Å)
50	Sn	$(Kr)(5s)^2(4d)^{10}(5p)^2$	$^3P_0$	7.3	1.24
51	Sb	$(Kr)(5s)^2(4d)^{10}(5p)^3$	$^4S_{3/2}$	8.6	1.19
52	Te	$(Kr)(5s)^2(4d)^{10}(5p)^4$	$^3P_2$	9.0	1.11
53	I	$(Kr)(5s)^2(4d)^{10}(5p)^5$	$^2P_{3/2}$	10.4	1.04
54	Xe	$(Kr)(5s)^2(4d)^{10}(5p)^6$	$^1S_0$	12.1	0.99
55	Cs	$(Xe)(6s)$	$^2S_{1/2}$	3.9	2.52
56	Ba	$(Xe)(6s)^2$	$^1S_0$	5.2	2.06
57	La	$(Xe)(6s)^2(5d)$	$^2D_{3/2}$	5.6	1.92
58	Ce	$(Xe)(6s)^2(4f)(5d)$	$^3H_4$	6.9	1.98
59	Pr	$(Xe)(6s)^2(4f)^3$	$^4I_{9/2}$	5.8	1.94
60	Nd	$(Xe)(6s)^2(4f)^4$	$^5I_4$	6.3	1.92
61	Pm	$(Xe)(6s)^2(4f)^5$	$^6H_{5/2}$	未知	1.88
62	Sm	$(Xe)(6s)^2(4f)^6$	$^7F_0$	5.6	1.84
63	Eu	$(Xe)(6s)^2(4f)^7$	$^8S_{7/2}$	5.7	1.83
64	Gd	$(Xe)(6s)^2(4f)^7(5d)$	$^9D_2$	6.2	1.71
65	Tb	$(Xe)(6s)^2(4f)^9$	$^6H_{15/2}$	6.7	1.78
66	Dy	$(Xe)(6s)^2(4f)^{10}$	$^5I_8$	6.8	1.75
67	He	$(Xe)(6s)^2(4f)^{11}$	$^4I_{15/2}$	未知	1.73
68	Er	$(Xe)(6s)^2(4f)^{12}$	$^3H_6$	未知	1.70
69	Tm	$(Xe)(6s)^2(4f)^{13}$	$^2F_{7/2}$	未知	1.68
70	Yb	$(Xe)(6s)^2(4f)^{14}$	$^1S_0$	6.2	1.66
71	Lu	$(Xe)(6s)^2(4f)^{14}(5d)$	$^2D_{3/2}$	5.0	1.55
72	Hf	$(Xe)(6s)^2(4f)^{14}(5d)^2$	$^3F_2$	5.5	1.48
73	Ta	$(Xe)(6s)^2(4f)^{14}(5d)^3$	$^4F_{3/2}$	7.9	1.41
74	W	$(Xe)(6s)^2(4f)^{14}(5d)^4$	$^5D_0$	8.0	1.36
75	Re	$(Xe)(6s)^2(4f)^{14}(5d)^5$	$^6S_{5/2}$	7.9	1.31
76	Os	$(Xe)(6s)^2(4f)^{14}(5d)^6$	$^5D_4$	8.7	1.27
77	Ir	$(Xe)(6s)^2(4f)^{14}(5d)^7$	$^4F_{9/2}$	9.2	1.23
78	Pt	$(Xe)(6s)(4f)^{14}(5d)^9$	$^3D_3$	9.0	1.22
79	Au	$(Xe)(6s)(4f)^{14}(5d)^{10}$	$^2S_{1/2}$	9.2	1.19
80	Hg	$(Xe)(6s)^2(4f)^{14}(5d)^{10}$	$^1S_0$	10.4	1.13
81	Tl	$(Xe)(6s)^2(4f)^{14}(5d)^{10}(6p)$	$^2P_{1/2}$	6.1	1.32
82	Pb	$(Xe)(6s)^2(4f)^{14}(5d)^{10}(6p)^2$	$^3P_0$	7.4	1.22
83	Bi	$(Xe)(6s)^2(4f)^{14}(5d)^{10}(6p)^3$	$^4S_{3/2}$	7.3	1.30
84	Po	$(Xe)(6s)^2(4f)^{14}(5d)^{10}(6p)^4$	$^3P_2$	8.4	1.21
85	At	$(Xe)(6s)^2(4f)^{14}(5d)^{10}(6p)^5$	$^2P_{3/2}$	未知	1.15
86	Rn	$(Xe)(6s)^2(4f)^{14}(5d)^{10}(6p)^6$	$^1S_0$	10.7	1.09
87	Fr	$(Rn)(7s)$		未知	2.48
88	Ra	$(Rn)(7s)^2$	$^1S_0$	5.3	2.04
89	Ac	$(Rn)(7s)^2(6d)$	$^2D_{3/2}$	6.9	1.90
90	Th	$(Rn)(7s)^2(6d)^2$	$^3F_2$		
91	Pa	$(Rn)(7s)^2(5f)^2(6d)$	$^4K_{11/2}$		
92	U	$(Rn)(7s)^2(5f)^3(6d)$	$^5L_6$		
93	Np	$(Rn)(7s)^2(5f)^4(6d)$	$^6L_{11/2}$		
94	Pu	$(Rn)(7s)^2(5f)^6$	$^7F_0$		
95	Am	$(Rn)(7s)^2(5f)^7$	$^8S_{7/2}$		
96	Cm	$(Rn)(7s)^2(5f)^7(6d)$	$^9D_2$		
97	Bk	$(Rn)(7s)^2(5f)^9$	$^6H_{15/2}$		
98	Cf	$(Rn)(7s)^2(5f)^{10}$	$^5I_8$		
99	Es	$(Rn)(7s)^2(5f)^{11}$	$^4I_{15/2}$		

57–71: ランタノイド (希土類)

89–99: アクチノイド

周期表（続き）

Z	元素	電子配置	項[1]	イオン化ポテンシャル (eV)	半径[2] (Å)
100	Fm	$(Rn)(7s)^2(5f)^{12}$	$^3H_6$		
101	Md	$(Rn)(7s)^2(5f)^{13}$	$^2F_{7/2}$		
102	No	$(Rn)(7s)^2(5f)^{14}$	$^1S_0$		

[1] 項の記名法は分光学的な記述の仕方と同等である．
[2] 半径は，計算によって与えられた最外殻軌道の電荷密度のピークによって定義される．

問　題

19-1 次の状態を組み合わせることによってできる分光学的状態を（$^{2S+1}L_J$ の形で）列記せよ．

$$S = 1/2, L = 3$$
$$S = 2, L = 1$$
$$S_1 = 1/2, S_2 = 1, L = 4$$
$$S_1 = 1, S_2 = 1, L = 3$$
$$S_1 = 1/2, S_2 = 1/2, L = 2$$

2スピン問題で，粒子が同一である場合どの状態が排除されるか？

19-2 次の状態を考えよう．

$$^1D, \ ^2P, \ ^4F, \ ^3G, \ ^2D, \ ^3H$$

おのおのに可能な J の値は何か？

19-3 状態 $^1D, \ ^3P, \ ^3S, \ ^5G, \ ^5P, \ ^5S$ を考える．おのおのが2個の同一粒子の可能な最大スピン状態にあるとして，排他原理で禁止されるのはどの状態か？

19-4 フントの規則を用いて，次の原子の基底状態の分光学的記述を求めよ．

$$N(Z = 7), \ K(Z = 19), \ Sc(Z = 21), \ Co(Z = 27)$$

また，可能な限り電子配置を見いだせ．

19-5 フントの規則を用いて，$Z = 14, 15, 24, 30, 34$ の元素に対する (S, L, J) 量子数をチェックせよ．

19-6 次の式

$$\text{イオン化ポテンシャル} = \frac{13.6 Z_{\text{eff}}^2}{n^2} \text{ eV}$$

を用いて，イオン化ポテンシャルによる価電子の Z_{eff} の定義を与えよ．$Z = 1$–40 に対し Z_{eff} を列記し，そこに見られるパターンを議論せよ．

19-7 $Z = 11$ を考えよう．第1励起状態の L, S, J に対してどんな値を期待するか？これらの量子数に対する可能な値は？遠心力障壁の見積り，前問で求めた Z_{eff} を用いて励起エネルギーを求めよ．

（**ヒント**：$Z = 10$ の閉殻を壊すには大きなエネルギーが必要であることを考慮せよ．）

19-8 周期表に与えられているイオン化ポテンシャルを Z に対してプロットせよ．原子の殻構造を示すピークを観測せよ．

参 考 文 献

原子構造の優れた入門的取り扱いは

G. Herzberg, *Atomic Spectra and Atomic Structure*, Dover, New York, 1944.

より高度な取り扱いの決定版は

I. I. Sobelman, *Introduction to the Theory of Atomic Spectra*, Pergamon Press, New York, 1972.

この本は非常に高水準の本である．

20
分　　子

　原子が電子と1個の原子核からなる集合体であるように，分子は電子といくつかの原子核との集合体である．分子はその最低エネルギー状態において安定である．すなわち分子をその成分に分解するには，いくらかのエネルギーが必要である．系にエネルギーが十分に供給されれば，分子はいくつかの原子に分解することが，最もふつうに起きることであるから，分子は原子の束縛状態であるといってもよいであろう．しかし，この記述法に分子構造をつくり上げる要素が隠されているのである．この章の目的は，量子力学が分子の性質とその運動を記述するのに成功していることを示すことにある．

　最も簡単な分子は二つの原子核をもつ分子，すなわち2原子分子である．これですら原子に比べると複雑な系である．なぜなら，空間に対して重心が固定された後でも，原子核は自由に動くことができる．このため，自由度の数は増加する．したがって，2個の陽子と1個の電子からなる最も簡単な分子である H_2^+ 分子でさえ6個の自由度，すなわち電子に対する3個と2陽子間の相対運動の3個が残っている．原子のときと同様，分子の力学の問題に対する正攻法，すなわち多次元シュレーディンガー方程式の数値解を求めることも可能ではあるが，われわれの目的には，もっと粗っぽいがより物理的なアプローチの方が有効である．

　分子の力学に対する直観を得るのに，原子核が電子に比べて非常に重く（$M/m_e \gg 10^3$），したがってその運動もずっと遅いという事実が役に立つ．電子の運動を論ずるとき，原子核は空間に固定されていると考えて良い．他方，原子核の運動は電子のつくる平均的な場の中にある．原子核の与えられた座標の組に対して，電子のハミルトニアンがある．このハミルトニアンの最低固有値は，これらの座標に依存していて，その最小値が原子核の位置を決定するだろう．この描像は，原子核が無限には重くないとき，その運動を考慮して，少しだけ修正する必要がある．その運動は，電子によるが，電子の運動があまりにも速いので，その平均的な電荷分布しか「見え」ない．したがって第1近似では，電子エネルギー最小で決めた位置のまわりの調和振動子ポテンシャルの中の運動になる．

H$_2^+$ 分子

 2個の陽子と1個の電子からなる最も簡単な分子 H$_2^+$ イオンの考察から始めよう．二つの核の重心系では，核はそれぞれ $\boldsymbol{R}/2$ と $-\boldsymbol{R}/2$ の位置にある．核の運動エネルギーは $-(\hbar^2/2M^*)\boldsymbol{\nabla}_R^2$ と記述される．ここで M^* は2個の陽子の換算質量 $(M^* = M/2)$ である．電子の座標は $\boldsymbol{r}$ である．エネルギー固有値方程式は

$$\left(-\frac{\hbar^2}{2M^*}\boldsymbol{\nabla}_R^2 - \frac{\hbar^2}{2m}\boldsymbol{\nabla}_r^2 - \frac{e^2}{|\boldsymbol{r}-\boldsymbol{R}/2|} - \frac{e^2}{|\boldsymbol{r}+\boldsymbol{R}/2|} + \frac{e^2}{R}\right)\Psi(\boldsymbol{r},\boldsymbol{R}) = E\Psi(\boldsymbol{r},\boldsymbol{R})$$
(20-1)

である．最初の項は陽子の運動エネルギーを表し，第2項は電子の運動エネルギーである．次の二つの項は電子と，それぞれ $\pm\boldsymbol{R}/2$ にいる2個の陽子との引力を表し，最後の項は距離 $R = |\boldsymbol{R}|$ だけ離れた2陽子間の斥力である．$\boldsymbol{R}$ を固定して陽子の運動エネルギーがない場合について解いたポテンシャルの定性的な形は図20-1に与えられている．R が非常に大きいとき電子は一方の陽子に束縛され，系のエネルギーは$-13.6\,\mathrm{eV}$ すなわち1個の水素原子のエネルギーになる．$R \to 0$ のとき，陽子-陽子間の斥力を考えなければ，電子は $Z = 2$ の原子核に束縛され，束縛エネルギーは $-13.6Z^2\,\mathrm{eV} = -54.4\,\mathrm{eV}$ となる．R の関数としての電子エネルギーはこの二つの値の間を滑らかにつないでいる．これに斥力エネルギー e^2/R を足せば $E(R)$ の曲線が得られる．この曲線は陽子1個に束縛される電子の束縛エネルギー準位以下にまでへこんでいるが，これは2個の陽子と1電子の系の方が，陽子と水素原子が別々に存在する系より低いエネルギーをもっていることを示している．このようなへこみはいつで

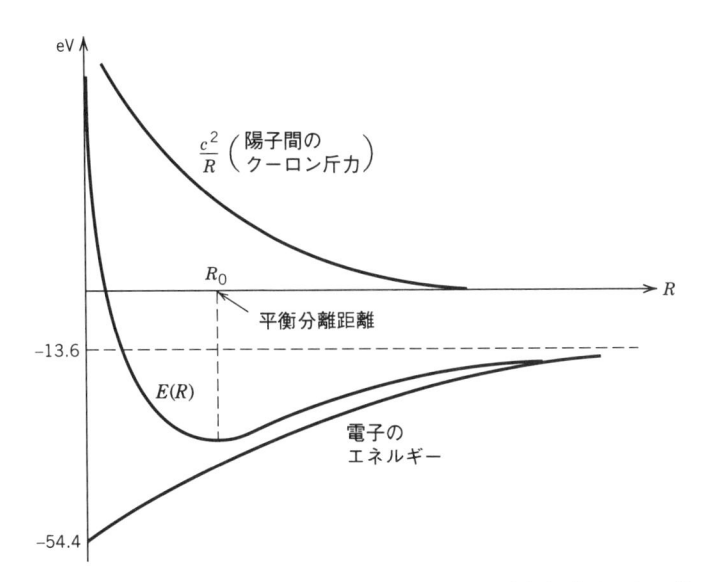

図 20-1 「原子核ポテンシャル」への寄与．クーロン斥力と電子エネルギーが合成され，R_0 で最小になる曲線が得られる．

も見られるとは限らない．したがってすぐわかるように，原子の中には分子をつくらないものもある．

$E(R)$ を求めるには，次のような電子エネルギー固有値問題を解く必要がある．

$$\left(-\frac{\hbar^2}{2m}\boldsymbol{\nabla}_r^2 - \frac{e^2}{|\boldsymbol{r}-\boldsymbol{R}/2|} - \frac{e^2}{|\boldsymbol{r}+\boldsymbol{R}/2|} + \frac{e^2}{R}\right)u(\boldsymbol{r},\boldsymbol{R}) = E(R)u(\boldsymbol{r},\boldsymbol{R}) \quad (20\text{-}2)$$

これは実際楕円座標を用いて解くことができるが，われわれはこの系に対する物理的直観を反映した試行関数を用いることによって，**変分原理**を適用した方が見通しがよい結果を得ることができる．

分子軌道

試行関数としてもっともらしいのは，いずれか一方の陽子に束縛された電子の基底状態の波動関数 $u_{100}(r_1, \boldsymbol{R})$ と $u_{100}(r_2, \boldsymbol{R})$ の線形結合である．ここで $r_1 = |\boldsymbol{r}-\boldsymbol{R}/2|$ と $r_2 = |\boldsymbol{r}+\boldsymbol{R}/2|$ とする．二つの原子核は同一であるから，ハミルトニアンは2核を結ぶ線分を2等分する平面に関する鏡映に対して対称である．すなわちハミルトニアンは $\boldsymbol{r} \to -\boldsymbol{r}$ と $\boldsymbol{R} \to -\boldsymbol{R}$ に対して不変である．したがって，われわれはパリティの固有関数の線形結合をとればよい．それらは

$$u_{100}(r_1, \boldsymbol{R}) \equiv \psi_1(\boldsymbol{r}, \boldsymbol{R}) = \left(\frac{1}{\pi a_0^3}\right)^{1/2} e^{-|\boldsymbol{r}-\boldsymbol{R}/2|/a_0} \quad (20\text{-}3)$$

と

$$u_{100}(r_2, \boldsymbol{R}) \equiv \psi_2(\boldsymbol{r}, \boldsymbol{R}) = \left(\frac{1}{\pi a_0^3}\right)^{1/2} e^{-|\boldsymbol{r}+\boldsymbol{R}/2|/a_0} \quad (20\text{-}4)$$

の偶および奇の組み合せである．われわれの試行関数は電子を各陽子に関連づけているので，**分子軌道** (molecular orbitals)(MO) とよばれている．

われわれは MO として

$$\begin{aligned}\psi_\text{g}(\boldsymbol{r}, \boldsymbol{R}) &= C_+(R)[\psi_1(\boldsymbol{r}, \boldsymbol{R}) + \psi_2(\boldsymbol{r}, \boldsymbol{R})] \\ \psi_\text{u}(\boldsymbol{r}, \boldsymbol{R}) &= C_-(R)[\psi_1(\boldsymbol{r}, \boldsymbol{R}) - \psi_2(\boldsymbol{r}, \boldsymbol{R})]\end{aligned} \quad (20\text{-}5)$$

を採用する[*1]．規格化因子は

$$\begin{aligned}\frac{1}{C_\pm^2} &= \langle\psi_1 \pm \psi_2|\psi_1 \pm \psi_2\rangle \\ &= 2 \pm 2\int \text{d}^3r\, \psi_1(\boldsymbol{r}, \boldsymbol{R})\psi_2(\boldsymbol{r}, \boldsymbol{R})\end{aligned} \quad (20\text{-}6)$$

で与えられる．ここに現れる積分は**重なり積分**とよばれ，実行可能である．

$$\begin{aligned}S(R) &= \int \text{d}^3\boldsymbol{r}\, \psi_1(\boldsymbol{r}, \boldsymbol{R})\psi_2(\boldsymbol{r}, \boldsymbol{R}) \\ &= \frac{1}{\pi a_0^3}\int \text{d}^3r\, e^{-|\boldsymbol{r}-\boldsymbol{R}/2|/a_0}e^{-|\boldsymbol{r}+\boldsymbol{R}/2|/a_0} \\ &= \frac{1}{\pi a_0^3}\int \text{d}^3r'\, e^{-|\boldsymbol{r}'-\boldsymbol{R}|/a_0}e^{-r'/a_0}\end{aligned} \quad (20\text{-}7)$$

の計算は面倒だが，結果はストレートに得られて

$$S(R) = \left(1 + \frac{R}{a_0} + \frac{R^2}{3a_0^2}\right)e^{-R/a_0} \quad (20\text{-}8)$$

[*1] この添字は歴史的なものであり，"g" は偶を意味するドイツ語の "gerade" から，"u" は同じく奇を意味する "ungerade" から来ている．

である．二つの状態における H_0 の期待値は

$$\langle H \rangle_{g,u} = \frac{1}{2[1 \pm S(R)]} \langle \psi_1 \pm \psi_2 | H_0 | \psi_1 \pm \psi_2 \rangle \tag{20-9}$$

$$= \frac{1}{2[1 \pm S(R)]} \{\langle \psi_1 | H_0 | \psi_1 \rangle + \langle \psi_2 | H_0 | \psi_2 \rangle \pm \langle \psi_1 | H_0 | \psi_2 \rangle \pm \langle \psi_2 | H_0 | \psi_1 \rangle\}$$

$$= \frac{\langle \psi_1 | H_0 | \psi_1 \rangle \pm \langle \psi_1 | H_0 | \psi_2 \rangle}{1 \pm S(R)}$$

である．ここで，$\boldsymbol{R} \to -\boldsymbol{R}$ に対する対称性を用いた．分子の 2 項は次のように計算できる．

$$\langle \psi_1 | H_0 | \psi_1 \rangle = \int d^3 r \, \psi_1^*(\boldsymbol{r}, \boldsymbol{R}) \left(\frac{p_e^2}{2m} - \frac{e^2}{|\boldsymbol{r} - \boldsymbol{R}/2|} - \frac{e^2}{|\boldsymbol{r} + \boldsymbol{R}/2|} + \frac{e^2}{R} \right)$$
$$\times \psi_1(\boldsymbol{r}, \boldsymbol{R}) \tag{20-10}$$
$$= E_1 + \frac{e^2}{R} - e^2 \int d^3 r \, \frac{|\psi_1(\boldsymbol{r}, \boldsymbol{R})|^2}{|\boldsymbol{r} + \boldsymbol{R}/2|}$$

最初の項は単一の水素原子のエネルギー $E_1 = -13.6\,\text{eV}$ にほかならない．第 2 項は陽子-陽子斥力を表し，第 3 項は，一方の陽子のまわりの電子電荷分布が他方の陽子に引きつけられることによる静電ポテンシャルエネルギーである．最後の積分は実行できて，最終的に

$$\langle \psi_1 | H_0 | \psi_1 \rangle = E_1 + \frac{e^2}{R} \left(1 + \frac{R}{a_0} \right) e^{-2R/a_0} \tag{20-11}$$

となる．同様に

$$\langle \psi_1 | H_0 | \psi_2 \rangle = \int d^3 r \, \psi_1^*(\boldsymbol{r}, \boldsymbol{R}) \left(E_1 + \frac{e^2}{R} - \frac{e^2}{|\boldsymbol{r} + \boldsymbol{R}/2|} \right) \psi_2(\boldsymbol{r}, \boldsymbol{R})$$
$$= \left(E_1 + \frac{e^2}{R} \right) S(R) - e^2 \int d^3 r \, \frac{\psi_1^*(\boldsymbol{r}, \boldsymbol{R}) \psi_2(\boldsymbol{r}, \boldsymbol{R})}{|\boldsymbol{r} + \boldsymbol{R}/2|} \tag{20-12}$$

となる．ここで，最後の項は交換積分であり，計算は可能で，その結果は

$$e^2 \int d^3 r \, \frac{\psi_1^*(\boldsymbol{r}, \boldsymbol{R}) \psi_2(\boldsymbol{r}, \boldsymbol{R})}{|\boldsymbol{r} + \boldsymbol{R}/2|} = \frac{e^2}{a_0} \left(1 + \frac{R}{a_0} \right) e^{-R/a_0} \tag{20-13}$$

となる．これらすべての項を一緒にして，$R/a_0 = y$ と $e^2/a_0 = -2E_1$ を用いれば，次式を得る．

$$\langle H \rangle_{g,u} = E_1 \frac{1 - (2/y)(1+y)e^{-2y} \pm [(1 - 2/y)(1 + y + y^2/3)e^{-y} - 2(1+y)e^{-y}]}{1 \pm (1 + y - y^2/3)e^{-y}} \tag{20-14}$$

図 20-2 は，エネルギーを $R = a_0 y$ の関数として表している．

変分原理によると厳密解は，ここに得られた解より小さいはずだが，実際はほとんど変わらない．われわれの近似では偶の解は束縛状態があり，奇の解はそれをもたない．偶の解と奇の解との違いは，前者においては電子は高い確率で，2 陽子の中間に位置し，そこでは引力に対する寄与が最大となり，また後者では 2 陽子の真ん中に節があり，電子はこの領域から排除される傾向にある．

陽子間の距離に対する実験値は $1.06\,\text{Å}$ であり，束縛エネルギーは $-2.8\,\text{eV}$ である．式 (20-14) による計算では，陽子間距離 $1.3\,\text{Å}$，束縛エネルギー $-1.76\,\text{eV}$ となる．したがって，われわれの波動関数は十分にコンパクトではない．その理由は，R が小さいとき波動関数は He^+ イオンのそれに近づかなければならないにもかかわらず，式

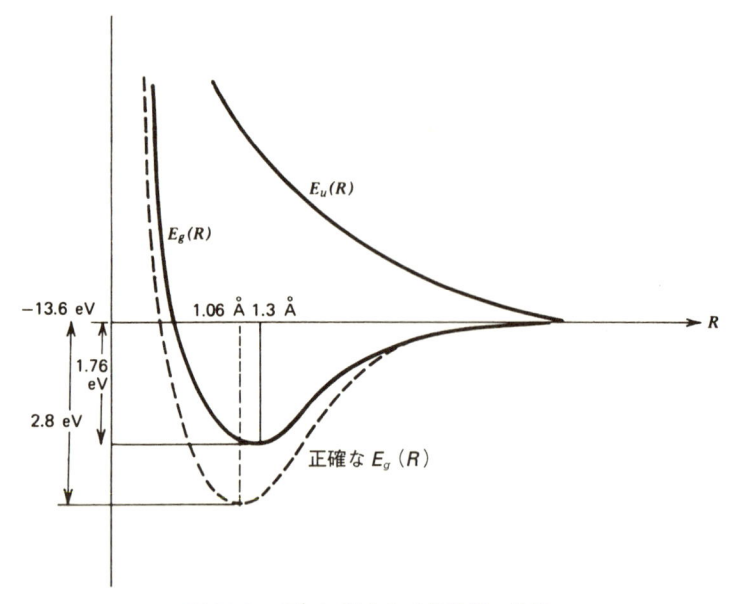

図 20-2　H_2^+ に対する変分計算の結果

(20-5) にはそれがない．ヘリウム原子のときに説明したように，陽子の有効電荷を導入し，R に加えてこのパラメターに関しても $\langle H_0 \rangle_g$ を最小にすれば，われわれの計算は精度が上がる．しかし，われわれは変分計算の精度を上げることより，この問題の定性的な側面に興味があるので，これ以上立ち入った議論はしない．

　われわれが考察した軌道は，分子軸まわりの方位角に依存しない．ハミルトニアンはこの軸のまわりの回転に関して不変であるから，解は角運動量のこの軸に沿った成分で分類することができる．もし z 軸として $\boldsymbol{R}$ をとるならば，われわれの固有状態は L_z の同時固有状態でもある．解は一般に $e^{im\phi}$ の依存性をもつ．ここで $m = 0, \pm 1, \pm 2, \ldots$ である．これらは，$S, P, D\ldots$ に対応して，$\sigma, \pi, \delta, \ldots$ などと記述される．また，原子が同じであるような，すべての 2 原子分子 [**等核** (homonuclear) 分子] に適用できる "g" と "u" といった記述法もある．したがって，われわれの例では基底状態は $1s\sigma_g$ とラベルされ，反対称な状態は $1s\sigma_u^*$ と記述される．ここで * は束縛状態でないことを表す．H_2^+ 分子の励起状態はもっと高い軌道で形成されることもある．

H_2 分子

　次に H_2 分子について詳しく議論する．というのは，(H_2^+ 分子と違って) 2 個の電子があるため，排他原理と電子スピンの考察がここではじめて必要になるからである．H_2^+ 分子の場合と同様核子は動かないものとする．核子 (陽子) は A, B と記述し，2 電子は「1」，「2」とする (図 20-3)．ハミルトニアンは次のようになる．

$$H = H_1 + H_2 + \frac{e^2}{r_{12}} + \frac{e^2}{R_{AB}} \tag{20-15}$$

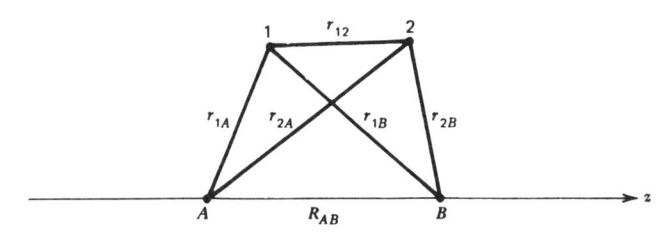

図 20-3 H_2 分子の議論における座標ラベル

ここで
$$H_i = \frac{\boldsymbol{p}_i^2}{2m} - \frac{e^2}{r_{Ai}} - \frac{e^2}{r_{Bi}} \qquad (i=1,2) \tag{20-16}$$
は i 番目の電子の原子核に対する相対座標にのみ依存する．ここでわれわれは再び試行関数を使って H の期待値を計算し，$E(R_{AB})$ の上限を求めることにする．

$$\tilde{H}_i = H_i + \frac{e^2}{R_{AB}} \tag{20-17}$$

は H_2^+ 分子のハミルトニアン (20-3) にすぎないので，われわれの試行関数として，H_2^+ 分子に対する二つの $1s\sigma_g$ 関数 (20-5) の積を採用するのが適当であろうと考えられる．すなわち

$$\psi_g(\boldsymbol{r}_1,\boldsymbol{r}_2) = \frac{1}{2[1+S(R_{AB})]}[\psi_A(\boldsymbol{r}_1)+\psi_B(\boldsymbol{r}_1)][\psi_A(\boldsymbol{r}_2)+\psi_B(\boldsymbol{r}_2)]X_{\text{singlet}} \tag{20-18}$$

波動関数の空間部分は対称にとったので，電子スピン状態は 1 重項にとる．この試行関数では，**各電子は両方の陽子に関連している**．すなわち試行関数は**分子軌道**の積になっている．分子軌道による記述法は MO 法とよばれることがある．

$\langle \psi_g | H | \psi_g \rangle$ を計算すると，

$$\begin{aligned}
&\left\langle \psi_g \left| \left(\tilde{H}_1 - \frac{e^2}{R_{AB}}\right) + \left(\tilde{H}_2 - \frac{e^2}{R_{AB}}\right) + \frac{e^2}{r_{12}} + \frac{e^2}{R_{AB}} \right| \psi_g \right\rangle \\
&= E(R_{AB}) + E(R_{AB}) + \left\langle \psi_g \left| \frac{e^2}{r_{12}} \right| \psi_g \right\rangle - \frac{e^2}{R_{AB}} \\
&= 2E(R_{AB}) - \frac{e^2}{R_{AB}} + \left\langle \psi_g \left| \frac{e^2}{r_{12}} \right| \psi_g \right\rangle
\end{aligned} \tag{20-19}$$

となり，ここで $E(R_{AB})$ は式 (20-14) で計算された H_2^+ 分子のエネルギーである．1 次の電子–電子斥力からの寄与も計算でき，このように計算された全エネルギーを距離 R_{AB} に関して最小化すると，束縛エネルギーと原子核間距離が得られる．

$$\begin{aligned} E_b &= -2.68\,\text{eV} \\ R &= 0.85\,\text{Å} \end{aligned} \tag{20-20}$$

実験値は

$$\begin{aligned} E_b &= -4.75\,\text{eV} \\ R &= 0.74\,\text{Å} \end{aligned} \tag{20-21}$$

である．明らかに近似はあまり良くない．H_2^+ 分子を論じたとき，われわれは試行関数 (MO) が，陽子–陽子間距離が小さいときにはあまり正確でないことを指摘した．事実，MO が空間的に広がり過ぎていることが上の数字に出ている．この試行関数には，大

きな R_{AB} に対してもあまり望ましくない性質がある．式 (20-18) の積は次のように変形できる．

$$[\psi_A(\boldsymbol{r}_1) + \psi_B(\boldsymbol{r}_1)][\psi_A(\boldsymbol{r}_2) + \psi_B(\boldsymbol{r}_2)]$$
$$= [\psi_A(\boldsymbol{r}_1)\psi_A(\boldsymbol{r}_2) + \psi_B(\boldsymbol{r}_1)\psi_B(\boldsymbol{r}_2)] + [\psi_A(\boldsymbol{r}_1)\psi_B(\boldsymbol{r}_2) + \psi_A(\boldsymbol{r}_2)\psi_B(\boldsymbol{r}_1)] \quad (20\text{-}22)$$

第1項は「イオン」項とよばれる．なぜならこの項は両方の電子がどちらか一方の陽子に束縛されている状態を記述しているからである．第2項は「共有」項とよばれ，原子軌道の線形結合 (LCAO=linear combinations of atomic orbitals) による記述である．われわれの試行関数はこの両方の項が同じ重みで入っていることから，R_{AB} が大きいときこの分子は二つの水素原子に分離するように，二つのイオン H^+ と H^- に分離しそうなことを意味している．そしてこれは明らかに間違いである．

原子価結合法

この困難は**原子価結合法** (valence bond method)[またはハイトラー–ロンドンの方法 (Heitler–London method) ともよばれる] を用いて避けることができる．この方法では原子軌道の線形結合が用いられる．変分原理で試行関数として用いられる1重子波動関数として

$$\psi(\boldsymbol{r}_1, \boldsymbol{r}_2) = \left\{ \frac{1}{2[1 + S^2(R_{AB})]} \right\}^{1/2} [\psi_A(\boldsymbol{r}_1)\psi_B(\boldsymbol{r}_2) + \psi_A(\boldsymbol{r}_2)\psi_B(\boldsymbol{r}_1)] X_{\text{singlet}} \quad (20\text{-}23)$$

が採用される．ここで以前と同様 $\psi_A(\boldsymbol{r}_i)$ は陽子 A のまわりの i 番目の電子に対する水素型波動関数である．原理的には，われわれの試行波動関数に3重子の項を加えてもよいが，3重子波動関数は空間的に反対称であるため，電子が陽子間に存在することに対して小さな確率しか与えない．H_2^+ 分子の議論でわれわれはこの配位こそが最低エネルギー状態を与えることを見た．互いに反発し合う**2個の**電子がある系でこの配位の引力が最大であることは，必ずしも自明ではないが，実際そうなっている．この「原子価結合」(VB) 試行波動関数を用いた変分計算の結果は

$$\begin{aligned} E_b &= -3.14 \,\text{eV} \\ R &= 0.87 \,\text{Å} \end{aligned} \quad (20\text{-}24)$$

である．この値は前の分子軌道の結果に比べて格段に良くなった訳ではない．理由は簡単で，小さな R_{AB} に対して試行波動関数が適当でないことがきいている．分子物理学における量子力学の定量的な成功は疑いのないところである．それにはもっと高踏的な試行波動関数を使う必要がある:たとえば50項からなる試行関数を使えば，H_2 分子の観測値を完全に再現することができる．しかしこの関数では，MO や VB 関数のように，原子間でいったい何が起きているのかに対する定性的な感触を得ることができない．以下では，この方法を用いて化学のある一面に対する定性的な理解を得ることを追求する．

H_2 分子に対する H の期待値は VB の方法では，形の上では次のような構造をして

いる．

$$\langle\psi|H|\psi\rangle = \frac{1}{2(1+S^2)}\langle\psi_{A1}\psi_{B2}+\psi_{A2}\psi_{B1}|H|\psi_{A1}\psi_{B2}+\psi_{A2}\psi_{B1}\rangle$$

$$= \frac{1}{1+S^2}\left\langle\psi_{A1}\psi_{B2}\left|\left(T_1+T_2-\frac{e^2}{r_{A1}}-\frac{e^2}{r_{A2}}-\frac{e^2}{r_{B1}}-\frac{e^2}{r_{B2}}\right.\right.\right.$$
$$\left.\left.\left.+\frac{e^2}{r_{12}}+\frac{e^2}{R_{AB}}\right)\right|\psi_{A1}\psi_{B2}+\psi_{A2}\psi_{B1}\right\rangle \quad (20\text{-}25)$$

ここで，T_i は i 番目の電子がもつ運動エネルギーであり，

$$\left(T_1-\frac{e^2}{r_{A1}}\right)\psi_{A1} = E_1\psi_{A1}$$

等により，この式はさらに

$$\frac{1}{1+S^2}\left(\left\langle\psi_{A1}\psi_{B2}\left|2E_1-\frac{e^2}{r_{B1}}-\frac{e^2}{r_{A2}}+\frac{e^2}{r_{12}}+\frac{e^2}{R_{AB}}\right|\psi_{A1}\psi_{B2}\right\rangle\right.$$
$$\left.+\left\langle\psi_{A1}\psi_{B2}\left|2E_1-\frac{e^2}{r_{B2}}-\frac{e^2}{r_{A1}}+\frac{e^2}{r_{12}}+\frac{e^2}{R_{AB}}\right|\psi_{A2}\psi_{B1}\right\rangle\right)$$
$$= \frac{1}{1+S^2}\left\{\left(2E_1+\frac{e^2}{R_{AB}}\right)(1+S^2)-2e^2\left\langle\psi_{A1}\left|\frac{1}{r_{B1}}\right|\psi_{A1}\right\rangle\right. \quad (20\text{-}26)$$
$$-2e^2 S\left\langle\psi_{A1}\left|\frac{1}{r_{A1}}\right|\psi_{B1}\right\rangle + e^2\iint\frac{|\psi_{A1}|^2|\psi_{B2}|^2}{r_{12}}$$
$$\left.+e^2\iint\frac{\psi_{A1}^*\psi_{B1}\psi_{B2}^*\psi_{A2}}{r_{12}}\right\}$$

と簡略化することができる．途中で何度も対称性を利用した．この表式をよりいっそう負にすることができるのは

$$\left\langle\psi_{A1}\left|\frac{1}{r_{B1}}\right|\psi_{A1}\right\rangle \quad\text{と}\quad \frac{S}{1+S^2}\left\langle\psi_{A1}\left|\frac{1}{r_{A1}}\right|\psi_{B1}\right\rangle$$

である．最初の式は，一方の陽子のまわりにある電子雲の，他方の陽子による引力であり，2 項目は二つの電子の ($1/r_{A1}$ の重みをかけた) 重なり具合を表す．これが大きければ束縛状態が可能である．しかし，二つの電子が大きく重なり合えるのは，それらのスピンが反平行であるときだけである．これは排他原理の帰結である．重なりが起きるのは，二つの原子核の間である．そしてそこでは一般に電子間の静電的斥力に比べて原子核への引力の方が強い．

MO の描像でも，重なり項 [式 (20-12) の最後の項] が束縛にとって重要である．ここでもやはり原子核間にある電子の電荷分布が大きいため束縛が実現される．このように，ここでは軌道が個々の原子ではなく分子全体に属するにもかかわらず，束縛に対する物理的な理由は同じである．

一般に，異なった電子配位に対応して，原子核のいくつかの束縛状態が存在することを注意しておこう．たとえば，式 (20-23) の $\psi(\boldsymbol{r}_2)$ として，固有関数 u_{200} をとり，$\psi(\boldsymbol{r}_1)$ は u_{100} のままにしておくと，重なり具合は 2 番目のもっと弱い束縛状態をつくるかも知れない．この問題はこれ以上追求しないが，$E(R)$ は**おのおのの電子状態に対して異なった値をもつ**ということだけは重要であると指摘しておく．

不対価電子の重要性

電子の電荷分布を記述するこの二つの方法を用いていくつかの分子について議論を進める．実際は，すべての電子を考慮する必要はないことに，重要な簡略化の原因がある．電子軌道を構成するとき，それが原子価軌道であれ分子軌道であれ，閉殻にない最も外側の電子，いわゆる**価電子** (valence electron) だけが結合に関与するチャンスがある．内側の電子は，原子核に近いところにあるため，近くに他の原子があってもその影響を受けない[*2]．さらに，すべての価電子が同じような寄与をするわけではない．もし二つの電子がスピン 0 の状態 [**対電子** (paired electron) とよばれる] にあればそれらは**結合** (bond) **に寄与しない**．その理由を知るために，一つの価電子をもった原子が，対電子をもった原子に近づいた場合何が起こるかを考えよう．次の二つの場合を考察しなければならない．(図 20-4)

(a) 平行な二つの電子が交換されるとき (項の間に ± を入れ，式 (20-23) の形に書かれたとき) それらは 3 重項状態にある．したがってこの対電子の空間的波動関数は反対称でなければならない．これは重なりを減少させるため，交換積分はエネルギーに対して斥力の寄与をする．

(b) 反平行な二つの電子が交換されるときは，一つの原子ではある時間の間，2 電子は同じスピン状態にある．そして，もともとの原子状態がしばしば不可能に

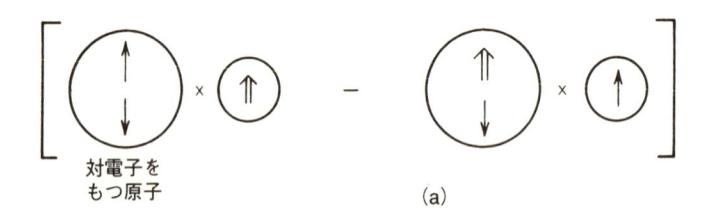

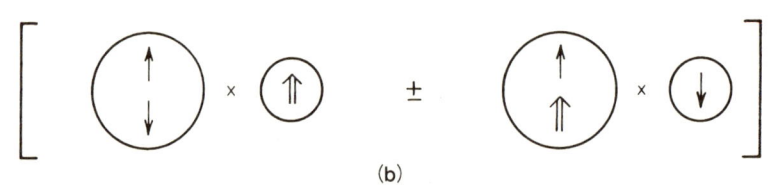

図 20-4 対を組んだ電子がボンドをつくらない理由の説明．(a) もし平行な電子が交換されたなら，波動関数が空間的に反対称である．(b) もし反平行な電子が交換されたなら，波動関数に同じスピン状態の電子をもつ項があって，それは高いエネルギー軌道への移行を要求する．

[*2] 原子の中では価電子でさえ原子核の近くにいることがある．希土類元素についてはそのようなことが起こっている．$5d$ や $4f$ 殻の外側の電子が核の近くにあることの帰結は，希土類元素が遷移金属 ($Z \simeq 20$–30) に比べて化学的に活性でないことである．

なり，電子のうちの一方が他の原子の軌道に行かざるをえなくなる．この現象はあまりエネルギーを必要としないときもあるが，通常はそうではない．したがって結合は起こらない．**化学的活性は外側の不対電子 (unpaired electron) が存在することに依存している**．このことの例として，H–He 分子が存在しないことをあげることができる．He の中には $1s$ 状態に二つの電子がある．その一つを $2s$ 状態に上げるには多くのエネルギーが必要である．外殻が閉じている原子が**不活性**である理由はここにある．すべての不対電子が同じく重要であるわけではない．前にも言ったように，遷移元素の d 電子，f 電子は対を組んでいなくても原子核の近くにある傾向があるので，やはり不活性である．このように，外殻にある s 電子と p 電子が主に化学的活性に寄与している．この対をなす効果は「化学結合力の飽和現象」とよばれていることにも関連している．すなわち，異なった原子からの二つの不対電子がいったん 1 重項を形成 (そしてボンドをつくる) したら，3 番目の原子の電子は，何処か他で対を組んでいない電子を見つけなければならない．すなわち，他の結合 (ボンド) に参加しなければならない．もう一つの帰結は，多くの場合分子はスピン 0 であることである．

いくつかの簡単な分子の概観

以前に原子の電子殻を構成したときと同じような過程をここで分子について行う．図 20-5 で原子の軌道，特に $s(Y_{00})$ 軌道と p 軌道の図を示す．後者に対しては $p_z(Y_{10})$ に加えて，線形結合 $p_x(Y_{11} + Y_{1,-1})$ と $p_y(Y_{11} - Y_{1,-1})$ のプロットが与えられている．対応する d 軌道の d_{xy}, d_{xz}, d_{yz}, d_{zz} と d_{xx}-d_{yy} は示さない．なぜなら以後の議論で d 電子は出てこないからである．図 20-6 に，原子軌道を近づけて交換過程が起きた場合どうなるかが示されている．二つの $1s$ 原子軌道は空間的に対称な (したがってスピン 0 の) MO か，空間的に反対称な MO に結合する．後者は原子核間における波動関数が小さいため結合状態をつくらない．同様に，p 軌道の MO についても，結合をつくるかつくらないかを図示する．ここで次の 2 点に注意されたい．(1) パリティの "g" と "u" は図から読みとることができる．というのはこれらは波動関数の符号を表し，ここでは (方向が) 縦の線で表されている x–y 平面における鏡映で符号を変える分布が奇パリティである．(2) p_x 軌道と p_y 軌道は $m_l = \pm 1$ であるから，これらで構成される分子軌道は π 軌道である．ここで強調すべきは，この図でわれわれはただ単に二つの電荷分布を一緒にしているだけでは「なく」，二つの波動関数を組み合わせたとき，どんな確率振幅が可能かを示唆しようとしているのである．すなわち，大きな R_{AB} や，小さな R_{AB} に対して $\psi_{1s}(\boldsymbol{r}_A) \pm \psi_{1s}(\boldsymbol{r}_B)$ や $\psi_{2p_y}(\boldsymbol{r}_A) \pm \psi_{2p_y}(\boldsymbol{r}_B)$ のような MO をこれらの MO を用いて，いくつかの同種核二原子分子の性質を議論することが可能である．

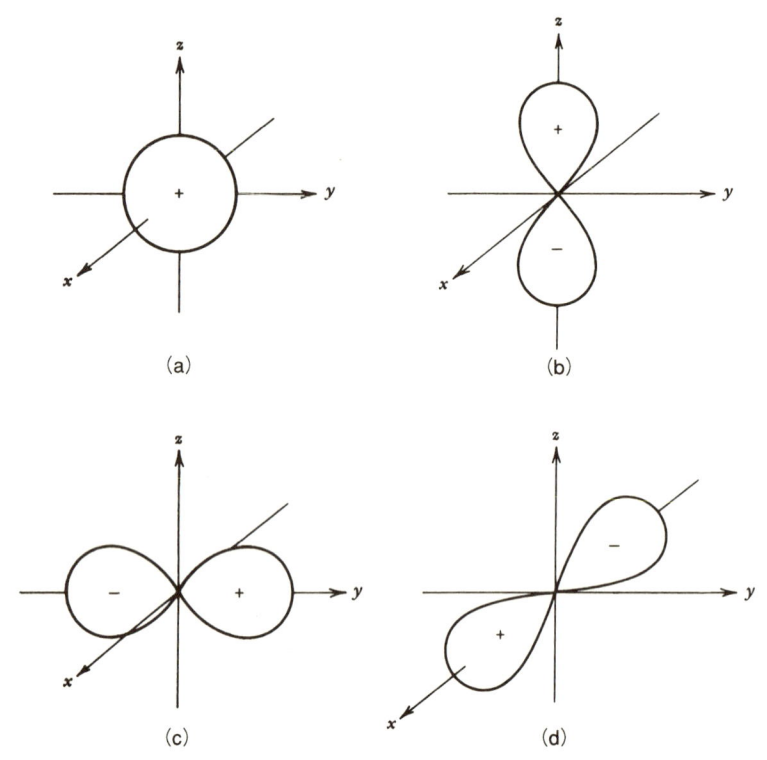

図 20-5 (a) s 軌道, (b) $p_z(Y_{10})$ 軌道, (c) $p_y(Y_{11}-Y_{1,-1})$ 軌道, (d) $p_x(Y_{11}+Y_{1,-1})$ 軌道の図形的表現. 符号はその領域における波動関数の正負である.

H$_2$：この分子はある程度詳しく議論したので，ここでは，単に 2 個の電子が $1s\sigma_g$ MO に入ることができ，しかもこの軌道の方が，離れた 1s 原子軌道よりエネルギーが低いことから，安定性があることを繰り返し述べるにとどめる．

He$_2$：4 個の電子のうち，2 個だけが $1s\sigma_g$ ボンド軌道に入ることができる．ほかの 2 個は反結合軌道 $1s\sigma_u^*$ を形成しなければならない．全体のエネルギーは離れた 2 個の He 原子のそれに比べて大きい．**したがって分子は形成されない**．原子価結合の描像でも，両方の原子は対電子をもつので結論は同じである．一般的に，結合軌道の電子と反結合軌道の電子は，互いに打ち消し合う．完全な結合では，2 個の電子が含まれるので，**結合数** (bond number) を次のように与えることができる．

$$(結合数) = \frac{1}{2}\bigl[(結合軌道中の電子数) - (反結合軌道中の電子数)\bigr]$$

この数は He$_2$ に対してゼロである．

Li$_2$：原子構造は $(1s)^2(2s)$ である．したがって $2s$ 電子は対を組まず，$2s\sigma_g$ のボンド軌道を形成できるので，分子は存在するが，軌道の n が 2 であるため H$_2$ 分子に比べて結合はかなり小さいことが期待される．

Be$_2$：ここでの原子構造は $(1s)^2(2s)^2$ である．ここには，不対電子は存在しないので，分子は存在しないと期待される．実際その通りである．

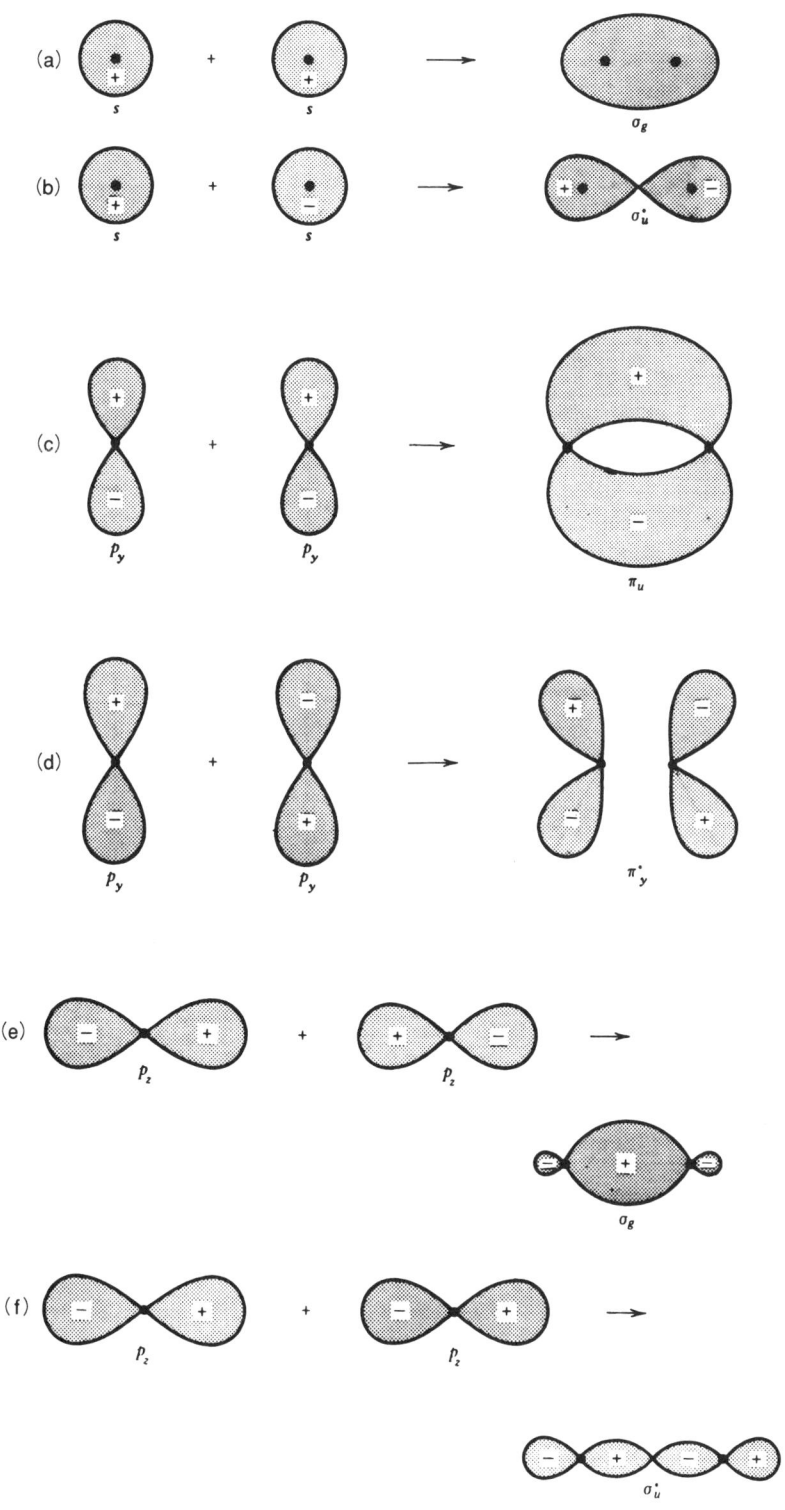

図 20-6 二つの原子軌道を一緒にしたときにできる分子軌道. (a) 二つの s 軌道が空間的に対称な MO である σ_g の結合を形成する. (b) 二つの s 軌道が空間的に反対称な反結合 MO の σ_u^* を形成. (c) と (d) は p_y 原子軌道による結合と反結合を示す. (e) と (f) は p_z 原子軌道による結合と反結合を示す. z 軸は原子核 (ここでは黒点で表す) をつなぐ線に沿ってとる.

B$_2$：原子構造の示すところによると，各原子に対を組んでいない $2p$ 電子がある．それは $2p_x$, $2p_y$, $2p_z$ のいずれであってもよい．それらは結合して，$2p\pi_u$ または $2p\sigma_g$ の MO になれる．前者の方がエネルギーが低い．したがってここでは基底状態はスピン 3 重項になる．このことはフントの規則「最も高い多重度の状態が最低エネルギーである」に合致している．$2p\sigma_g$ が高いエネルギーをもつ理由は，$2s\sigma_g$ 軌道が存在することである．同じ量子数をもった状態があるときは必ず「混合」が起き，ほとんど縮対している状態は互いに反発し合う．主に $2p\sigma_g$ であった状態は上方へ押し上げられる．ここでわれわれは原子構造の議論で現れたのと同様の複雑さの出現に気づき始める！

C$_2$：原子構造は $(1s)^2(2s)^2(2p)^2$，すなわち各原子は 2 個の不対電子をもっている．各電子は三つの p 状態のいずれの状態にもなれるので，2 個のボンド MO が形成できる．MO による記述は $(2p\sigma_g)(2p\pi_u)$ となる．

N$_2$：ここでの事情は，C$_2$ の場合に似ている．ただしこの場合 3 個のボンド MO が形成できる．MO による記述は $(2p\sigma_g)(2p\pi_u)^2$ である．

O$_2$：ここでは，状況がもう少し面白い．というのは原子構造が $(1s)^2(2s)^2(2p)^4$ であるため，価電子が 4 個ある．分子軌道の言葉でいうと N$_2$ のときと同様 3 個のボンドは形成できるが，これではボンド軌道を形成できない 2 個の電子が残る．では最も害の少ない反結合軌道は何か？ 二つの電子はできるだけ互いに他を避けなければならない．それには 3 重項を用いて，電子を，直交する軌道，たとえば一つを p_x, 他方を p_y に入れ，空間的に反対称にする．この場合 O$_2$ のスピンは 1 であり，これは前に述べた強いスピンゼロ傾向に対する例外である．

原子価結合の描像では，酸素の四つの価電子のうちの 2 個が対を組み，たとえば p_x や p_y のような互いに直交した二つの結合が存在する．このような方向性は H$_2$O のような分子に見られる．各 H がボンドを一つずつ使い，分子の形は同じ長さの腕が 90 度の角をなす **L 字形**になると期待される．実際には，二つの水素原子核は互いに反発し合うので，角度は 90 度より多少大きいかも知れない．実験的には，ほぼ 105 度である！

このように，簡単な分子の形を説明できるのは，p 軌道の方向性である．原子の場合に比べて，分子構造の可能性の幅を制限することがほとんどできない．

分 子 の 回 転

ここでも分子を静的近似で考える．電子の分布が原子核を固定しているような剛体構造は，全体として回転することができる．たとえば，H$_2$ 分子の質量分布は質量をもった二点が R_{AB} の距離だけ離れた亜鈴のような形である．この系には二つの回転自由度がある，すなわち原子核間距離を z 軸にとれば，x 軸と y 軸のまわりの回転が

ある．z 軸まわりの回転はない，すなわち $L_z = 0$ である．典型的には

$$E_{\rm rot} = \frac{L_x{}^2 + L_y{}^2}{2\mathcal{I}} = \frac{\boldsymbol{L}^2 - L_z{}^2}{2\mathcal{I}} = \frac{L(L+1)\hbar^2}{2\mathcal{I}} \tag{20-27}$$

である．ここで $\mathcal{I}$ は分子の慣性モーメントである．単極分子に対しては $\mathcal{I} = MR^2/2$ である．$R \approx 2a_0$ より

$$E_{\rm rot} \approx \left(\frac{m}{M}\right) E_{\rm elec} \tag{20-28}$$

すなわち，回転による分岐は電子的分岐に比べて 3 桁ほど小さく典型的には数電子ボルトのオーダーである．したがって，回転準位間の遷移で放出される放射は $10^7 \text{Å} \approx 1\text{mm}$ である．

分子の回転準位についてこれ以上詳しくは論じないが，等極分子に対してはパウリの原理が重要な役割を果たしていることを指摘しておく．たとえば，H_2 分子を考えよう．これの 2 核は同一で，おのおの $\frac{1}{2}$ のスピンをもつ．したがって，全波動関数は 2 核の入れ替えに対して反対称でなければならない．この場合の 2 陽子は，反対称なスピン 1 重項 ($S=0$) の状態になることができ，そのときは回転状態は対称な関数で記述されるべきであり，したがって角運動量は偶数である．もし 2 陽子が対称なスピン 3 重項 ($S=1$) の状態にあれば，回転の角運動量は奇数である．気体中では，H_2 分子間の衝突によりスピン状態の分布はランダムになる．これらが等確率であると仮定すれば，あるスピン状態にいる分子数は縮退度 $(2S+1)$ に比例する．したがって，気体中では，奇数の L をもった分子の方が偶数の L の H_2 分子に比べて 3 倍も多い．このことは，回転準位間の遷移に伴うスペクトル線強度に反映される．もっと一般的に，各原子核がスピン I をもつならば，スピン $2I, 2I-2, 2I-4, \ldots$ の状態とスピン $2I-1, 2I-3, \ldots$ の状態とは反対の対称性をもつ．もし，たとえば I が整数であれば，最初のシリーズに属するスピン状態は偶数軌道角運動量と結びつくだろう．なぜならば原子核はこの場合ボーズ粒子だからである．その総数は

$$\sum_{k=0}^{I}[2(2I-2k)+1] = (4I+1)(I+1) - \frac{4I(I+1)}{2} \tag{20-29}$$
$$= (2I+1)(I+1)$$

となり，残りの

$$(2I+1)^2 - (2I+1)(I+1) = (2I+1)I \tag{20-30}$$

個の状態は奇数軌道角運動量をもつ．したがって，整数 I に対して偶数 L 対奇数 L の強度比は $(I+1)/I$ である．フェルミ粒子に対しては，この比は逆転する．

回転状態のエネルギーは

$$E_L = \frac{L(L+1)\hbar^2}{2\mathcal{I}} \tag{20-31}$$

である．ここで $\mathcal{I}$ はいま考えている等核分子の慣性モーメントである．隣合った L 間の遷移 (これは以後に導かれる $\Delta L = \pm 1$ の選択則を確認する) は振動数

$$\omega(L+1 \to L) = \frac{\hbar}{2\mathcal{I}}[(L+1)(L+2) - L(L+1)] \tag{20-32}$$
$$= \frac{\hbar}{\mathcal{I}}(L+1)$$

の放射を出す.

分子中の原子核振動

今までのところ,分子中の原子核は固定されているものとした.すなわち,固定された正の電荷が原子核の位置に依存した電子分布を与える.電子は原子核に比べてずっと速く運動していて,$v_e/v_N \approx M/m$ である.したがって原子核がいかなる運動をしようとも電子分布は**断熱的に**それについて行く.このことは,電子エネルギー $E(R)$ は,たとえ原子核が曲線 $E(R)$ の最小値のまわりでゆっくりとその位置を変えたとしても,変化しないと期待されることを意味している.特に,原子核の位置のゆっくりした変化は電子状態を変えないだろう.原子核の位置の変化 ΔR に伴った振動数は $\nu \approx v_N/\Delta R$ のオーダーである.他方,電子エネルギーの変化に関連した振動数は $\nu_e \approx \alpha c/a_0$ である.ΔR は a_0 と同じオーダーの値であり,$v_N/\alpha c \approx 10^{-4}$ であるから,原子核運動の時間依存性では電子状態の遷移を引き起こすことはできない.ここの議論についてのもっと詳しい理解は 21 章の研究で得られる.

断熱近似では,$E(R)$ を固定されたポテンシャルと見なし,その中で原子核が運動すると考えて良い.特に,曲線 $E(R)$ の最小値を与える点 R_0 を中心とした運動は単振動である.

$$E(R) \approx E(R_0) + \frac{1}{2}(R-R_0)^2 \left(\frac{\partial^2 E(R)}{\partial R^2}\right)_0 \tag{20-33}$$

なぜならば,$R = R_0$ で $\partial E(R)/\partial R = 0$ であるから.したがって,変位が小さいとき,原子核は調和振動をして,その角振動数は

$$\omega = \sqrt{\frac{1}{M}\left(\frac{\partial^2 E}{\partial R^2}\right)_0} \tag{20-34}$$

である.等極分子に対しては,この運動は 2 核を結ぶ線に沿って 1 次元的であり,この運動に対するエネルギー固有値は

$$E_{\mathrm{vib}} = \left(n_v + \frac{1}{2}\right)\hbar\omega \tag{20-35}$$

である.ここで $n_v = 0, 1, 2, 3, \ldots$ である.このエネルギーは図 20-1 を見て求めることができる.最小値の近くでは,$E(R)$ は e^2/R とゆっくりと変化する電子エネルギーとの和である.そして後者は最小値の付近で $\kappa(R = R_0)$ とおける.したがって,2 次微分は主に e^2/R の項からくるので

$$\left(\frac{\partial^2 E(R)}{\partial R^2}\right)_0 \approx \frac{2e^2}{R_0^3} \tag{20-36}$$

となる.$R_0 \approx 2a_0$ であるから,

$$\hbar\omega \approx \sqrt{\frac{\hbar^2 e^2}{4Ma_0^3}} \approx \frac{1}{2}m_e c^2 \alpha^2 \sqrt{\frac{m_e}{M}} \tag{20-37}$$

が得られる.このことは,振動準位間の遷移に伴う放射の波長は 10^5 Å のオーダーであることを意味している.

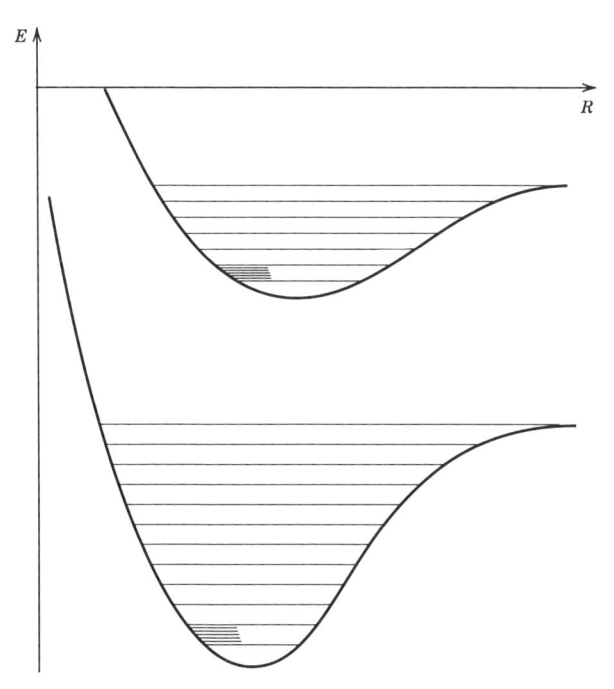

図 20-7 二原子分子の二つの電子準位に重ね合わされた振動準位．最低振動準位に関連した回転準位も描かれている．スケールは考慮していない．

このように，分子スペクトルはスケールの異なった様々なレベルからなっている．まず，数電子ボルトのエネルギー間隔の電子準位がある．次に各電子エネルギー準位の上に数十ミリ電子ボルトのオーダーの間隔で振動準位が並び，さらに回転エネルギー準位がある．図 20-7 に分子エネルギー準位の複雑な構造が示されている．今までの議論では，これらの準位はまったく別々に論ぜられた．しかし現実にはこれらすべての間に弱い結合がある．たとえば，回転運動は遠心力による分子の変形 (これは地球の回転による赤道付近のふくらみと似ている) をもたらし，それが実際 R_0 の変化を通して，回転エネルギー準位に影響を与える (問題 20-4 参照)．$E(R)$ の形は各電子準位ごとに異なり (選択則 $\Delta L = 1$ と $\Delta n_v = 1$ により簡単化されたとはいえ) スペクトル線のパターンは非常に複雑である．われわれは，断熱近似を越えた近似の改良にはここでは触れない．ボルン–オッペンハイマーの方法 (Born–Oppenheimer procedure) で系統的に近似を上げることができるが，それは本書のレベルを越えている．

問題

20-1 HCl において，波数 83.03, 103.73, 124.30, 145.03, 165.51, 185.86 cm^{-1} をもつ多数の吸収線が観測されている．これらは，振動遷移か，回転遷移か? もし前者であるとして，特性振動数はいくらか? もし後者であるとしたら，対応す

る J はいくらか？また HCl の慣性モーメントはいくらか？そのときの原子核間の距離を求めよ (放射のさい量子数は 1 だけ変わる).

20-2 $J=10$ の状態にある HCl 分子の数と $J=0$ の状態にある分子の数との比を，この分子気体の温度が 300 K のとき，求めよ．

20-3 CO 分子の最低状態における振動の振動数は $\nu_0 = 2 \times 10^{13}$ Hz である．最も低い振動励起で放出される放射の波長はいくらか？第一振動状態が励起される確率と，CO が振動の基底状態にいる確率との比を，温度 300 K のとき，求めよ．

20-4 分子の振動および回転エネルギーを
$$E_J(R) = \frac{1}{2}m\omega^2(R-R_0)^2 + \frac{J(J+1)\hbar^2}{2mR^2}$$
の近似で考えよ．エネルギーが最低になる位置を求めよ．もし分子の慣性モーメントをこの新しい核間距離を用いて計算した場合，回転エネルギーは
$$E_J = AJ(J+1) + B[J(J+1)]^2 + \cdots$$
と書けることを示せ．係数 A と B を決定せよ．(後者は遠心力による変形の効果である．)

参 考 文 献

この章は G. Baym の *Lectures on Quantum Mechanics*, W. A. Benjamin, New York, 1969 の分子に関する短い記述に負うところが多い．興味のある読者はもっと多くの情報について次の本を読まれることを薦める．

M. Karplus and R. N. Porter, *Atoms and Molecules*, W. A. Benjamin, New York, 1970.

M. W. Hanna, *Quantum Mechanics in Chemistry*, W. A. Benjamin, New York, 1969.

U. Fano and L. Fano, *Physics of Atoms and Molecules*, Chicago University Press, Chicago, 1972.

G. W. King, *Spectroscopy and Molecular Structure*, Holt, Rinehart & Winston, New York, 1964.

他にも量子化学，分子構造，分子分光学に関する本は何百冊もある，ここにあげた本は著者が知っていたものに過ぎない．この分野のもっと良い参考文献が知りたければ誰か物理化学者に相談するのがよい．

21

原子の放射

スペクトルの研究，すなわち放射の吸収と放出を伴った原子準位間の遷移の研究では，原子と電磁場の相互作用に関心がある．放射場は振動しているので時間依存性がある．したがって，時間に依存した摂動論の効果を研究する必要がある．

時間に依存した摂動論

問題は
$$H_0 \phi_n = E_n^0 \phi_n \tag{21-1}$$
に対する解の完全系が与えられているとき，方程式
$$i\hbar \frac{\partial \psi(t)}{\partial t} = [H_0 + \lambda V(t)]\psi(t) \tag{21-2}$$
に従う解 $\psi(t)$ を求めることである．標準的な方法は $\psi(t)$ を状態の完全系に展開すること，つまり
$$\psi(t) = \sum_n c_n(t) e^{-iE_n^0 t/\hbar} \phi_n \tag{21-3}$$
である．ϕ_n に対応した時間依存性は，$V(t) = 0$ のとき $c_n(t)$ が定数になるように展開の中で考慮されている．展開係数 $c_n(t)$ は式 (21-3) を時間に依存したシュレーディンガー方程式 (21-2) に代入して得られる一連の方程式を満足する．すなわち，
$$\sum_n \left[i\hbar \frac{dc_n(t)}{dt} + E_n^0 c_n(t) \right] e^{-iE_n^0 t/\hbar} \phi_n = H\psi(t) = \sum_n [E_n^0 + \lambda V(t)] c_n(t) e^{-iE_n^0 t/\hbar} \phi_n$$
であるから．われわれは
$$i\hbar \sum_n \frac{dc_n(t)}{dt} e^{-iE_n^0 t/\hbar} \phi_n = \lambda \sum_n V(t) c_n(t) e^{-iE_n^0 t/\hbar} \phi_n \tag{21-4}$$
を得る．この式と ϕ_m との内積をとり，直交条件
$$\langle \phi_m | \phi_n \rangle = \delta_{mn} \tag{21-5}$$
を利用し，因子 $e^{-iE_m^0 t/\hbar}$ で割れば，次の方程式の組を得ることができる．
$$i\hbar \frac{dc_m(t)}{dt} = \lambda \sum_n c_n(t) e^{i(E_m^0 - E_n^0)t/\hbar} \langle \phi_m | V(t) | \phi_n \rangle \tag{21-6}$$
われわれはこの方程式をパラメーター λ の 1 次まで解くことにする．$t = 0$ における初期条件として，系がある特定の状態 ϕ_k にあったとする．すなわち $\psi(0) = \phi_k$ または，
$$c_n(0) = \delta_{nk} \tag{21-7}$$

である．

ときどき初期条件として無限の過去をとることがある．そのときは

$$\lim_{t_0 \to -\infty} c_n(t_0) = \delta_{nk}$$

である．その後の，この値からのずれは λ に依存するので，第1近似の計算では，式 (21-7) を (21-6) の右辺に代入してもよい．その結果，$m \neq k$ に対する微分方程式

$$i\hbar \frac{dc_m(t)}{dt} = \lambda e^{i(E_m^0 - E_k^0)t/\hbar} \langle \phi_m | V(t) | \phi_k \rangle \tag{21-8}$$

を得る．これは簡単に解けて

$$c_m(t) = \frac{\lambda}{i\hbar} \int_0^t dt'\, e^{i(E_m^0 - E_k^0)t'/\hbar} \langle \phi_m | V(t') | \phi_k \rangle \tag{21-9}$$

となる．状態 $\psi(t)$ が時刻 t において，エネルギー E_n^0 をもった H_0 の固有状態，すなわち ϕ_n にある確率は，展開仮説より

$$P_n(t) = |\langle \phi_n | \psi(t) \rangle|^2 = |c_n(t)|^2 \tag{21-10}$$

である．この一般的な結果は，$V(t)$ が与えられたとき，具体的な値をとる．

[例題] 基底状態にある水素原子に，ある時間電場をかける．すなわち

$$\boldsymbol{E}(t) = \boldsymbol{E}_0 e^{-t^2/\tau^2}$$

長時間 $(t \gg \tau)$ の後，この水素原子が $n=2, l=1, m=0$ の状態にある確率はいくらか？

式 (16-32) より摂動は

$$\lambda V(t) = eE_0 z e^{-t^2/\tau^2}$$

と書くことができる．また，$t \gg \tau$ より式 (21-9) の時間積分の上限と下限をそれぞれ ∞ と $-\infty$ とすることができる．したがって，

$$\begin{aligned} c_{210}(\infty) &= \frac{eE_0}{i\hbar} \langle \phi_{210} | z | \phi_{100} \rangle \int_{-\infty}^{\infty} dt'\, e^{i(E_{210} - E_{100})t'/\hbar} e^{-t'^2/\tau^2} \\ &= \frac{eE_0}{i\hbar} \langle \phi_{210} | z | \phi_{100} \rangle \tau\sqrt{\pi}\, e^{-\omega^2 \tau^2/4} \end{aligned}$$

となる．ここで $\omega = (E_{210} - E_{100})/\hbar$ は $(2,1,0) \to (1,0,0)$ の遷移で放出される光子の角振動数である．確率はこの値の絶対値の2乗で与えられる．

$$P = \frac{e^2 E_0^2 \tau^2 \pi}{\hbar^2} |\langle \phi_{210} | z | \phi_{100} \rangle|^2 e^{-\omega^2 \tau^2/2}$$

ここで，$\tau \to \infty$ のとき $P \to 0$ であることに注意せよ．電場が非常にゆっくりと導入される場合は，遷移確率はゼロになる．すなわち，原子は遷移を起こすほどは「動揺」されずに，**断熱的に**電場の存在に適応するのである．

ポテンシャルの調和振動子的時間変化

多くの場合，ポテンシャルは次式のような時間依存性をもっている．

$$V(t) = V e^{-i\omega t} + V^\dagger e^{i\omega t} \tag{21-11}$$

ここで V と $V^\dagger$ はあらわな時間依存性をもたない演算子である．この場合，
$$c_m(t) = \frac{\lambda}{i\hbar} \int_0^t dt' e^{i\omega_{mk}t'} [e^{-i\omega t'} \langle\phi_m|V|\phi_k\rangle + e^{i\omega t'} \langle\phi_m|V^\dagger|\phi_k\rangle] \tag{21-12}$$
となり，ここで $\omega_{mk} = (E_m^0 - E_k^0)/\hbar$ である．たいていの場合われわれは $t \to \infty$ に興味がある．時間積分を実行すると，
$$\int_0^t dt' e^{i(\omega_{mk}-\omega)t'} = \frac{e^{i(\omega_{mk}-\omega)t} - 1}{i(\omega_{mk}-\omega)} = e^{i(\omega_{mk}-\omega)t/2} \frac{\sin(\omega_{mk}-\omega)t/2}{(\omega_{mk}-\omega)/2} \tag{21-13}$$
となる．2番目の積分は $\omega \to -\omega$ の置き換えをすれば得られる．次に必要なのは
$$|e^{i(\omega_{mk}-\omega)t/2} \frac{\sin(\omega_{mk}-\omega)t/2}{(\omega_{mk}-\omega)/2} \langle\phi_m|V|\phi_k\rangle$$
$$+ e^{i(\omega_{mk}+\omega)t/2} \frac{\sin(\omega_{mk}+\omega)t/2}{(\omega_{mk}+\omega)/2} \langle\phi_m|V^\dagger|\phi_k\rangle|^2 \tag{21-14}$$
である．この表式の形からこの項が重要なのは，$\omega = \pm\omega_{mk}$ のときだけであることがわかる．三つの項があるが，その中の第1項は
$$\left(\frac{\sin(\omega_{mk}-\omega)t/2}{(\omega_{mk}-\omega)/2}\right)^2 |\langle\phi_m|V|\phi_k\rangle|^2 \tag{21-15}$$
となり，第2項は $\omega \to -\omega$ と置き換えれば第1項と同じである．第3項は次のような時間依存性をもつ．
$$e^{i\omega t} \frac{\sin(\omega_{mk}-\omega)t/2}{(\omega_{mk}-\omega)/2} \frac{\sin(\omega_{mk}+\omega)t/2}{(\omega_{mk}+\omega)/2} + 複素共役 \tag{21-16}$$
リーマン–ルベーグの補題 (Riemann–Lesbegue lemma) とよばれる数学の定理を用いれば，$t \to \infty$ に対して t のいかなるべきよりも速く $t^n \sin \alpha t \to 0$ であることを示すことができる．また同様に $t^n \cos \alpha t \to 0$ である．このことを第3項に適用すれば，残るのは時間によらない一つの項だけ (問題 21.9 を参照) で，後に示すように t に比例して増加する式 (21-15) の項に比べて無視できる．これらの項は次のような形をしている．
$$F(t) = \frac{4}{\Delta^2} \sin^2 \frac{t\Delta}{2} \tag{21-17}$$
ここで
$$\Delta = \frac{E_m^0 - E_k^0 \mp \hbar\omega}{\hbar} \tag{21-18}$$
である．図 21-1 にこの関数のふるまいが描かれている．t が大きい場合この関数は $\Delta = 0$ で鋭いピークをもち，$\Delta = 0$ から離れたところでは非常に速く振動する．このようなふるまいはデルタ関数と結びつけられる．実際，$f(\Delta)$ が Δ のなめらかな関数であるとき，大きな t に対して
$$\begin{aligned}\int_{-\infty}^{\infty} f(\Delta) \frac{4}{\Delta^2} \sin^2 \frac{t\Delta}{2} d\Delta &\approx f(0) \int_{-\infty}^{\infty} d\Delta \frac{4}{\Delta^2} \sin^2 \frac{t\Delta}{2} \\ &= 2t f(0) \int_{-\infty}^{\infty} dy \frac{1}{y^2} \sin^2 y = 2\pi t f(0)\end{aligned} \tag{21-19}$$
となる．すなわち，t が大きければ
$$\frac{4}{\Delta^2} \sin^2 \frac{t\Delta}{2} \to 2\pi t \delta(\Delta) = 2\pi \hbar t \delta(E_m^0 - E_k^0 \mp \hbar\omega) \tag{21-20}$$
とおいてもよい．したがって，式 (21-14) の遷移確率は時間に比例して増大し，長い時間に対しては，時間に依存しない干渉項はだんだん重要でなくなってくる．そこで，

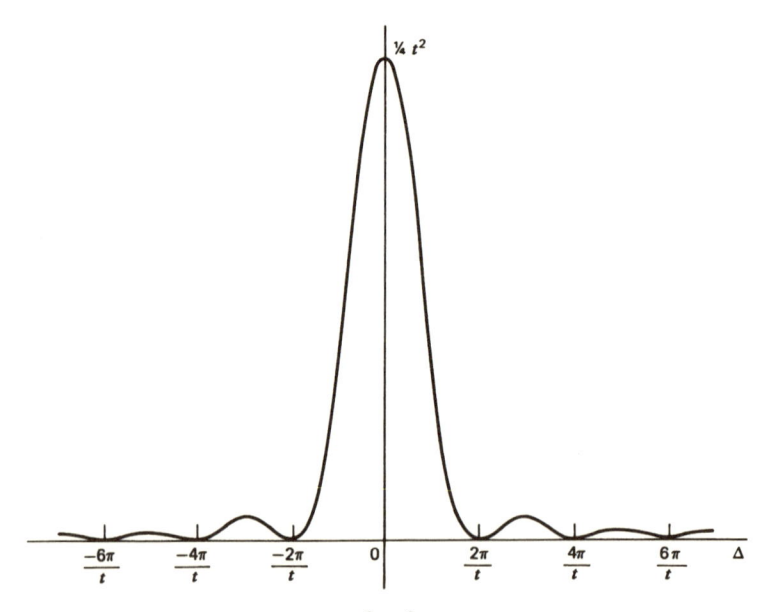

図 21-1 関数 $1/\Delta^2 \sin^2 t\Delta/2$ の Δ 依存性

次のような**単位時間あたりの遷移確率**が得られる．

$$\begin{aligned}\Gamma_{k\to m} &= \frac{2\pi}{\hbar}|\langle\phi_m|V|\phi_k\rangle|^2\delta(E_m^0-E_k^0-\hbar\omega)\\ &+\frac{2\pi}{\hbar}|\langle\phi_m|V^\dagger|\phi_k\rangle|^2\delta(E_m^0-E_k^0+\hbar\omega)\end{aligned} \quad (21\text{-}21)$$

ここで，$E_m^0-E_k^0$ は決まった値をとるので，ある ω に対しては，上の2項のうち一方だけしか寄与しない．デルタ関数の性質より，$E_k^0>E_m^0$ であるならば，すなわち原子が高いエネルギー状態から低いエネルギー状態へ遷移する場合，第2項だけが，しかも $\hbar\omega=E_k^0-E_m^0$ のときに限り寄与を与える．もし，式 (21-11) の関連するポテンシャル項が

$$\lambda V(t) = \int_0^\infty d\omega' V(\omega')e^{-i\omega' t} + \int_0^\infty d\omega' V^\dagger(\omega')e^{i\omega' t}$$

の形をしていたとすれば，デルタ関数は第2項の $\hbar\omega'$ がちょうど $\Delta E = E_k^0 - E_m^0$ に等しいところからの寄与だけを選んでいたはずである．式 (6-68) で $A=H$ とおけば，

$$\left\langle\frac{dH}{dt}\right\rangle = \left\langle\frac{\partial H}{\partial t}\right\rangle \quad (21\text{-}22)$$

であることがわかる．すなわちポテンシャルが時間に依存している場合，エネルギーは運動の定数ではない．ここではもっとはっきりと時間依存性をもったポテンシャルがどれほどのエネルギー吸収または放出ができるかを知ることができる．

原子と電磁場との結合

13章で見たように，静的ポテンシャル $V(r)$ 中の電子とベクトルポテンシャル $\boldsymbol{A}(\boldsymbol{r},t)$ の電磁場との相互作用は次のハミルトニアンで記述される．

$$H = \frac{[\boldsymbol{p}+(e/c)\boldsymbol{A}(\boldsymbol{r},t)]^2}{2m} + V(r) \quad (21\text{-}23)$$

したがって，もし
$$H_0 = \frac{\bm{p}^2}{2m} + V(r) \tag{21-24}$$
と書くならば
$$\lambda V(t) = \frac{e}{mc}\bm{A}(\bm{r},t)\cdot\bm{p} \tag{21-25}$$
である．最後の式を得るとき，われわれは特定のゲージ
$$\bm{\nabla}\cdot\bm{A}(\bm{r},t) = 0 \tag{21-26}$$
を採用した．この状況下では，$\bm{p}\cdot\bm{A} = \bm{A}\cdot\bm{p}$ である．また $\bm{A}(\bm{r},t)$ の2乗の項は省略した．小さなパラメーター λ として，電子の電荷 e を採用するならば，$\bm{A}^2$ の項は2次の項ということになる．$\bm{A}^2$ の項は光の原子による散乱や二つの光子の放出を伴った遷移などには寄与するが，一つの光子の放出（または吸収）を伴った遷移には寄与しない．2光子を含んだ遷移の確率は，$(e^2)^2$ の因子をもつ．他方1光子遷移の確率は e^2 に比例する．e^2 を含む適当な無次元量は $\alpha = e^2/\hbar c \cong 1/137$ であることを思い起こせば，われわれが1光子の放出を伴う遷移に関心を集中することは正当化されよう．1光子の放出または吸収に $\bm{A}(\bm{r},t)$ を対応させること [すなわち $\bm{A}(\bm{r},t)$ の高い次数は複数個の光子の存在を意味すること] の正当性を示すには，電磁場を量子力学的に，すなわち各点 $\bm{r}$ における場を演算子として取り扱う必要がある．このことは基本的にいって特に込み入ったことではないが，本書の範囲を越えている．読者は次の主張を信じてもらいたい．もし
$$\bm{A}(\bm{r},t) = \bm{A}_0^*(\bm{r})\mathrm{e}^{\mathrm{i}\omega t} + \bm{A}_0(\bm{r})\mathrm{e}^{-\mathrm{i}\omega t} \tag{21-27}$$
のように書けば，**光子の放出**に対しては，$\mathrm{e}^{\mathrm{i}\omega t}$ の時間依存性をもつ第1項だけが $\lambda V(t)$ の中に入るべきであり，**光子の吸収**に対しては $\mathrm{e}^{-\mathrm{i}\omega t}$ の時間依存性をもった第2項だけが現れる．このことは一般に光子の生成には $\bm{A}_0^*(\bm{r})$ を対応させ，$\bm{A}_0(\bm{r})$ には光子の消滅を対応させる結果であり，時間依存性は調和振動子 (7-67) からちょうど期待されるものになっている．調和振動子問題との類似性は偶然ではなく，電磁場の量子化では，基準モード展開が行われ，場は単純な調和振動子の集合と考えられ，それらが量子化されるからである．調和振動子の状態ベクトルを記述する「占有量子数」n は光子数に対応させることができ，したがって $\bm{A}_0^*$ は光子数を1だけ上げて，$\bm{A}_0$ は光子数を1だけ下げる．$\bm{A}_0^*(\bm{r})$ や $\bm{A}_0(\bm{r})$ のもっと定量的な記述には，幸いにして，量子電気力学のすべての道具建ては必要ない．これらの量を求めるには対応原理的な議論と量子力学的修正だけでよい．源から離れたところでは，電磁場は非常に簡単な空間的ふるまいをしている．式 (13-14) に戻って式 (21-27) を代入すれば，
$$-\bm{\nabla}^2\bm{A}_0(\bm{r}) - \frac{\omega^2}{c^2}\bm{A}_0(\bm{r}) = 0 \tag{21-28}$$
が得られる．この方程式の解は
$$\bm{A}_0(\bm{r}) = \bm{A}_0 \mathrm{e}^{\mathrm{i}\bm{k}\cdot\bm{r}} \tag{21-29}$$
であり，ここで
$$\bm{k}^2 = \frac{\omega^2}{c^2} \tag{21-30}$$

である．式 (21-26) のゲージでは

$$\boldsymbol{k} \cdot \boldsymbol{A}_0 = 0 \tag{21-31}$$

である．このベクトルポテンシャルに対応する電場および磁場は

$$\begin{aligned} \boldsymbol{E} &= -\frac{1}{c}\frac{\partial \boldsymbol{A}}{\partial t} = \frac{i\omega}{c}\boldsymbol{A}_0 e^{i(\boldsymbol{k}\cdot\boldsymbol{r}-\omega t)} + 複素共役 \\ \boldsymbol{B} &= \nabla \times \boldsymbol{A} = i\boldsymbol{k}\times\boldsymbol{A}_0 e^{i(\boldsymbol{k}\cdot\boldsymbol{r}-\omega t)} + 複素共役 \end{aligned} \tag{21-32}$$

となる．そして，この電磁場のエネルギー密度は

$$\begin{aligned} \frac{1}{8\pi}(\boldsymbol{E}^2+\boldsymbol{B}^2) &= \frac{1}{8\pi}\Big[2\frac{\omega^2}{c^2}\boldsymbol{A}_0\cdot\boldsymbol{A}_0^* + 2(\boldsymbol{k}\times\boldsymbol{A}_0) \\ &\quad \cdot(\boldsymbol{k}\times\boldsymbol{A}_0^*) + 振動項\Big] \end{aligned} \tag{21-33}$$

で与えられる．振動項が消えるように時間平均をとって，式 (21-31) から導かれる関係式

$$(\boldsymbol{k}\times\boldsymbol{A}_0)\cdot(\boldsymbol{k}\times\boldsymbol{A}_0^*) = k^2 \boldsymbol{A}_0\cdot\boldsymbol{A}_0^* \tag{21-34}$$

を用い，$k^2 = \omega^2/c^2$ を使えば

$$\frac{1}{8\pi}(\boldsymbol{E}^2+\boldsymbol{B}^2) = \frac{\omega^2}{2\pi c^2}\boldsymbol{A}_0\cdot\boldsymbol{A}_0^* \tag{21-35}$$

を得る．もし系が体積 V の箱の中にあれば，電磁場の全エネルギーは

$$\int d^3r \frac{1}{8\pi}(\boldsymbol{E}^2+\boldsymbol{B}^2) = \frac{\omega^2 V}{2\pi c^2}|\boldsymbol{A}_0|^2 \tag{21-36}$$

となる．そしてこれがエネルギー $\hbar\omega$ の N 個の光子によって運ばれているとすれば，

$$\frac{\omega^2 V}{2\pi c^2}|\boldsymbol{A}_0|^2 = N\hbar\omega \tag{21-37}$$

となる．$\boldsymbol{A}_0$ の方向は電場の偏極によって決まる．それを単位ベクトル ε で表すと，それは次式を満足する．

$$\begin{aligned} \varepsilon\cdot\varepsilon &= 1 \\ \varepsilon\cdot\boldsymbol{k} &= 0 \end{aligned} \tag{21-38}$$

したがって，われわれは

$$\boldsymbol{A}(\boldsymbol{r},t) = \left(\frac{2\pi c^2 N\hbar}{\omega V}\right)^{1/2} \varepsilon e^{i(\boldsymbol{k}\cdot\boldsymbol{r}-\omega t)} \tag{21-39}$$

を得る．**量子電気力学からの修正は次の通りである．** 角振動数 ω の光子がすでに N 個ある初期状態から，1 個の荷電粒子による 1 光量子の吸収に対しては

$$\boldsymbol{A}(\boldsymbol{r},t) = \left(\frac{2\pi c^2 N\hbar}{\omega V}\right)^{1/2} \varepsilon e^{i(\boldsymbol{k}\cdot\boldsymbol{r}-\omega t)} \tag{21-40}$$

を，また，荷電粒子による 1 光量子の放出による $N+1$ 個の量子をもった終状態への遷移，すなわち角振動数 ω の N 量子初期状態からの遷移に対しては

$$\boldsymbol{A}(\boldsymbol{r},t) = \left[\frac{2\pi c^2 (N+1)\hbar}{\omega V}\right]^{1/2} \varepsilon e^{-i(\boldsymbol{k}\cdot\boldsymbol{r}-\omega t)} \tag{21-41}$$

を対応させる．したがって，光子のない状態から振動数 ω の 1 光子が放出される場合は式 (21-25) より，

$$\lambda V(t) = \frac{e}{mc}\left(\frac{2\pi c^2\hbar}{\omega V}\right)^{1/2} \varepsilon\cdot\boldsymbol{p}\, e^{-i(\boldsymbol{k}\cdot\boldsymbol{r}-\omega t)} \tag{21-42}$$

となる．次に (21-21) において，単位時間あたりの遷移確率を考え，その遷移がエネルギー $\hbar\omega$ の光子の放出に対応するように $E_k^0 > E_m^0$ を仮定しよう．遷移の割合は

$$\Gamma_{k\to m} = 2\pi\hbar \frac{2\pi e^2}{m^2\hbar\omega V}|\langle\phi_m|\mathrm{e}^{-\mathrm{i}\boldsymbol{k}\cdot\boldsymbol{r}}\boldsymbol{\varepsilon}\cdot\boldsymbol{p}|\phi_k\rangle|^2\delta(E_k^0 - E_m^0 - \hbar\omega) \tag{21-43}$$

となる．

ここまでのところでは，紛れもなく読者はだまされた気分であろう．まず第一に，式 (21-21) までの計算は自明とは言い難い．計算の途中,「大きな t」などのあいまいな考え方がでてくる．これは文字通り真面目に受け取るわけにはいかない．なぜなら時間に比例して増加する遷移確率がいずれは 1 を越えてしまうからである．次に，意味のない公式が現れる．すなわち遷移確率のような完全に筋の通った量がデルタ関数に比例する．もっと納得のいく議論は，寿命，線幅と共鳴に関する付録 ST4 で与えられる．この時点では，適切に用いれば式 (21-43) は正しいことを注意するにとどめる．

そのために，$\Gamma_{k\to m}$ が実際**エネルギー $\hbar\omega$ の光子の放出を伴って，原子が状態 ϕ_k から ϕ_m へ遷移する単位時間あたりの遷移確率であること**を注意する．デルタ関数はあまり魅力的ではないが，エネルギーは保存されなくてはならないこと，すなわち

$$\hbar\omega = E_k^0 - E_m^0 \tag{21-44}$$

であることを表す．光子エネルギー $\hbar\omega$ だけでは光子状態が特定されないことを考慮すれば，デルタ関数は実際積分されなければならない．光子は一般に $|\boldsymbol{k}| = \omega/c$ の近傍で，運動量範囲 $(\boldsymbol{k}, \boldsymbol{k}+\Delta\boldsymbol{k})$ 内で検出される．したがって測定される遷移の割合は，実際にはその範囲内における可能なすべての光子状態についての和

$$R_{k\to m} = \sum_{\Delta\boldsymbol{k}} \Gamma_{k\to m} \tag{21-45}$$

である．$\Delta\boldsymbol{k}$ の範囲内にあるいろいろな状態は原理的に区別できるので，和は確率についてなされることを注意しよう．式 (21-45) の和は，デルタ関数となめらかな関数の積分を含んでいるので，明確に定義されていることがわかる．この和は次節で行う．

位 相 空 間

われわれはいま，運動量が $(\boldsymbol{k}, \boldsymbol{k}+\Delta\boldsymbol{k})$ の範囲にある光子状態の数，すなわち光子の状態密度を計算する．そのためにベクトルポテンシャル $\boldsymbol{A}(\boldsymbol{r},t)$ を次の形に書く．

$$\boldsymbol{A}(\boldsymbol{r},t) = \frac{1}{\sqrt{V}}\boldsymbol{a}\,\mathrm{e}^{\mathrm{i}(\boldsymbol{k}\cdot\boldsymbol{r}-\omega t)} + 複素共役 \tag{21-46}$$

ここで，V は計算が行われる空間の体積である．この「箱」は便宜上のもので，自由粒子 [ここでは光子 (4 章を参照)] についていちいち波束を考える面倒を避けるためである．箱の形や境界条件は任意に選んでよいが，それは大きくなければならない．最終的にわれわれは $V \to \infty$ の極限をとる．箱として，辺の長さが L の立方体をとり，周期的境界条件

$$\boldsymbol{A}(x+L,y,z,t) = \boldsymbol{A}(x,y,z,t) \tag{21-47}$$

等を課すのが便利である．このことは，1次元の箱の中の1粒子の解のときと同様波数すなわち運動量が量子化されることを意味する．式 (21-46) より

$$e^{ik_x L} = e^{ik_y L} = e^{ik_z L} = 1 \tag{21-48}$$

であり，波数は

$$k_x = \frac{2\pi}{L}n_x \qquad k_y = \frac{2\pi}{L}n_y \qquad k_z = \frac{2\pi}{L}n_z \tag{21-49}$$

でなければならない．ここで n_x, n_y と n_z は整数である．また，

$$\Delta \boldsymbol{k} = \Delta k_x \Delta k_x \Delta k_x = \left(\frac{2\pi}{L}\right)^3 \Delta n_x \Delta n_y \Delta n_z \tag{21-50}$$

であり，

$$\omega = |\boldsymbol{k}|c = \frac{2\pi c}{L}(n_x^2 + n_y^2 + n_z^2)^{1/2} \tag{21-51}$$

である．式 (21-45) にあるような和をとる場合，われわれは式 (21-50) で指定された範囲内のすべての (n_x, n_y, n_z) でデルタ関数の制約を満たす数に関する和をとる．したがって

$$R_{k\to m} = \sum_{\Delta \boldsymbol{k}} \boldsymbol{\Gamma}_{k\to m} \tag{21-52}$$

となる．この章でわれわれは非常に大きな体積 V を考えるので，状態数は密になり式 (21-52) の和は積分で置き換えられる．その場合は

$$\begin{aligned} R_{k\to m} = \int d^3\boldsymbol{n}\,\boldsymbol{\Gamma}_{k\to m} &= \int \frac{L^3 d^3\boldsymbol{k}}{(2\pi)^3}\boldsymbol{\Gamma}_{k\to m} \\ &= \int \frac{V d^3\boldsymbol{p}}{(2\pi\hbar)^3}\boldsymbol{\Gamma}_{k\to m} \end{aligned} \tag{21-53}$$

と書くことができる．最後の行でわれわれは $\boldsymbol{p} = \hbar\boldsymbol{k}$ を使った．

この積分は運動量空間における体積積分であり，それは実験配置によって定義される．

$$d^3\boldsymbol{p} = d\boldsymbol{\Omega}_p p^2 dp = d\boldsymbol{\Omega}_p \left(\frac{\omega}{c}\right)^2 d\left(\frac{\omega}{c}\right)\hbar^3 \tag{21-54}$$

と書けば，エネルギー保存のデルタ関数は積分できる．ただし $d\boldsymbol{\Omega}_p$ は立体角微分である．結果は

$$\begin{aligned} R_{k\to m} &= \int \frac{4\pi^2 e^2}{m^2\omega V}|\langle\phi_m|e^{-i\boldsymbol{k}\cdot\boldsymbol{r}}\boldsymbol{\varepsilon}\cdot\boldsymbol{p}|\phi_k\rangle|^2 d\boldsymbol{\Omega}_p \frac{V}{(2\pi\hbar)^3} \\ &\quad \times \hbar^3 \frac{\omega^3}{c^3}\frac{d(\hbar\omega)}{\hbar}\delta(E_k^0 - E_m^0 - \hbar\omega) \\ &= \int d\boldsymbol{\Omega}_p \frac{\alpha}{2\pi}\omega_{km}\left|\frac{1}{mc}\langle\phi_m|e^{-i\boldsymbol{k}\cdot\boldsymbol{r}}\boldsymbol{\varepsilon}\cdot\boldsymbol{p}|\phi_k\rangle\right|^2 \end{aligned} \tag{21-55}$$

であり，ここで

$$\omega_{km} = \frac{E_k^0 - E_m^0}{\hbar} \tag{21-56}$$

である．もし実験装置が光子の偏極を区別しないのであれば，遷移確率の計算はこれら二つの独立な終状態についての和を含んでいなければならない．さらにまた，原子の終状態がいくつか縮退していれば，和はこれらすべての終状態についてもとらなければならない．これは後の節で議論することになる．

位相空間

$$d^3\boldsymbol{n} = \frac{V d^3\boldsymbol{p}}{(2\pi\hbar)^3} \tag{21-57}$$

は何も光子に限ったものではない．自由電子は平面波 $1/\sqrt{V}\mathrm{e}^{i\boldsymbol{p}\cdot\boldsymbol{r}/\hbar}$ で記述され，同じ状態密度をもつ．唯一違うところは，(デルタ関数の中に現れる) エネルギーと運動量との関係が $E = pc$ でなくて，$E = \boldsymbol{p}^2/2m$ である [あるいは相対論的に $E = (\boldsymbol{p}^2 c^2 + m^2 c^4)^{1/2}$ である] ことである．もし，終状態にいくつかの粒子があれば，状態密度は

$$\prod_k \frac{V\mathrm{d}^3 \boldsymbol{p}_k}{(2\pi\hbar)^3} \tag{21-58}$$

のような積である．式 (21-53) は式 (21-21) と組み合わせて

$$R_{i \to f} = \frac{2\pi}{\hbar} \int\limits_{\substack{\text{independent} \\ \text{momenta}}} \prod_k \frac{V\mathrm{d}^3 \boldsymbol{p}_k}{(2\pi\hbar)^3} |M_{fi}|^2 \delta\left(E_f^0 + \sum_k E_k - E_i^0\right) \tag{21-59}$$

のように一般化される．ここで M_{fi} は非摂動系である始状態および終状態間の摂動行列要素である．デルタ関数はエネルギー保存則，すなわち自由粒子によって運び去られるエネルギーが系のエネルギー変化に等しいことを表す．そして**積分は独立な運動量についてなされる**．したがって，もし系が3粒子に崩壊すれば，独立な運動量は二つしかない．3番目は運動量保存則で決まっているからである．しかし，式 (21-58) の因子の積は終状態の**すべての**粒子にわたるものであることに注意すべきである．すなわち終状態に n 個の粒子があれば，ここには V^n が現れる．同等な表し方として，運動量保存則を含むデルタ関数を使って式 (21-59) を**すべての**粒子にわたる積分とすることも可能である．われわれの計算でこのようなデルタ関数が現れなかった理由は，われわれが原子の核を空間に固定したからである．これは原子核が電子に比べてはるかに重いから正当化される．このような状況下では，原子の運動量は力学変数ではない．いずれにしろ一般的な結果は

$$\begin{aligned} R_{i \to f} &= \frac{2\pi}{\hbar} \int \prod_k \frac{V\mathrm{d}^3 \boldsymbol{p}_k}{(2\pi\hbar)^3} \\ &\times |M_{fi}|^2 \delta\left(E_i^0 - E_f^0 - \sum E_k\right) \delta\left(\boldsymbol{p}_i - \boldsymbol{p}_f - \sum \boldsymbol{p}_k\right) \end{aligned} \tag{21-60}$$

となる．これはまた

$$R_{i \to f} = \frac{2\pi}{\hbar} |M_{fi}|^2 \rho(E) \tag{21-61}$$

と簡略に書き表され，$\rho(E)$ は状態密度とよばれている．これは基本的な結果で，Fermi はこれを**黄金則** (golden rule) と命名した．

ここで，箱の体積は何時もキャンセルされることを注意しておく．終状態に n 個の自由粒子があるとき，状態密度 (位相空間) には V^n が現れ，行列要素には各自由粒子の波動関数から $1/\sqrt{V}$ が出てきて

$$\prod_k \frac{\mathrm{e}^{i\boldsymbol{p}_k \cdot \boldsymbol{r}/\hbar}}{\sqrt{V}} \tag{21-62}$$

となる．このような因子は合計 n 個出てきて，行列要素の2乗から来る V^n が位相空間の V^n とキャンセルする．この黄金則は後ほどまた使われることになるが，この時点では放射遷移に対する行列要素の計算に移ろう．

行列要素と選択則

われわれの次の課題は

$$\langle \phi_m | e^{-i\boldsymbol{k}\cdot\boldsymbol{r}} \boldsymbol{\varepsilon} \cdot \boldsymbol{p} | \phi_k \rangle \tag{21-63}$$

を計算することである。まず大きさを見積もることから始めよう。典型的な原子遷移に対して

$$\boldsymbol{\varepsilon} \cdot \boldsymbol{p} \sim |\boldsymbol{p}| \sim Zmc\alpha \tag{21-64}$$

である。われわれは指数関数も見積もらなければならない。これは振動因子だから結果に大きな影響を与えるかもしれないからである。

$$r \sim \frac{\hbar}{mcZ\alpha} \tag{21-65}$$

と

$$|k| \sim \frac{\hbar\omega}{\hbar c} \sim \frac{\frac{1}{2}mc^2(Z\alpha)^2}{\hbar c} \sim \frac{mc}{2\hbar}(Z\alpha)^2 \tag{21-66}$$

より

$$kr \sim \tfrac{1}{2} Z\alpha \tag{21-67}$$

を得る。したがって $Z\alpha \ll 1$ のときは、行列要素の大きさは実際 $Zmc\alpha$ 程度である。ゆえに

$$\begin{aligned} R_{k\to m} &\sim 2\alpha\omega(Z\alpha)^2 \sim \alpha(Z\alpha)^2 \frac{mc^2(Z\alpha)^2}{\hbar} \\ &\sim \alpha(Z\alpha)^4 \frac{mc^2}{\hbar} \sim 2\times 10^{10} Z^4 \sec^{-1} \end{aligned} \tag{21-68}$$

である。

問題が簡単になるのは、

$$e^{-i\boldsymbol{k}\cdot\boldsymbol{r}} = \sum_{n=0}^{\infty} \frac{(-i)^n}{n!}(\boldsymbol{k}\cdot\boldsymbol{r})^n \tag{21-69}$$

の展開において、連続する各項が $Z\alpha$ のように減少するためである。したがって、$Z\alpha$ のオーダーでは

$$\langle \phi_m | e^{-i\boldsymbol{k}\cdot\boldsymbol{r}} \boldsymbol{\varepsilon} \cdot \boldsymbol{p} | \phi_k \rangle \simeq \langle \phi_m | \boldsymbol{\varepsilon} \cdot \boldsymbol{p} | \phi_k \rangle \tag{21-70}$$

である。これは次のように変形できる。

$$\begin{aligned} \boldsymbol{\varepsilon} \cdot \langle \phi_m | \boldsymbol{p} | \phi_k \rangle &= m\boldsymbol{\varepsilon} \cdot \langle \phi_m | d\boldsymbol{r}/dt | \phi_k \rangle \\ &= \frac{im}{\hbar} \boldsymbol{\varepsilon} \cdot \langle \phi_m | [H, \boldsymbol{r}] | \phi_k \rangle \\ &= im\frac{(E_m^0 - E_k^0)}{\hbar} \boldsymbol{\varepsilon} \cdot \langle \phi_m | \boldsymbol{r} | \phi_k \rangle \\ &= im\omega \boldsymbol{\varepsilon} \cdot \langle \phi_m | \boldsymbol{r} | \phi_k \rangle \end{aligned} \tag{21-71}$$

このようにして、われわれに興味あるのは、演算子 $\boldsymbol{r}$ の行列要素の計算であることがわかる。また式 (21-70) の近似のことを**電気双極子近似**とよぶ理由もここにある。双極子近似では、式 (21-25) の摂動

$$\lambda V(t) = \frac{e}{mc} \boldsymbol{A}(\boldsymbol{r}, t) \cdot \boldsymbol{p}$$

は式 (21-32) と (21-71) の助けを借りて

$$\lambda V(t) = e\boldsymbol{E}(\boldsymbol{r},t) \cdot \boldsymbol{r} \tag{21-72}$$

と書き換えられることを指摘しておく．実際これは双極子モーメント $\boldsymbol{d} = -e\boldsymbol{r}$ の双極子が電場 $\boldsymbol{E}$ 中でもつ相互作用のポテンシャルエネルギーである．もし始状態 ϕ_k が水素様で「初期」量子数が n_i, l_i と m_i であり，終状態 ϕ_m が量子数 n_f, l_f, m_f をもてば，計算すべき量は

$$\begin{aligned}\langle \phi_m | \boldsymbol{\varepsilon} \cdot \boldsymbol{r} | \phi_k \rangle &= \int_0^\infty r^2 dr \int d\Omega R^*_{n_f l_f}(r) Y^*_{l_f m_f}(\theta,\phi) \boldsymbol{\varepsilon} \cdot \boldsymbol{r} R_{n_i l_i}(r) Y_{l_i m_i}(\theta,\phi) \\ &= \int_0^\infty r^2 dr R^*_{n_f l_f}(r) r R_{n_i l_i}(r) \\ &\quad \times \int d\Omega Y^*_{l_f m_f}(\theta,\phi) \boldsymbol{\varepsilon} \cdot \hat{\boldsymbol{r}} Y_{l_i m_i}(\theta,\phi) \end{aligned} \tag{21-73}$$

である．動径積分は特別な場合について次節で議論することにして，ここでは角度積分に集中しよう．

$$\boldsymbol{\varepsilon} \cdot \hat{\boldsymbol{r}} = \varepsilon_x \sin\theta\cos\phi + \varepsilon_y \sin\theta\sin\phi + \varepsilon_z \cos\theta$$

であるから，

$$Y_{1,0}(\theta,\phi) = \sqrt{\frac{3}{4\pi}}\cos\theta \qquad Y_{1,\pm 1}(\theta,\phi) = \mp\sqrt{\frac{3}{8\pi}}\sin\theta e^{\pm i\phi} \tag{21-74}$$

を使って，少し計算すれば

$$\boldsymbol{\varepsilon} \cdot \hat{\boldsymbol{r}} = \sqrt{\frac{4\pi}{3}}\left(\varepsilon_z Y_{1,0} + \frac{-\varepsilon_x + i\varepsilon_y}{\sqrt{2}}Y_{1,1} + \frac{\varepsilon_x + i\varepsilon_y}{\sqrt{2}}Y_{1,-1}\right) \tag{21-75}$$

が得られる．したがって式 (21-73) の角度積分には

$$\int d\Omega Y^*_{l_f m_f}(\theta,\phi) Y_{1,m}(\theta,\phi) Y_{l_i m_i}(\theta,\phi) \tag{21-76}$$

が含まれる．最初に方位角積分を実行する．結果は

$$\int_0^{2\pi} d\phi\, e^{-im_f \phi} e^{im\phi} e^{im_i \phi} = 2\pi \delta_{m=m_f - m_i} \tag{21-77}$$

となる．このようにしてわれわれは第 1 の選択則

$$m_f - m_i = m = 1, 0, -1 \tag{21-78}$$

を得る．これがゼーマン効果を論じたときに出てきた選択則である．特に z 軸を光子の運動量方向 $\boldsymbol{k}$ に選ぶと，式 (21-38) の条件は $\varepsilon_z = 0$ となり，$m = \pm 1$ だけが残る．したがって

$$m_f - m_i = \pm 1 \tag{21-79}$$

である．特別な場合として，終状態が $l_f = m_f = 0$ の基底状態であれば $m = -m_i$ であることに注意しよう．たとえばもし $m_i = 1$ であれば $m = -1$ であるから，放射の偏極ベクトルは $(\varepsilon_x + i\varepsilon_y)/\sqrt{2}$ となる．この意味するところは，もし原子が始状態で z 方向に偏極していて $m_i = 1$ であったとすれば，それが角運動量ゼロの状態へ崩壊するとき角運動量の z 成分保存のため光子がこれを持ち去らなくてはならないということである．したがって，光子は z 軸の正方向のスピンをもっていなければならない．すなわち正の偏極（ヘリシティ $= +1$）あるいは左まわりの円偏極である．これは正に

$(\varepsilon_x + i\varepsilon_y)/\sqrt{2}$ の意味するところである．θ に関する積分からは別の選択則が導かれる．最初に特別な場合として $l_f = 0$ を考えよう．$Y_{0,0} = 1/\sqrt{4\pi}$ であるから角度積分 (21-76) の中には

$$\frac{1}{\sqrt{4\pi}} \int d\Omega Y_{1,m}(\theta,\phi) Y_{l_i m_i}(\theta,\phi) = \frac{1}{\sqrt{4\pi}} \delta_{l_i,1} \delta_{m_i,-m} \tag{21-80}$$

が含まれる．これは**始状態が $l_i = 1$ である**ことを意味している．ちなみに，水素原子において，基底状態への主な遷移は $np \to 1s$ である．もっと一般的に，l_i と l_f がゼロでない場合にも選択則がある．その導出には，球面調和関数に対する**加法定理**

$$Y_{l_1 m_1}(\theta,\phi) Y_{l_2 m_2}(\theta,\phi) = \sum_{L=|l_1-l_2|}^{l_1+l_2} \sqrt{\frac{(2l_1+1)(2l_2+1)}{4\pi(2L+1)}} C(L,0;l_1,l_2,0,0)$$
$$\times C(L,m_1+m_2;l_1,l_2,m_1,m_2) Y_{L,m_1+m_2}(\theta,\phi) \tag{21-81}$$

が使われるが，これはこの本で考えられている特殊関数に関する数学的知識の範囲を越えている．ここに現れる係数 $C(L,m_1+m_2;l_1,l_2,m_1,m_2)$ は式 (15-46) に出てきたクレブシューゴルダン係数と同じ物である．右辺の角運動量はちょうど角運動量 l_1 と l_2 を足してできる可能な角運動量になっている．これを式 (21-76) に代入すると

$$l_f = l_i + 1, l_i, |l_i - 1| \tag{21-82}$$

でない限り

$$\int d\Omega Y^*_{l_f m_f}(\theta,\phi) \sum_{L=|l_i-1|}^{l_i+1} C(L,m+m_i;1,l_i,m,m_i) Y_{L,m+m_i}(\theta,\phi) = 0$$

となる．これが**電気双極子放射に対する選択則**の一般形

$$\Delta l = 1, 0, -1 \tag{21-83}$$

である．ただし，式 (21-80) から明らかなように**ゼロ-ゼロ遷移はない**．パリティ保存則から来るもう一つの制限がある．$\boldsymbol{r}$ が空間反転に対して奇であることから，電気双極子遷移にはもう一つの選択則

原子状態はパリティを変えなければならない (21-84)

がある．パリティは $(-1)^l$ で与えられるから，l 値は実際変化しなければならない．したがって，たとえば $3p \to 2p$ の遷移は $Z\alpha$ のオーダーでは禁止されている．

摂動項が

$$\frac{e}{mc} \boldsymbol{A}(\boldsymbol{r},t) \cdot \boldsymbol{p} \tag{21-85}$$

だけである限り，スピン依存性はない．したがって遷移でスピンの向きは変わらない．これは付加的な選択則

$$\Delta S = 0 \tag{21-86}$$

を与える．このことは以前ヘリウムのスペクトルと関連して述べた．上に述べた選択則は絶対的なものではない．角運動量保存則とパリティ保存則は (電磁過程では) 絶対的であるが，式 (21-83) は近似的に正しいだけである．l の変化が 1 以上であるような遷移は電気双極子メカニズムでは起こらない．しかし，行列要素

$$\langle \phi_f | e^{-i\boldsymbol{k}\cdot\boldsymbol{r}} \boldsymbol{\varepsilon}\cdot\boldsymbol{p} | \phi_i \rangle \tag{21-87}$$

がゼロでなければ，それは起こりうる．$\Delta l = 2$ の過程に対しては，$\boldsymbol{k} \cdot \boldsymbol{r}$ の 1 次のべきによってゼロでない寄与が与えられる．それは次のように書ける．

$$\begin{aligned}\boldsymbol{k} \cdot \boldsymbol{r} \boldsymbol{\varepsilon} \cdot \boldsymbol{p} &= \tfrac{1}{2}(\boldsymbol{\varepsilon} \cdot \boldsymbol{p} \boldsymbol{k} \cdot \boldsymbol{r} + \boldsymbol{\varepsilon} \cdot \boldsymbol{r} \boldsymbol{p} \cdot \boldsymbol{k}) + \tfrac{1}{2}(\boldsymbol{\varepsilon} \cdot \boldsymbol{p} \boldsymbol{k} \cdot \boldsymbol{r} - \boldsymbol{\varepsilon} \cdot \boldsymbol{r} \boldsymbol{p} \cdot \boldsymbol{k}) \\ &= \tfrac{1}{2}(\boldsymbol{\varepsilon} \cdot \boldsymbol{p} \boldsymbol{k} \cdot \boldsymbol{r} + \boldsymbol{\varepsilon} \cdot \boldsymbol{r} \boldsymbol{p} \cdot \boldsymbol{k}) + \tfrac{1}{2}(\boldsymbol{k} \times \boldsymbol{\varepsilon}) \cdot (\boldsymbol{r} \times \boldsymbol{p})\end{aligned} \quad (21\text{-}88)$$

第 1 項は電気 4 重極項とよばれている．第 2 項は明らかに $\boldsymbol{L} \cdot \boldsymbol{B}$ の項に関連していて磁気双極子項とよばれる．これらの遷移は，その行列要素は主要項に比べて $Z\alpha$ 倍小さいと評価されるが，それぞれ $\Delta l = 2$ と $\Delta l = 0$ の選択則を満たす．式 (21-88) における演算子は偶であるから，原子状態間にパリティの変化はない．たとえば，$3d \to 1s$ の遷移は電気双極子メカニズムでは起こらないが，電気 4 重極メカニズムでは起こりうる．実際には，最初に $3d$ 状態が $2p$ 状態へ崩壊し，次に $2p \to 1s$ の遷移が起こる確率の方が大きい．すなわち 2 光子が続いて放出される．

スピン選択則 $\Delta S = 0$ も絶対ではない．式 (21-85) の結合に加えて異常ゼーマン効果に関連して議論した結合

$$\lambda V(t) = \frac{ge}{2mc}\boldsymbol{S} \cdot \boldsymbol{B}(\boldsymbol{r},t) \quad (21\text{-}89)$$

がある．$\Delta S \neq 0$ の遷移を誘発する項の行列要素は次のように評価することができる．われわれはそれを電気双極子の行列要素と比較する．

$$\frac{(eg/2mc)\hbar|\boldsymbol{k} \times \boldsymbol{\varepsilon}|}{(2e/mc)|\boldsymbol{p} \cdot \boldsymbol{\varepsilon}|} \simeq \frac{\hbar|\boldsymbol{k}|}{|\boldsymbol{p}|} \simeq \frac{\hbar\omega}{|\boldsymbol{p}|c} \simeq \frac{mc^2(Z\alpha)^2}{mc^2(Z\alpha)} \simeq Z\alpha \quad (21\text{-}90)$$

この結果は，形が非常によく似ている磁気双極子の行列要素同様，小さくなっていることがわかる．式 (21-89) の結合が重要な役割を演ずる例として，重陽子の光壊変という核反応を考えよう．

$$\gamma + \mathrm{d} \to \mathrm{n} + \mathrm{p} \quad (21\text{-}91)$$

重陽子は非常によい近似で，$^3S_1$ 状態である．電気双極子遷移では，$\Delta l = 1$ と $\Delta S = 0$ より，終状態の $(n\text{--}p)$ 系は ^3P 状態である．しかし，この反応の閾値をちょうど越えたところでは，2 核子は相対的な P 状態になりにくいことがわかる．一般的にいって粒子が相対的に角運動量 L の状態に，認めうる確率でなるのは，

$$|\boldsymbol{p}|a \geq \hbar L \quad (21\text{-}92)$$

のときである．ここで $\boldsymbol{p}$ は相対運動量，a は系の大きさである．重陽子に対して，γ のエネルギーが 10 MeV 以下ならば，$(n\text{--}p)$ 系が P 状態であることは起こりにくい．しかし，

$$-\frac{e}{2Mc}(g_p \boldsymbol{s}_p + g_n \boldsymbol{s}_n) \cdot \boldsymbol{B} \quad (21\text{-}93)$$

という結合が加われば，$^3S_1$ 状態と束縛状態でない $^1S_0$ との間の遷移が可能である．相互作用は次のように書き換えられる．

$$-\frac{e}{2Mc}\left[\frac{1}{2}(g_p + g_n)(\boldsymbol{s}_p + \boldsymbol{s}_n) + \frac{1}{2}(g_p - g_n)(\boldsymbol{s}_p - \boldsymbol{s}_n)\right] \cdot \boldsymbol{B} \quad (21\text{-}94)$$

最初の項は $p \leftrightarrow n$ の入れ替えに対して対称であるため，スピンに対して対称な状態と反対称な状態間の遷移には寄与できない．しかし，第 2 項は寄与する．実際 $g_p \cong 5.56$ と $g_n \cong -3.81$ であるからこの項の係数はかなり大きい．

絶対的な選択則が一つある．それは 1 光子過程におけるゼロ–ゼロ遷移を禁止するものである (ここでゼロとは**全**角運動量 $j=0$ のこと)．この選択則の絶対性に関する一般的な議論は次の通りである．スカラー量である行列要素は光子の偏極を線形に含んでいなければならないので，$\varepsilon \cdot \boldsymbol{V}$ の形である．ここで $\boldsymbol{V}$ は，問題に関係するあるベクトルである．もし始状態も終状態も $j=0$ であれば，それらに付随した方向性がない．唯一残るベクトルは光子の運動量 $\boldsymbol{k}$ であるが，$\varepsilon \cdot \boldsymbol{k} = 0$ であるから行列要素のつくりようがない．したがってそれは存在しない[*1]．

$2p \to 1s$ 遷移

式 (21-73) で $2p \to 1s$ 遷移に話を限ろう．われわれは次の動径積分を計算する必要がある．

$$\begin{aligned}
\int_0^\infty \mathrm{d}r\, r^3 R_{10}^*(r) R_{21}(r) \\
= \int_0^\infty \mathrm{d}r\, r^3 \left[2\left(\frac{Z}{a_0}\right)^{3/2} \mathrm{e}^{-Zr/a_0}\right]\left[\frac{1}{\sqrt{24}}\left(\frac{Z}{a_0}\right)^{5/2} r \mathrm{e}^{-Zr/2a_0}\right] \\
= \frac{1}{\sqrt{6}}\left(\frac{Z}{a_0}\right)^4 \int_0^\infty \mathrm{d}r\, r^4 \mathrm{e}^{-3Zr/2a_0} \\
= \frac{1}{\sqrt{6}}\left(\frac{Z}{a_0}\right)^4 \left(\frac{2a_0}{3Z}\right)^5 \int_0^\infty \mathrm{d}x\, x^4 \mathrm{e}^{-x} = \frac{24}{\sqrt{6}}\left(\frac{2}{3}\right)^5 Z^{-1} a_0
\end{aligned} \qquad (21\text{-}95)$$

また，角度積分は

$$\begin{aligned}
\int \mathrm{d}\Omega\, Y_{0,0}^* \varepsilon \cdot \hat{\boldsymbol{r}} Y_{1,m} &= \frac{1}{\sqrt{4\pi}} \int \mathrm{d}\Omega \sqrt{\frac{4\pi}{3}} \Bigg(\varepsilon_z Y_{1,0} + \frac{-\varepsilon_x + \mathrm{i}\varepsilon_y}{\sqrt{2}} Y_{1,1} \\
&\quad + \frac{\varepsilon_x + \mathrm{i}\varepsilon_y}{\sqrt{2}} Y_{1,-1}\Bigg) Y_{1,m} \\
&= \frac{1}{\sqrt{3}}\left(\varepsilon_z \delta_{m,0} + \frac{-\varepsilon_x + \mathrm{i}\varepsilon_y}{\sqrt{2}} \delta_{m,-1} + \frac{\varepsilon_x + \mathrm{i}\varepsilon_y}{\sqrt{2}} \delta_{m,1}\right)
\end{aligned} \qquad (21\text{-}96)$$

となる．式 (21-95) と (21-96) の積の絶対値の 2 乗は

$$96 \left(\frac{2}{3}\right)^{10} \left(\frac{a_0}{Z}\right)^2 \frac{1}{3}\left[\delta_{m0}\varepsilon_z^2 + \frac{1}{2}(\delta_{m,1}+\delta_{m,-1})(\varepsilon_x^2 + \varepsilon_y^2)\right] \qquad (21\text{-}97)$$

である．したがって励起原子の遷移確率は与えられた m 値に対して

$$\begin{aligned}
R_{2p\to 1s} =\ & \int \mathrm{d}\Omega_p \left(\frac{\alpha}{2\pi}\right) \frac{\omega}{m^2 c^2} m^2 \omega^2 \frac{2^{15}}{3^{10}}\left(\frac{a_0}{Z}\right)^2 \\
& \times \left[\delta_{m,0}\varepsilon_z^2 + \frac{1}{2}(\delta_{m,1}+\delta_{m,-1})(\varepsilon_x^2+\varepsilon_y^2)\right]
\end{aligned} \qquad (21\text{-}98)$$

となる．ここで

$$\begin{aligned}
\omega &= \frac{1}{\hbar}\left[\frac{1}{2}mc^2(Z\alpha)^2\left(1-\frac{1}{4}\right)\right] \\
&= \frac{3}{8}\frac{mc^2}{\hbar}(Z\alpha)^2
\end{aligned} \qquad (21\text{-}99)$$

はこの遷移で放出される放射の振動数である．(式 21-98) の角度積分は光子の方向に

[*1] 関係式 $\varepsilon \cdot \boldsymbol{k} = 0$ は，ゲージのとり方に無関係であり，電磁波が横波であることを表している．すべての可能性を「列挙する」ことによる議論は，相互作用が実際にわかっていない素粒子論ではしばしば使われる．

ついての積分であり，ε が光子の運動量方向に垂直であるよう拘束されているため，自明な積分ではない．もしはじめの p 状態が方向性をもっていなければ，すなわち三つの可能な m 状態 ($m = 1, 0, -1$) が等しい確率をもっていれば，積分は非常に簡単である．このとき遷移確率は

$$R_{2p\to 1s} = \frac{1}{3}\sum_{m=-1}^{1} R_{2p\to 1s}(m) \tag{21-100}$$

となる．

$$\sum_{m=-1}^{1}[\delta_{m0}\varepsilon_z{}^2 + \frac{1}{2}(\delta_{m1}+\delta_{m,-1})(\varepsilon_x{}^2+\varepsilon_y{}^2)] = \varepsilon_x{}^2+\varepsilon_y{}^2+\varepsilon_z{}^2 = 1 \tag{21-101}$$

であるから，積分は光子の方向によらなくなる．結果には因子 2 を掛けなければならない．なぜならば光子には二つの偏極状態が可能であり，われわれはそれらの両方を観測しているからである．式 (21-55) をもっと注意深く書き表すとしたら

$$\int d\Omega_{\boldsymbol{p}} \frac{\alpha}{2\pi}\frac{\omega_{km}}{m^2c^2}\sum_{\lambda=1}^{2}|\langle\phi_m|e^{-i\boldsymbol{k}\cdot\boldsymbol{r}}\boldsymbol{\varepsilon}^{(\lambda)}\cdot\boldsymbol{p}|\phi_k\rangle|^2 \tag{21-102}$$

となる．ここで λ は偏極を表す．二つの偏極状態は互いに直交しており，したがって

$$\boldsymbol{\varepsilon}^{(\lambda)}\cdot\boldsymbol{\varepsilon}^{(\lambda')} = \delta_{\lambda\lambda'} \tag{21-103}$$

である．これらすべてを考慮すると

$$\begin{aligned}R_{2p\to 1s} &= 2\cdot 4\pi\frac{\alpha}{2\pi}\frac{1}{c^2}\left(\frac{3}{8}\frac{mc^2}{\hbar}Z^2\alpha^2\right)^3\frac{2^{15}}{3^{10}}\left(\frac{\hbar}{mcZ\alpha}\right)^2\frac{1}{3}\\ &= \frac{2^8}{3^8}\frac{mc^2}{\hbar}\alpha(Z\alpha)^4 \cong 0.6\times 10^9 Z^4 \sec^{-1}\end{aligned} \tag{21-104}$$

を得る．この値は因子にしてほぼ 30 ほど式 (21-68) で行った評価に比べて異なっている．したがって行列要素における詳細な因子は重要であり，推量は計算のかわりにはならない．しかし，次元的考察と α のべきを正しく数えることによって，原子物理学における物理量がどれくらいの桁であるかを知ることは可能である．

遷移確率に対する式

$$R_{fi} = \frac{d\Omega_{\boldsymbol{p}}}{2\pi}\frac{e^2}{\hbar c}\frac{\omega^3}{c^2}\sum_{\lambda=1}^{2}|\langle f|\boldsymbol{r}|i\rangle\cdot\boldsymbol{\varepsilon}^{(\lambda)}|^2 \tag{21-105}$$

は光量子のエネルギー $\hbar\omega$ を掛けることによって，放射強度の公式に翻訳することができる．すなわち

$$I_{fi} = d\Omega_{\boldsymbol{p}}\frac{e^2}{2\pi c^3}\omega^4\sum_{\lambda=1}^{2}|\langle f|\boldsymbol{r}|i\rangle\cdot\boldsymbol{\varepsilon}^{(\lambda)}|^2 \tag{21-106}$$

が得られる．ところが，この式は双極子モーメント

$$\boldsymbol{d} = e\langle f|\boldsymbol{r}|i\rangle e^{-i\omega t} \tag{21-107}$$

をもった振動する双極子が放出する光の強度を表す**古典論**の公式にほかならない．これは，また対応原理のもう一つの例でもある．

スピンと強度則

スピンを導入しても状況はあまり変わらない．始状態と終状態はそれぞれ「上向き」

21 原子の放射

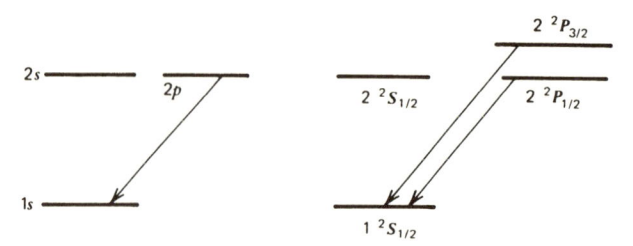

図 21-2 スピン-軌道結合による $2p$-$1s$ スペクトル線の分岐

あるいは「下向き」の状態でありえるが，原子遷移の相互作用がスピンに依存しないから，「上向き」→「上向き」と「下向き」→「下向き」の遷移しか許されない．したがって，遷移確率は（前の節で見たように）m_l に依存しないばかりでなく，m_s にも依存しないから，結局 m_j にも依存しない．スピン-軌道結合を考慮すると（$2p \to 1s$ のエネルギー差のスケールに比べて）小さな準位の分岐が現れる．たとえば，$n=1$ と $n=2$ の準位構造は図 21-2 にあるように変化する．$2p \to 1s$ の遷移に対応するスペクトル線は，二つの線 $2^2P_{3/2} \to 1^2S_{1/2}$ と $2^2P_{1/2} \to 1^2S_{1/2}$ に分かれる．分岐状態に対しては，動径積分と位相空間はほとんど変わらないので，**分岐した二つのスペクトル線強度の比は角度積分の部分だけで決まってしまう．すなわち純粋に角運動量だけの考察で十分である．**

下の表にいま問題になっている状態の波動関数を示す．

		奇パリティ	偶パリティ
J	m_j	$l=1$	$l=0$
3/2	3/2	$Y_{11}\chi_+$	—
3/2	1/2	$\sqrt{2/3}Y_{10}\chi_+ + \sqrt{1/3}Y_{11}\chi_-$	—
3/2	−1/2	$\sqrt{1/3}Y_{1,-1}\chi_+ + \sqrt{2/3}Y_{10}\chi_-$	—
3/2	−3/2	$Y_{1,-1}\chi_-$	—
1/2	1/2	$\sqrt{1/3}Y_{10}\chi_+ - \sqrt{2/3}Y_{11}\chi_-$	$Y_{00}\chi_+$
1/2	−1/2	$\sqrt{2/3}Y_{1,-1}\chi_+ - \sqrt{1/3}Y_{10}\chi_-$	$Y_{00}\chi_-$

行列要素の 2 乗の中では，動径部分はすべて共通である．したがって $P_{3/2} \to S_{1/2}$ の遷移確率を考えるとき，われわれは $m_j = 3/2 \to m_j = 1/2, m_j = 3/2 \to m_j = -1/2, \ldots, m_j = -3/2 \to m_j = -1/2$ に対する遷移行列要素の 2 乗の和をとらなければならない．他方，$P_{1/2} \to S_{1/2}$ は $m_j = 1/2 \to m_j = 1/2, \ldots, m_j = -1/2 \to m_j = -1/2$ の和を含んでいる．このことは非常に高級なテクニックを使えばただちに実行できるが，本書の程度を越えている．しかし，スピン波動関数が直交している事実を使えば，詳細に計算をすることも可能である．

$$
\begin{array}{c|l}
\hline
P_{3/2} \to S_{1/2} & \\
\hline
m_j = \;\; 3/2 \to m_j = 1/2 & |\langle Y_{11}|\bm{r}\cdot\bm{\varepsilon}|Y_{00}\rangle|^2 = C \\
3/2 \to -1/2 & 0 \quad (\chi_+^*\chi_- = 0 \text{ による}) \\
1/2 \to 1/2 & |\langle \sqrt{2/3}Y_{10}|\bm{r}\cdot\bm{\varepsilon}|Y_{00}\rangle|^2 = 0 \quad (\Delta m = 0) \\
1/2 \to -1/2 & |\langle \sqrt{1/3}Y_{11}|\bm{r}\cdot\bm{\varepsilon}|Y_{00}\rangle|^2 = C/3 \\
-1/2 \to 1/2 & |\langle \sqrt{1/3}Y_{1,-1}|\bm{r}\cdot\bm{\varepsilon}|Y_{00}\rangle|^2 = C/3 \\
-1/2 \to -1/2 & |\langle \sqrt{2/3}Y_{10}|\bm{r}\cdot\bm{\varepsilon}|Y_{00}\rangle|^2 = 0 \quad (\Delta m = 0) \\
-3/2 \to 1/2 & 0 \\
-3/2 \to -1/2 & |\langle Y_{1,-1}|\bm{r}\cdot\bm{\varepsilon}|Y_{00}\rangle|^2 = C \\
\end{array}
$$

これらの項の和をとれば

$$\sum R = \frac{8C}{3} \tag{21-108}$$

となる. 同様に

$$
\begin{array}{c|l}
\hline
P_{1/2} \to S_{1/2} & \\
\hline
m_j = \;\; 1/2 \to m_j = 1/2 & |\langle \sqrt{1/3}Y_{10}|\bm{r}\cdot\bm{\varepsilon}|Y_{00}\rangle|^2 = 0 \\
1/2 \to -1/2 & |\langle -\sqrt{2/3}Y_{11}|\bm{r}\cdot\bm{\varepsilon}|Y_{00}\rangle|^2 = 2C/3 \\
-1/2 \to 1/2 & |\langle \sqrt{2/3}Y_{1,-1}|\bm{r}\cdot\bm{\varepsilon}|Y_{00}\rangle|^2 = 2C/3 \\
-1/2 \to -1/2 & |\langle \sqrt{-1/3}Y_{10}|\bm{r}\cdot\bm{\varepsilon}|Y_{00}\rangle|^2 = 0 \\
\end{array}
$$

再び和をとって,

$$\sum R = \frac{4C}{3} \tag{21-109}$$

したがって, 強度の比は

$$\frac{R(P_{3/2}\to S_{1/2})}{R(P_{1/2}\to S_{1/2})} = \frac{8C/3}{4C/3} = 2 \tag{21-110}$$

である. すべての始状態について**和をとる**理由は, 原子が励起されるとき, $2p$-$1s$ のエネルギー差に比べて, すべての p 準位のエネルギー差が非常にわずかであるため, それらが同じように占有されるからである. また, 分光学的測定のときのように, 終状態の区別をしない実験では, すべての終状態についても和をとる. $2p \to 1s$ の遷移確率を計算するときわれわれははじめの m 状態について**平均**した. そこでの問題は,「N 個の原子が $2p$ 状態にあるとき, 1 秒間に何個が崩壊するか」である. 平均をとった理由は, N 個の原子を励起した場合, ほとんどの状況下でほぼ $N/3$ 個の原子が $m = 1, 0, -1$ の各状態へ行くからである. ここで問題になっているのは, $P_{3/2}$ 状態の準位の数の方が $P_{1/2}$ 状態のそれより多いという事実である. 準位の数は全部で 6 個あり ($j = 3/2$ が 4 個と $j = 1/2$ が 2 個), そして平均 $N/6$ 個の原子が各状態にある. $j = 3/2$ の方に多くの原子があるという事実が, 崩壊も多く, したがって強度も大であることを意味している.

寿命と線幅

　この章で計算法を学んだ数 $R(i \to f)$ は $i \to f$ の遷移確率を摂動が作用した時間で割った量である．この時間は遷移確率が t に比例するためには，$\hbar/(E_m^0 - E_k^0 + \hbar\omega)$ に比べて長くなければならないが，明らかに長すぎてもいけない．始状態がそのままである確率は

$$P_i(t) = 1 - \left[\sum_{f \neq i} R(i \to f)\right] t \tag{21-111}$$

である．ここで和はすべての可能な終状態についてである．確率は正であるから，この式は十分に長い時間に対しては意味がない．もし，系の時間発展の計算をもっと注意深く[*2]行えば，(21-111) の右辺は (やはり十分長い時間で成立する) 正しい表現

$$P_i(t) = \mathrm{e}^{-t\sum_{f \neq i} R(i \to f)} \tag{21-112}$$

の近似式 (摂動の最低次での) に過ぎないことがわかる．よってわれわれは始状態の**寿命** (life time)

$$\tau = \frac{1}{R} = \frac{1}{\displaystyle\sum_{f \neq i} R(i \to f)} \tag{21-113}$$

について語ることができる．全遷移確率 R はすべての可能な**チャンネル** f への部分遷移確率の和である．今まで詳細に考察してきた水素原子の $2p \to 1s$ 遷移には他のチャンネルがないので，$2p$ 状態の寿命は

$$\tau = 1.6 \times 10^{-9} Z^{-4} \sec \tag{21-114}$$

である．この結果は実験値と見事に一致している．この量を電子が「原子核のまわりを1周するのに要する時間」と比較してみよう (ここで $Z=1$ とする)．速度は αc，距離は 3×10^{-8} cm のオーダーであり，したがって，特徴的な時間は 1.4×10^{-16} sec のオーダーである．すなわち，この時間スケールでは，$2p$ 状態はたいへん長寿命である．

　$2p$ 状態の寿命が有限であることは，不確定性原理よりエネルギーの不確定度が

$$\Delta E \sim \frac{\hbar}{\tau} \tag{21-115}$$

程度であることを意味している．これがどう現れるかというと，振動数の関数として見たスペクトル線強度が $\omega_0 = (E_{2p} - E_{1s})/\hbar$ で完全に鋭いピークをもつのではなく，

$$I(\omega) \propto \frac{(R/2)^2}{(\omega - \omega_0)^2 + R^2/4} \tag{21-116}$$

のように分布することになる．$R \to 0$ の極限では，すなわち摂動論が正確に使える極限では，公式

$$\lim_{\epsilon \to 0} \frac{\epsilon}{(\omega - \omega_0)^2 + \epsilon^2} = \pi \delta(\omega - \omega_0) \tag{21-117}$$

[*2] この計算は付録 ST4 の「寿命，線幅，および共鳴」で実行されている．

により，スペクトル線の形はエネルギー保存則のデルタ関数で表される．式 (21-116) の線幅は R であり，これはエネルギーの不確定さの尺度になる．この形はローレンツ型のスペクトル線とよばれている．

問題

21-1 水素原子を時間的に
$$\begin{aligned}\boldsymbol{E}(t) &= 0 & (t<0) \\ &= \boldsymbol{E}_0 \mathrm{e}^{-\gamma t} & (t>0)\end{aligned}$$
と変化する一様な電場 $\boldsymbol{E}(t)$ の中に置く．最初基底状態にあったこの水素原子が $t\to\infty$ で $2p$ 状態へ遷移する確率を求めよ．

21-2 λ の 2 次までで $c_n(t)$ を求めよ．$c_n(t) = \delta_{nk} + \lambda c_n^{(1)}(t) + \lambda^2 c_n^{(2)}(t) + \cdots$ と書き，$c_n^{(1)}(t)$ に対する 1 次の方程式は変わらず，$c_n^{(2)}(t)$ は次の方程式に従うことを示せ．
$$c_m^{(2)}(t) = \frac{1}{\mathrm{i}\hbar\lambda}\int_0^t \mathrm{d}t' \sum_n c_n^{(1)}(t') \mathrm{e}^{\mathrm{i}(E_m^0 - E_n^0)t'/\hbar}\langle\phi_m|V(t')|\phi_n\rangle$$
$c_n^{(1)}(t')$ の解を代入して式をできるだけ簡単化せよ．

21-3 次式で記述される調和振動子を考えよう．
$$H = \frac{1}{2m}p_x{}^2 + \frac{1}{2}m\omega^2(t)x^2$$
ここで
$$\omega(t) = \omega_0 + \delta\omega \cos ft$$
で，$\delta\omega \ll \omega_0$ であるとする．$t=0$ において系が基底状態にあったとして，基底状態からの遷移が起こる確率を，時間の関数として計算せよ．摂動論を使い，$n \neq 0$ のとき
$$\begin{aligned}\langle n|x^2|0\rangle &= \hbar/\sqrt{2}m\omega & (n=2) \\ &= 0 & (それ以外の場合)\end{aligned}$$
であることを用いよ．

21-4 静止質量 M の粒子が，それぞれの静止質量が m_1 と m_2 である 2 粒子に崩壊するとする．エネルギーと運動量との相対論的な関係を用いて式 (21-61) に現れる状態密度 ρ を計算せよ．[**ヒント**：独立な運動量は一つしかない．それを $\boldsymbol{p}$ とすれば，計算すべきは
$$\int \frac{\mathrm{d}^3\boldsymbol{p}}{(2\pi\hbar)^6}\delta\left(E_{\mathrm{initial}} - \sum_{\mathrm{final\ state}} E\right)$$
である．]

21-5 すぐ上の問題を，崩壊が
$$A \to B + C + D$$
で，粒子 C と D が質量ゼロのときに，計算せよ．[**ヒント**：今度は 2 個独立な運動量がある．]

21-6 **断熱定理**を考察する．この定理によると，ハミルトニアンが非常にゆっくりと H_0 から H へ変化するとき，H_0 のある固有状態にあった系は，対応する H の固有状態へ移行する．しかし，いかなる遷移も起こらない．具体的に基底状態を考えよう．

$$H_0 \phi_0 = E_0 \phi_0$$

そこで，$V(t) = f(t)V$ とおき，ここで $f(t)$ は次図にあるようなゆっくり変わる関数である．

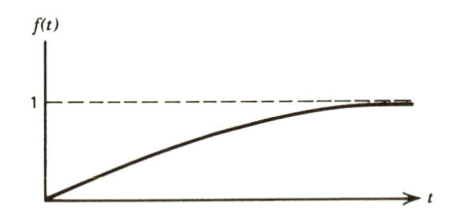

もし $H = H_0 + V$ の基底状態が ω_0 であれば，定理は

$$|\langle \omega_0 | \psi(t) \rangle| \to 1$$

であることを主張する．次の段階を追ってこれを証明しよう．

(a) $f(t) = 1$ であるような t に対して，

$$\frac{1}{i\hbar} \int_0^t dt' e^{i(E_m^0 - E_0^0)t'/\hbar} f(t') \to \frac{e^{i(E_m^0 - E_0^0)t/\hbar}}{E_m^0 - E_0^0}$$

であることを示せ．

$$\frac{df(t')}{dt'} \ll \frac{E_m^0 - E_0^0}{\hbar} f(t')$$

であることを使え．$f(t)$ の例をつくるか，前記において

$$e^{i\omega t'} = \frac{1}{i\omega} \frac{d}{dt'} e^{i\omega t'}$$

と書いて，部分積分を用いよ．

(b) 式 (21-3) と (21-9) を用いて $\psi(t)$ を計算せよ．結果を式 (16-19)，すなわち，ここでの

$$\omega_0 = \phi_0 + \sum_{m \neq 0} \frac{\langle \phi_m | V | \phi_0 \rangle}{E_0^0 - E_m^0} \phi_m$$

と比較し

$$|\langle \omega_0 | \psi(t) \rangle| \to 1$$

であることを示せ．

21-7 この章で示されたステップを踏んで 3 次元振動子における 2p→1s の遷移確率を計算せよ．

21-8 原子核はときどき**内部転換** (internal conversion) によって，励起状態から基底状態へ崩壊することがある．これは，光子のかわりに 1s 電子が放出される過程である．初期および終状態における波動関数を

$$\phi_I(\boldsymbol{r}_1, \boldsymbol{r}_2, \ldots, \boldsymbol{r}_A) \quad と \quad \phi_F(\boldsymbol{r}_1, \boldsymbol{r}_2, \ldots, \boldsymbol{r}_A)$$

としよう．ここで r_i $(i=1,2,\ldots,Z)$ は陽子を記述し，$r_{Z+1},\ldots,r_A$ は中性子を記述する．遷移を引き起こす摂動は原子核–電子相互作用

$$V = -\sum_{i=1}^{Z} \frac{\mathrm{e}^2}{|\boldsymbol{r}-\boldsymbol{r}_i|}$$

である．ここで $\boldsymbol{r}$ は電子の座標である．したがって行列要素は

$$-\int \mathrm{d}^3\boldsymbol{r} \int \mathrm{d}^3\boldsymbol{r}_1 \cdots \mathrm{d}^3\boldsymbol{r}_A \phi_F^* \frac{\mathrm{e}^{-\mathrm{i}\boldsymbol{p}\cdot\boldsymbol{r}/\hbar}}{\sqrt{V}} \sum_{i=1}^{Z} \frac{\mathrm{e}^2}{|\boldsymbol{r}-\boldsymbol{r}_i|} \phi_I \psi_{100}(\boldsymbol{r})$$

となる．

(a) 自由電子の運動量 $\boldsymbol{p}$ の大きさはいくらか？

(b)
$$\boldsymbol{d} = \sum \int \mathrm{d}^3\boldsymbol{r}_1 \cdots \mathrm{d}^3\boldsymbol{r}_A \phi_F^* \boldsymbol{r}_i \phi_I$$

を用いて，双極子遷移過程に対する確率を計算せよ．この時次の展開を用いよ．

$$\frac{1}{|\boldsymbol{r}-\boldsymbol{r}_i|} \simeq \frac{1}{r} + \frac{\boldsymbol{r}\cdot\boldsymbol{r}_i}{r^3}$$

21-9 $t\to\infty$ のとき

$$\mathrm{e}^{\mathrm{i}\omega t}\sin(\omega_0-\omega)t \sin(\omega_0+\omega)t \to -\frac{1}{2}$$

であることを示せ．(**ヒント**：$\lim_{t\to\infty}\sin At = \lim_{t\to\infty}\cos At = 0$ を用いよ．)

参 考 文 献

選択則のもっと一般的な導出に必要な球関数の加法定理は巻末にあげたすべての進んだテキストの中で論じられているし，次の本もよい．

M. E. Rose, *Elementary Theory of Angular Momentum*, John Wiley & Sons, New York, 1957 [山内恭彦，森田正人 訳：角運動量の基礎理論 (みすず書房, 1971)].

もっと一般的な場合の動径積分について論じたものは，

H. A. Bethe and R. W. Jackiw, *Intermediate Quantum Mechanics*, W. A. Benjamin, New York, 1968.

H. A. Bethe and E. E. Salpeter, *Quantum Mechanics of One- and Two-Electron Atoms*, Springer-Verlag, Berlin/New York, 1957.

E. U. Condon and G. H. Shortley, *The Theory of Atomic Spectra*, Cambridge University Press, Cambridge, England, 1959.

がある．

22

放射理論におけるいくつかの話題

21 章でわれわれは，角振動数 ω, 偏極 λ の n 個の光子からなる初期状態から，光量子を**吸収**するときに用いるべきベクトルポテンシャルは

$$\boldsymbol{A}(\boldsymbol{r},t) = \sqrt{\frac{2\pi c^2 \hbar}{\omega V}} \sqrt{n}\, \boldsymbol{\varepsilon}^{(\lambda)}\, \mathrm{e}^{\mathrm{i}(\boldsymbol{k}\cdot\boldsymbol{r}-\omega t)} \tag{22-1}$$

であることを指摘した [式 (21-40) と (21-41) を参照]．また角振動数 ω, 偏極 λ の n 個の光子からなる初期状態への光量子の**放出**は

$$\boldsymbol{A}(\boldsymbol{r},t) = \sqrt{\frac{2\pi c^2 \hbar}{\omega V}} \sqrt{n+1}\, \boldsymbol{\varepsilon}^{(\lambda)}\, \mathrm{e}^{-\mathrm{i}(\boldsymbol{k}\cdot\boldsymbol{r}-\omega t)} \tag{22-2}$$

で表される．ここでわれわれは以前の式を偏極を考慮して書き改めている．厳密にいうと，光子数は光子の運動量と偏極に依存するので，**吸収**に対しては

$$\boldsymbol{A}(\boldsymbol{r},t) = \sqrt{\frac{2\pi c^2 \hbar}{\omega V}} \sqrt{n_\lambda(\boldsymbol{k})}\, \boldsymbol{\varepsilon}^{(\lambda)}\, \mathrm{e}^{\mathrm{i}(\boldsymbol{k}\cdot\boldsymbol{r}-\omega t)} \tag{22-3}$$

また，**放出**に対しては

$$\boldsymbol{A}(\boldsymbol{r},t) = \sqrt{\frac{2\pi c^2 \hbar}{\omega V}} \sqrt{n_\lambda(\boldsymbol{k})+1}\, \boldsymbol{\varepsilon}^{(\lambda)}\, \mathrm{e}^{-\mathrm{i}(\boldsymbol{k}\cdot\boldsymbol{r}-\omega t)} \tag{22-4}$$

と書くべきである．物理的には，これらの因子のおかげで，ある特定の振動数の光子が存在することが，同じ振動数のもう一つの光子の放出の確率を**増す**ことになる．すなわち，光子は放射を誘導する (stimulate or induce) といわれる．

これら n に依存した因子の存在は，電磁場の「量子化」の過程，すなわち電場や磁場を，粒子の 1 次元運動の $p(t)$ や $x(t)$ と同じように力学変数として取り扱ったとき，かなり自然に説明することができる．しかし，それは本書の程度を越えている．そのかわりに，Einstein が 1917 年まだ量子力学が発見されていなかったときに行った因子 $\sqrt{n}$ や $\sqrt{n+1}$ の見事な導出法を論じよう．

アインシュタインの A および B 係数

Einstein はプランク理論とボーア理論と統計力学を用いて次のように論じた．分子気体と放射が温度 T の空洞の中で相互作用しているとしよう．ボーア理論によると分子はいろいろな定常状態にいることができる．平衡状態における状態 m の分子数と

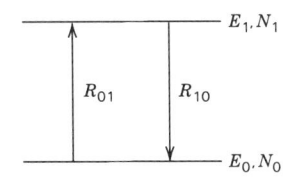

図 22-1 に示すような2準位系の図解があり、高い準位 E_1, N_1 と低い準位 E_0, N_0 の間で、R_{01} (上向き) と R_{10} (下向き) の遷移が示されている。

状態 n の分子数の比は

$$\frac{N_m}{N_n} = \frac{g_m}{g_n} \frac{e^{-E_m/kT}}{e^{-E_n/kT}} = \frac{g_m}{g_n} e^{-(E_m-E_n)/kT} \tag{22-5}$$

で与えられる．ここで g_m は縮退度，すなわちエネルギー E_m の状態の数 (量子力学からエネルギー E_m の状態の全角運動量を J_m とすれば，$g_m = 2J_m + 1$ であることをわれわれは知っているが，以下の議論には必要ない) である．さて，ここで $E_1 > E_0$ なる二つの準位 E_1 と E_0 (図22-1) を考えよう．低いエネルギー準位から高い準位への遷移の割合 R_{01} はエネルギー E_0 の分子数 N_0 と空洞中において吸収される光の振動数 ν の放射強度とに比例する．したがって

$$R_{01} = N_0 u(\nu, T) B_{01} \tag{22-6}$$

である，ここで B_{01} はエネルギー E_0 の分子による放射の吸収を記述する係数である．この過程は存在する放射によって引き起こされるので，**誘導吸収** (induced absorption) 係数とよばれる．高い状態から低い状態への遷移の割合として，Einstein は，自発的放出は存在する放射とは無関係な割合で起こるというボーアの仮説を使うが，ここでは**誘導放出** (induced emission) も存在しているはずである．したがって，状態1にある分子数は N_1 であるから

$$R_{10} = N_1(u(\nu, T) B_{10} + A_{10}) \tag{22-7}$$

となる．ここで B_{10} は誘導放射を，A_{10} は自発放射を記述する．平衡状態では，$1 \to 0$ の遷移と $0 \to 1$ の遷移が同数でなければならないので，$R_{10} = R_{01}$ である．この式から

$$N_0 u(\nu, T) B_{01} = N_1(u(\nu, T) B_{10} + A_{10}) \tag{22-8}$$

が導かれる．この式と (22-5) とを組み合わせて

$$\frac{u(\nu, T) B_{10} + A_{10}}{u(\nu, T) B_{01}} = \frac{N_0}{N_1} = \frac{g_0}{g_1} e^{-(E_0-E_1)/kT}$$

を得る．これはまた

$$g_1 A_{10} = u(\nu, T)(g_0 B_{01} e^{(E_1-E_0)/kT} - g_1 B_{10}) \tag{22-9}$$

と書き直すことができる．この公式からいくつかの結論が引き出せる．

(a) $E_1 - E_0$ を固定して $T \to \infty$ とすれば，$e^{(E_1-E_0)/kT} \to 1$ となる．またレーリー–ジーンズの法則 (1章参照) から $u(\nu, T) \to (8\pi\nu^2/c^3)kT$ である．この方程式の左辺は T によらないことから

$$g_0 B_{01} = g_1 B_{10} \tag{22-10}$$

である．このことは，1分子あたりの誘導放出の割合と1分子あたりの誘導吸収の割合が等しいことを表す．

(b) この結果を式 (22-9) に代入すれば，
$$g_1 A_{10} = u(\nu, T)(g_1 B_{10})(e^{(E_1-E_0)/kT} - 1)$$
を得る．換言すれば
$$u(\nu, T) = \frac{A_{10}/B_{10}}{e^{(E_1-E_0)/kT} - 1} \tag{22-11}$$
となる．左辺はウィーンの法則 (1-4) に従うから，
$$\nu^3 g\left(\frac{\nu}{T}\right) = \frac{A_{10}/B_{10}}{e^{(E_1-E_0)/kT} - 1} \tag{22-12}$$
である．この式の左辺は普遍的な関数であり，また A_{10}/B_{10} は温度に依存できない．したがって A_{10}/B_{10} は ν^3 に比例し，$(E_1 - E_0)$ は ν に比例しなければならない．このようにして，$E_1 - E_0 = h\nu$ が得られ，h は定数である．したがって
$$u(\nu, T) = \frac{A_{10}/B_{10}}{\nu^3} \frac{\nu^3}{e^{h\nu/kT} - 1} \tag{22-13}$$
となる．これを最終的にプランクの公式と比較すれば，
$$\frac{A_{10}}{B_{10}} = \frac{8\pi h\nu^3}{c^3} \tag{22-14}$$
が得られる．A_{10} を計算するには，量子力学が必要であり，その計算は 21 章で行った．

1 分子あたりの放出率 R_{10}/N_1 は次のように書き表せる．
$$\begin{aligned} R_{10}/N_1 = u(\nu,T)B_{10} + A_{10} &= A_{10}\left(1 + \frac{B_{10}}{A_{10}}u(\nu,T)\right) \\ &= A_{10}\left(1 + \frac{1}{e^{h\nu/kT} - 1}\right) \end{aligned} \tag{22-15}$$

一方，温度 T における黒体空洞中の単位体積あたりの平均光子数は
$$\langle n \rangle = \frac{\sum_n n e^{-nh\nu/kT}}{\sum_n e^{-nh\nu/kT}} = \left.\frac{d/dx \sum_n e^{-nx}}{\sum_n e^{-nx}}\right|_{x=h\nu/kT} \tag{22-16}$$
$$= \frac{1}{e^{h\nu/kT} - 1}$$

で与えられる．したがって 1 分子あたりの放出率は
$$\frac{R_{10}}{N_1} = A_{10}(1 + \langle n(\nu, T)\rangle) \tag{22-17}$$
と書くことができる．それゆえ 1 分子あたりの放出レートは $(1 + \langle n \rangle)$ に比例する．ここで n は存在する平均光子数である．同様に，R_{01}/N_0 は $\langle n \rangle$ すなわち存在する平均光子数に比例する．吸収率と放出率はそれぞれ $\langle n(\nu, T)\rangle$ と $\langle n(\nu, T)\rangle + 1$ に比例し，ここで $\langle n(\nu, T)\rangle$ は黒体放射における，ある振動数の光子の平均数である．しかし，これらの因子は放射が特定の振動数分布をもっていることには依存しないはずである．各吸収あるいは放出現象には，1 光子だけが関与しており，したがって**振幅**における因子はそれぞれ $\sqrt{n(\nu)}$ と $\sqrt{n(\nu)+1}$ である．Einstein が強力な統計的議論と量子効果の初期の知識を用いていかに多くのことを知りえたかを見ると驚くほかはない．

レーザー

　　誘導放出が最も劇的な工業上の応用を提供するのは，**レーザー** (laser) [*1]とよばれる装置で**誘導放出による光の増幅**を用いて，可干渉（コヒーレント），単色，高度に方向性をもった，電磁放射をつくり出すときである．レーザーの基本的な成分は次のようである．

(1) 少なくとも二つのエネルギー準位をもったレーザー媒質で，上方の準位にある原子がちょうど良い振動数をもった光子の存在によって誘導される遷移を起こすことができるようなエネルギーギャップがあるもの．

(2) 連続運転が可能なように，上の準位を再度満たすような機構の存在．

(3) 誘導光子とレーザー媒質を入れておく適当な空洞．

レーザーが作動するための条件

　　二つのエネルギー準位 E_1 と E_0 ($E_1 > E_0$) に着目した物質を考えよう．$h\nu = E_1 - E_0$ であるような振動数 ν をもった光子数 $n(\nu)$ の変化率は，E_1 状態にある N_1 個の原子による誘導および自発放出による光子の増加割合，E_0 状態にある N_0 個の原子による誘導吸収による光子の減少の割合，そして $n(\nu)$ に比例する空洞からの漏れによる光子の減少レートから計算することができる．方程式は

$$\frac{dn(\nu)}{dt} = N_1(u(\nu)B_{10} + A_{10}) - N_0 u(\nu) B_{01} - \frac{n(\nu)}{\tau_0} \tag{22-18}$$

となる．ここで τ_0 は時間の次元をもち，空洞は τ_0 が光子の空洞を横切る時間に比べて大きいように設計されなければならない．光子のエネルギー密度と光子数との間には関係がある．公式

$$u(\nu) = \frac{8\pi\nu^2}{c^3} h\nu n(\nu) \tag{22-19}$$

は黒体放射に対して成り立つが，もっと一般的である．なぜならこの公式は密度を単位振動数間隔あたりのモードの数とその振動数におけるエネルギーとそのエネルギーをもった光子数との積で表しているからである．したがって

$$\frac{dn(\nu)}{dt} = n(\nu)\left[\left(N_1 - \frac{g_1}{g_0}N_0\right)A_{10} - \frac{1}{\tau_0}\right] + N_1 A_{10} \tag{22-20}$$

である．このように

$$N_1 - \frac{g_1}{g_0}N_0 > \frac{1}{A_{10}\tau_0} \tag{22-21}$$

でない限り光子数は時間とともに減少する．熱平衡では

$$\begin{aligned} N_1 - \frac{g_1}{g_0}N_0 = N_1\left(1 - \frac{N_0/g_0}{N_1/g_1}\right) &= N_1(1 - e^{-(E_0-E_1)/kT}) \\ &= N_1(1 - e^{h\nu/kT}) < 0 \end{aligned} \tag{22-22}$$

[*1] この現象は放射のすべての振動数で起こりうる．そして実際最初に研究されたのはマイクロ波領域である．その装置はメーザーとよばれた．

であるから，レーザーは非平衡モードで作動する．式 (22-21) からもわかるように，われわれは E_1 準位の原子の占有数を過剰にしなければならない．すなわち**反転分布** (population inversion) を準備する必要がある．その一つの方法を以下で述べる．

光ポンピング

反転分布を準備する一つの方法は，3 準位間の遷移過程をもつ物質を使うことである．図 22-2 に 3 準位系を示す．方程式は，基底状態「0」から二つの励起状態のうちの高い方の「2」へ原子を「汲み上げる」(pump) ような振動数でエネルギー密度 u_p の光ビームが存在するときの，N_2, N_1, N_0 の変化の割合を記述する．N_2 の変化に対する寄与は，状態「1」,「0」への自発的および誘導崩壊，これらは準位「2」の占有数を減少させる．それと「1」,「0」状態からの誘導励起，これは N_2 を増加させる．

$$\begin{aligned}\frac{dN_2}{dt} = & - N_2 A_{21} - N_2 A_{20} - N_2 B_{21} u(\nu_{12}) - N_2 B_{20} u_p(\nu_{02}) \\ & + N_1 B_{12} u(\nu_{12}) + N_0 B_{02} u_p(\nu_{02})\end{aligned} \quad (22\text{-}23)$$

同様に

$$\frac{dN_1}{dt} = -N_1 A_{10} - N_1 B_{12} u(\nu_{12}) - N_1 u(\nu_{01}) B_{10} + N_2 A_{21} + N_2 B_{21} u(\nu_{12}) \quad (22\text{-}24)$$

定常状態では，両方の時間微分はゼロである．いま，物質の性質が $R_{21} \gg R_{10}$ であったとしよう．このときは状態「2」の原子はできてこないので，ν_{12} の放射の密度も増えない．容易に示されるように，$u(\nu_{12}) = 0$ とおいた定常状態方程式は

$$\frac{N_1}{N_0} = \frac{R_{21}}{R_{10}} \frac{B_{02} u_p}{A_{21} + A_{20} + B_{02} u_p} \quad (22\text{-}25)$$

となる．ポンピングエネルギー密度 u_p が大きいとき，第 2 の因子は 1 のオーダーであるから $N_1 \gg N_0$ となり，反転分布現象が記述されている．物理的にいうと，原子はまず高い励起状態「2」へ汲み上げられ，速やかに**準安定状態**「1」へ崩壊し，そこに反転分布がつくられ，基底状態へのレーザー遷移が実現される．3 準位系はルビーレーザーで用いられている．もちろん，他のタイプのレーザーもたくさんある．そして上の議論はいかにして反転分布を実現するかの一方法を示したに過ぎない．異なったポンピングの機構や，異なったレーザー用物質を使って，電磁スペクトルのいろいろな部分で作動するレーザーが作られている．レーザー放射が (ごく近い) 異なった振動準位で終了する物質を使うと，**波長可変** (tunable) レーザーをつくることもできる．

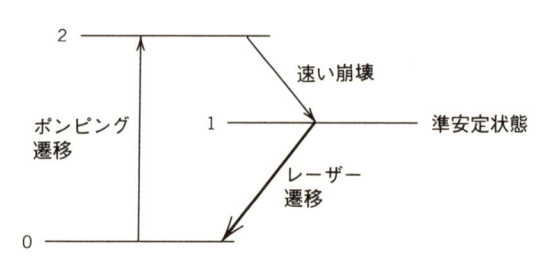

図 22-2　ポンピング遷移とそれに続く準安定状態への速い崩壊およびそこからのレーザー遷移の模式図

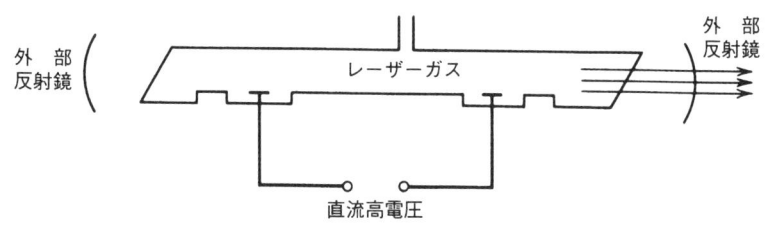

図 22-3 レーザーの模式図

空　洞

細い平行なビームをつくるには，空洞として，両端に半透明な鏡を取り付けた，円筒構造が要求される．鏡は光子を空洞の中に閉じ込めエネルギー密度 $u(\nu_{10})$ をつくるためである．光子数の変化の割合は

$$\frac{\mathrm{d}n(\nu)}{\mathrm{d}t} = N_1(u(\nu)B_{10} + A_{10}) - N_0 u(\nu) B_{01} - \frac{n(\nu)}{\tau_0}$$

であることを思い出そう．ここで $N_1 \gg N_0$ である．「空洞中の光子の寿命」τ_0 は次のようにして見積もることができる．放射は長さ L の円筒状の空洞中を往復するだけと仮定しよう．媒質の屈折率を n^* として，端から端までの時間は n^*L/c である．鏡の反射率を $r(\approx 0.99)$ として，k 回の行き来で光の強度は r^k 倍になる．そこで，$r = 1 - \epsilon$ とおいて，

$$I_k/I_0 = (1-\epsilon)^k \approx \mathrm{e}^{-k\epsilon} \tag{22-26}$$

となる．強度は $k = 1/\epsilon = 1/(1-r)$ 回行き来した後，もとの値の $1/e$ 倍になってしまう．したがって，空洞中における放射の寿命は

$$\tau_0 \approx kn^*L/c = n^*L/c(1-r) \tag{22-27}$$

である．空洞の両端をブルースター窓 (Brewster angle windows) (それは放射の一つの偏極状態をほとんど完全に含んでいる) でふさぎ，その後ろに同一の球面鏡を二つ，その曲率半径に等しい距離に置けば (図 22-3)，反射係数は 1 に近づけることができる．放射の幅は

$$\Delta\nu = 1/\tau_0 = c(1-r)n^*L \tag{22-28}$$

であり，大きさ L の空洞における隣り合った二つのモードの振動数の差 $c/2n^*L$ に比べて非常に小さい．このようにしてほとんど単色なビームがつくられる．

原子の冷却

この節では，原子の研究に直接関連したレーザーの応用の一つ，すなわち原子を減速させ，式 (21-116) で記述されているスペクトル線の**ドップラーの幅の広がり** (Doppler broadening) を減少させる方法について述べる．スペクトル線が広がる理由はいろいろある．原子は一般に単独では観測されない．原子のガス中では，一般に衝突がある．

そして衝突間の時間 τ_c がいま考えている状態の平均寿命より短かければ，これがスペクトル幅を決定する．なぜなら τ_c が実質上状態の寿命であり，$\hbar/\tau_c$ がその線の自然幅より大きいからである．衝突による幅の増大は今考えている原子のガスの密度 (圧力といっても良い) を減少させれば押さえることができる．**ドップラーの幅の広がり**もある．原子が速さ v で運動しているとき，この原子によって放出される放射の振動数は $\Delta\omega = (v/c)\omega$ だけずれる．v として，温度 T のガス中の原子の速さの 2 乗平均 (root-mean-square) $v_{\rm rms} = \sqrt{3kT/M_{\rm atom}}$ をとれば，たとえば水素原子に対して $\Delta\omega/\omega \approx 0.3 \times 10^{-6}\sqrt{T}$ となる．これは $\Delta\omega/\omega$ の自然値，たとえば 2p → 1s の $\approx 3\times 10^{-8}$ に比べてずっと大きい．したがってドップラー広がりを克服するには原子を「冷やす」必要がある．そのために原子をレーザービームの中に入れる．いま，原子が z 軸の正方向に速さ v で動いているとしよう．遷移が起こる二つの準位のエネルギー差が $\hbar\omega_0$，そして (単色) レーザービームの振動数が ω であったとしよう．ω の値が ω_0 と少しだけ異なるとし，**離調パラメター** (detuning parameter) を $\delta = \omega - \omega_0 < 0$ とする．もしレーザービームが z 軸に沿って z の正の方向に伝播していたとすれば，原子は赤方偏移を受けたビームを「見る」ことになる．なぜならビームの源が遠ざかっているように見えるからである．したがって，原子が見る振動数は $\omega(1-v/c)$ である．ゆえにレーザービームの共鳴振動数からのずれは $\omega(1-v/c) - \omega_0 = \delta - \omega v/c$ である．$\delta < 0$ であるから絶対値は δ の絶対値より大きいので光子の吸収確率は減少する．なぜならば吸収される光の振動数は共鳴曲線のずっと外に行くから．他方，z の負の方向に伝播するレーザービームに関しては，離調は $\omega(1+v/c)-\omega_0 = \delta + \omega v/c$ となるので，吸収光の振動数は共鳴のピークにより近い．($\omega v/c = |\delta|$ なら共鳴の真上になる．) したがって光の吸収確率は大きくなる．以上のことは，原子が全体として z の負の方向に力を受けることを意味している．原子は崩壊するので，再び光子を放出する．しかしこの放出は特定の方向性をもっていないので，平均して球対称である[*2]．このように原子は全体として z 方向の運動量を失う．x, y, z 軸に沿った 3 組のレーザーがあればすべての自由度がカバーできる．この議論をもっと定量化するために，ビームによって原子に加えられる放射圧の力を計算しよう．原子には二つの準位しかないと仮定しよう．これは振動電場の振動数が基底状態からの励起エネルギーに対応した振動数に近い場合，良い近似になる．大きさ $\hbar\omega/c$ の運動量が吸収される割合は次のように計算される．

$$\begin{aligned} R &= \frac{2\pi}{\hbar}|\langle 1|e\boldsymbol{r}\cdot\boldsymbol{E}|0\rangle|^2\delta(E_1 - E_0 - \hbar\omega) \\ &= \frac{2\pi}{\hbar^2}|\langle 1|e\boldsymbol{r}\cdot\boldsymbol{E}|0\rangle|^2\delta(\omega_0 - \omega) \end{aligned} \tag{22-29}$$

ここで，双極子モーメント演算子 $e\boldsymbol{r}$ が遷移を引き起こす．われわれは，励起状態 $|1\rangle$ の線幅を考慮してデルタ関数を変形する必要がある．そこで次のような置き換え (こ

[*2] レーザービームの強度はあまり強くないと仮定する．したがって励起とその後に続く崩壊は十分離れた事象である．この章の後の方で基底状態と励起状態の間を速やかに振動する系を考察する．この場合は放出と励起は相関があり，方向に関する情報は失われない．

れの正当性は付録 ST 4 を参照) をする.

$$\pi\delta(\omega_0 - \omega) \to \frac{R/2}{(\omega_0 - \omega)^2 + R^2/4} \tag{22-30}$$

ここで，R は自発崩壊率である．したがって，放射圧の力は

$$F = \frac{\hbar\omega}{c}\frac{2}{\hbar^2}|\langle 1|e\boldsymbol{r}\cdot\boldsymbol{E}|0\rangle|^2\frac{R/2}{(\omega_0-\omega)^2+R^2/4} \tag{22-31}$$

となる．無次元量

$$I = \frac{|\langle 1|e\boldsymbol{r}\cdot\boldsymbol{E}|0\rangle|^2}{(\hbar R/2)^2} \tag{22-32}$$

を導入すると，

$$F = \frac{\hbar\omega}{c}IR\frac{R^2/4}{(\omega_0-\omega)^2+R^2/4} \tag{22-33}$$

と書くことができる．場が弱いとき，すなわち I が小さいとき，力は非常に弱い．場が非常に強いとき，すなわち I が大きいときは誘導崩壊の方が自発崩壊より大きくなり，このような状況下では，原子は基底状態と励起状態の間を速やかに振動する[*3]．特に，放出される光子は吸収される光子と同調しているので，原子は正味の運動量を吸収しない．レーザーの最適強度では $I\approx 1$ である．ビームと同じ方向へ運動している原子に対しては，さらにドップラー・シフトによる離調がある．したがって

$$F = \frac{\hbar\omega}{c}IR\left[\frac{R^2/4}{(\omega-\omega_0-\omega v/c)^2+R^2/4}\right] \tag{22-34}$$

となる．もしここで，定常波ビームを考えるなら，あるいは同じ振動数 ω で z の負の方向へ運動するレーザービームを考えるなら，われわれは逆方向の力を得，振動数は青方偏移して $\omega(1+v/c)$ となる．したがって，ビームに対する力は

$$F_{\text{net}} = \frac{\hbar\omega IR}{c}\left[\frac{R^2/4}{(\omega-\omega_0-\omega v/c)^2+R^2/4} - \frac{R^2/4}{(\omega-\omega_0+\omega v/c)^2+R^2/4}\right]$$

である．v/c の最低オーダーまでで，

$$\begin{aligned}F_{\text{net}} &= \hbar\omega IR/c^2\frac{R^2/4}{(\omega-\omega_0)^2+R^2/4}\frac{4\omega(\omega-\omega_0)}{(\omega-\omega_0)^2+R^2/4}v\\&= \frac{\hbar\omega IR}{c^2}\frac{R^2/4}{\delta^2+R^2/4}\frac{4\omega\delta}{\delta^2+R^2/4}v\end{aligned} \tag{22-35}$$

となる．$\delta<0$ すなわちレーザー振動数を共鳴ピーク ω_0 より少し下に選んであるので，力は v と逆方向である．したがって力は $F_{\text{net}} = -\beta v$ の形の**摩擦力**である．力は離調具合に依存し，$dF/d\delta = 0$ のとき，すなわち $|\delta| = \omega_0 - \omega = R/2\sqrt{3}$ のとき最大である．原子の運動は 3 方向すべて遅くする必要がある．そのため 3 組のレーザーが使われ，ふつう**光学的糖蜜** (optical molasses) とよばれている装置ができあがる．$I\approx 1$ の場合の最大摩擦力は

$$F \approx -\sqrt{\frac{27}{4}}\frac{\hbar\omega_0^2}{c^2}v \tag{22-36}$$

である．原子はレーザービームの光子とランダムに衝突しランダムな力も受ける．したがって原子はあたかもブラウン運動をしている液体中の粒子のごとくふるまう．冷却過程の詳細は本書の程度を越えているが，いまここで述べた準古典的な議論の予言

[*3] 次節を参照．

では，原子は次式で与えられる温度まで冷却できる．
$$T = \frac{\hbar\omega}{kc}$$
ここで，k はボルツマン定数である．この値は通常 2×10^{-4} K くらいである．励起状態の縮退と光子の偏極を考慮して，この過程の詳細をもっと深くしらべると，原子はほぼ 4×10^{-5} K まで冷却可能であることが期待でき，これは実験で得られた値と一致する[*4]．原子のレーザー冷却技術における最近の進歩によって原子の温度は 7×10^{-7} K にまで達している．原子がこれほど低い温度にまで冷却されると，自然線幅の測定が可能になる．このことは量子電気力学の予言を検証するのに大きなインパクトを与えた．

単色電場中の 2 準位原子

考察中の原子の二つの状態をハミルトニアン H_0 の固有状態として
$$\begin{align} H_0|\phi_1\rangle &= E_1|\phi_1\rangle \\ H_0|\phi_0\rangle &= E_0|\phi_0\rangle \end{align} \tag{22-37}$$
のように表そう．$E_1 > E_0$ と選び
$$\omega_d = (E_1 - E_0)\hbar \tag{22-38}$$
と記述すると便利であることがわかる．また $|\phi_1\rangle = |1\rangle, |\phi_0\rangle = |0\rangle$ と置き換える．さて，この 2 準位系を電場がある場合に考えよう．電場は非常に強くて，16 章でシュタルク効果を議論したときのように，$\boldsymbol{E}$ についての 1 次や 2 次の効果に話を制限するわけには行かないと仮定する．したがって，われわれは摂動論を使わない．ハミルトニアンは
$$H = H_0 + V(t) \tag{22-39}$$
となる．ここで以前と同様
$$V(t) = \frac{e}{mc}\boldsymbol{A}(\boldsymbol{r},t)\cdot\boldsymbol{p} \tag{22-40}$$
であり，$\boldsymbol{p}$ は電子の運動量演算子である．したがって
$$\boldsymbol{p} = \frac{\mathrm{i}m}{\hbar}[H_0, \boldsymbol{r}] \tag{22-41}$$
である．われわれは，また双極子近似をするので
$$\boldsymbol{A}(\boldsymbol{r},t) = \boldsymbol{A}_0 \mathrm{e}^{-\mathrm{i}\omega t} + \boldsymbol{A}_0^* \mathrm{e}^{\mathrm{i}\omega t} \tag{22-42}$$
である．すなわち原子の大きさの範囲ではベクトルポテンシャルは一定であると考える．これを電場で書けば，
$$\boldsymbol{E} = -\frac{1}{c}\frac{\partial \boldsymbol{A}}{\partial t} \equiv \boldsymbol{E}_0 \mathrm{e}^{-\mathrm{i}\omega t} + \boldsymbol{E}_0^* \mathrm{e}^{\mathrm{i}\omega t}$$
より，$\boldsymbol{E}_0 = (\mathrm{i}\omega/c)\boldsymbol{A}_0$, $\boldsymbol{E}_0^* = (-\mathrm{i}\omega/c)\boldsymbol{A}_0^*$ となる．したがって
$$V(t) = \frac{e}{\hbar\omega}(\boldsymbol{E}_0 \mathrm{e}^{-\mathrm{i}\omega t} - \boldsymbol{E}_0^* \mathrm{e}^{\mathrm{i}\omega t})\cdot[H_0, \boldsymbol{r}] \tag{22-43}$$

[*4] このことは，あまり専門的にならない範囲で詳細にわたって C. N. Cohen-Tannoudji and W. D. Philips in *Phys. Today*, **43** (10), 33 (1990) で論じられている．この解説にはたくさんの参考文献があげられている．

である．このように演算子 $V(t)$ の任意の行列要素は

$$\langle 0|V(t)|1\rangle = \frac{e}{\hbar\omega}(E_0 - E_1)\{\langle 0|\bm{E}_0\cdot\bm{r}|1\rangle\mathrm{e}^{-\mathrm{i}\omega t} - \langle 0|\bm{E}_0^*\cdot\bm{r}|1\rangle\mathrm{e}^{\mathrm{i}\omega t}\} \tag{22-44}$$

の形に書くことができる．そこで，時間に依存するシュレーディンガー方程式の解 $|\psi(t)\rangle$ を考えよう．ここで再び，21章と同じように，展開定理を用いて

$$|\psi(t)\rangle = C_0(t)\mathrm{e}^{-\mathrm{i}E_0 t/\hbar}|0\rangle + C_1(t)\mathrm{e}^{-\mathrm{i}E_1 t/\hbar}|1\rangle \tag{22-45}$$

と書く．したがって，

$$\mathrm{i}\hbar\frac{\mathrm{d}}{\mathrm{d}t}|\psi(t)\rangle = (H_0 + V(t))|\psi(t)\rangle$$

は式 (22-45) の助けを借りて

$$\mathrm{i}\hbar\frac{\mathrm{d}}{\mathrm{d}t}C_0(t)\mathrm{e}^{-\mathrm{i}E_0 t/\hbar}|0\rangle + \mathrm{i}\hbar\frac{\mathrm{d}}{\mathrm{d}t}C_1(t)\mathrm{e}^{-\mathrm{i}E_1 t/\hbar}|1\rangle$$
$$= V(t)C_0(t)\mathrm{e}^{-\mathrm{i}E_0 t/\hbar}|0\rangle + V(t)C_1(t)\mathrm{e}^{-\mathrm{i}E_1 t/\hbar}|1\rangle$$

となる．左から $\langle 0|$ と $\langle 1|$ をこの式にかけ行列要素をつくれば，

$$\langle 0|\bm{r}|0\rangle = \langle 1|\bm{r}|1\rangle = 0 \tag{22-46}$$

を考慮して，

$$\mathrm{i}\hbar\frac{\mathrm{d}}{\mathrm{d}t}C_0(t) = C_1(t)\mathrm{e}^{-\mathrm{i}\omega_d t}\langle 0|V(t)|1\rangle \tag{22-47}$$

と

$$\mathrm{i}\hbar\frac{\mathrm{d}}{\mathrm{d}t}C_1(t) = C_0(t)\mathrm{e}^{\mathrm{i}\omega_d t}\langle 1|V(t)|0\rangle \tag{22-48}$$

を得る．もっと詳しく書けば，最初の式は

$$\mathrm{i}\hbar\frac{\mathrm{d}}{\mathrm{d}t}C_0(t) = \frac{\omega_d}{\omega}C_1(t)\{-\langle 0|e\bm{E}_0\cdot\bm{r}|1\rangle\mathrm{e}^{-\mathrm{i}(\omega+\omega_d)t} + \langle 0|e\bm{E}_0^*\cdot\bm{r}|1\rangle\mathrm{e}^{-\mathrm{i}(\omega_d-\omega)t}\}$$

と表される．われわれは，ω が ω_d に近いかまたは等しく選ばれているような物理的状況を考察する．$\mathrm{e}^{-\mathrm{i}(\omega_d+\omega)t}$ を含む項は非常に速く振動し時間的に平均をとれば寄与はゼロになる．14章で議論した常磁性共鳴のときと同じようにわれわれはこの項を落とす．これはときどき**回転波近似** (rotating wave approximation) とよばれている．これを実行すると

$$\begin{aligned}\mathrm{i}\hbar\frac{\mathrm{d}}{\mathrm{d}t}C_0(t) &= \frac{\omega_d}{\omega}C_1(t)\langle 0|e\bm{E}_0^*\cdot\bm{r}|1\rangle\mathrm{e}^{-\mathrm{i}(\omega_d-\omega)t}\\ &\equiv \hbar\gamma C_1(t)\mathrm{e}^{-\mathrm{i}(\omega_d-\omega)t}\end{aligned} \tag{22-49}$$

となる．**離調**パラメター

$$\delta = \omega - \omega_d \tag{22-50}$$

を用いると，この式は

$$\mathrm{i}\hbar\frac{\mathrm{d}}{\mathrm{d}t}C_0(t) = \hbar\gamma C_1 \mathrm{e}^{\mathrm{i}\delta t} \tag{22-51}$$

と書き表すことができる．同じ近似で

$$\begin{aligned}\mathrm{i}\hbar\frac{\mathrm{d}}{\mathrm{d}t}C_1(t) &= \frac{\omega_d}{\omega}C_0(t)\langle 1|e\bm{E}_0\cdot\bm{r}|0\rangle\mathrm{e}^{\mathrm{i}(\omega_d-\omega)t}\\ &= \hbar\gamma C_0 \mathrm{e}^{-\mathrm{i}\delta t}\end{aligned} \tag{22-52}$$

である．ここで

$$\gamma = \frac{\omega_d}{\hbar\omega}\langle 0|e\bm{E}_0^*\cdot\bm{r}|1\rangle \tag{22-53}$$

は実数にとることが可能である．式 (22-49) を時間で微分すると，

$$\begin{aligned}\frac{d^2}{dt^2}C_0(t) &= \gamma\delta C_1 e^{i\delta t} - i\gamma\frac{d}{dt}C_1(t)e^{i\delta t} \\ &= i\delta\frac{d}{dt}C_0(t) - \gamma^2 C_0(t)\end{aligned} \quad (22\text{-}54)$$

が得られる．試行関数として

$$C_i(t) = e^{-i\Omega t} \quad (22\text{-}55)$$

を選ぶと

$$\Omega^2 + \delta\Omega - \gamma^2 = 0 \quad (22\text{-}56)$$

が得られ，すなわち

$$\Omega = \Omega_\pm = -\frac{1}{2}\delta \pm \sqrt{\frac{1}{4}\delta^2 + \gamma^2} \quad (22\text{-}57)$$

である．したがって一般解は

$$C_0(t) = e^{i\delta t/2}(A\cos\sqrt{\delta^2/4+\gamma^2}\,t + B\sin\sqrt{\delta^2/4+\gamma^2}\,t) \quad (22\text{-}58)$$

および

$$\begin{aligned}C_1(t) &= \frac{1}{\gamma}e^{-i\delta t}\frac{d}{dt}C_0(t) \\ &= -e^{-i\delta t/2}\left[\frac{\delta}{2\gamma}(A\cos\sqrt{\delta^2/4+\gamma^2}\,t + B\sin\sqrt{\delta^2/4+\gamma^2}\,t)\right. \\ &\quad \left. -i\frac{\sqrt{\delta^2/4+\gamma^2}}{\gamma}(A\sin\sqrt{\delta^2/4+\gamma^2}\,t - B\cos\sqrt{\delta^2/4+\gamma^2}\,t)\right]\end{aligned} \quad (22\text{-}59)$$

である．もし系が時刻 $t=0$ で状態 $|0\rangle$ にあれば，$C_0(0)=1$ と $C_1(0)=1$ より $A=1$ および $(\delta/2)A + i\sqrt{\delta^2/4+\gamma^2}\,B = 0$ である．すなわち $B = -i\delta/2\sqrt{\delta^2/4+\gamma^2}$ である．それゆえ，後の時刻では

$$\begin{aligned}|C_0(t)|^2 &= \cos^2\sqrt{\delta^2/4+\gamma^2}\,t + \frac{\delta^2}{\delta^2+4\gamma^2}\sin^2\sqrt{\delta^2/4+\gamma^2}\,t \\ &= 1 - \frac{4\gamma^2}{\delta^2+4\gamma^2}\sin^2\sqrt{\delta^2/4+\gamma^2}\,t\end{aligned} \quad (22\text{-}60)$$

である．完全に同調している $\delta = 0$ のときは，上式より

$$|C_0(t)|^2 = \cos^2\gamma t \quad (22\text{-}61)$$

を得る．このとき，系は 2 状態間を振動数 γ で振動し，平均して上の状態に半分，下の状態に半分の時間過ごすことになる．$\delta=0$ のとき，すなわち $\omega = \omega_d$ における振動数は

$$\gamma = \frac{1}{\hbar}\langle 0|e\boldsymbol{E}_0^* \cdot \boldsymbol{r}|1\rangle \quad (22\text{-}62)$$

であり，**ラビ振動数** (Rabi frequency) とよばれる．ここで $\boldsymbol{E}_0^*$ は $\boldsymbol{A}_0^*$ に比例していることに注意する．したがって下の状態 $|0\rangle$ に振動数 ω の光子が n 個あれば，式 (22-2) より $\boldsymbol{E}_0^*$ は $\sqrt{n+1}$ に比例する．ゆえに

$$\gamma = \sqrt{n+1}\,\gamma_0 \quad (22\text{-}63)$$

と書くことができる．初期状態が $|1\rangle$ で振動数 ω の光子が n 個あれば，振動数は $\gamma = \sqrt{n}\gamma_0$ となることは簡単に示すことができる．

振動電場のモードが唯一つしかない空洞中の 1 個の原子の研究が可能になったのは, H. Dehmelt とその共同研究者たちによる高周波トラップの発明のおかげである. 式 (22-61) で予言された振動数は実験的に確認された.

量子飛躍の観測

1 個のイオンを捕獲して研究できるトラップの発明により, 原子の研究に新しいテクニックが数多く現れた. 一つの独創的なアイデアが H. Dehmelt によって提案され, ここ十年の間にいくつかの実験グループにより観測が行われた. 実験の原理は次のようなものである. 基底状態 $|0\rangle$ と二つの励起状態 $|1\rangle$ と $|2\rangle$ の 3 準位系を考えよう. $|0\rangle$ と $|1\rangle$ の間の遷移は許され, $|2\rangle$ と基底状態間の遷移は禁止されている (しかし絶対禁止ではない) とする. したがって状態 $|2\rangle$ は準安定である. 角振動数 $\omega_{10} = (E_1 - E_0)/\hbar$ に同調された強い光の源 (レーザー) を原子に向ける. それと同時に $\omega_{20} = (E_2 - E_0)/\hbar$ に同調された弱い光も当てる. 基底状態と遷移が許されている状態との間の遷移の数は非常に大きい. 実際, 強力なレーザー場が非常に速い割合で電子を $|1\rangle$ の状態へ励起させ, 電子はまた非常に速い割合で基底状態へ崩壊する. このようにして原子が放出する光の連続的なシグナルが観測される. これは, 前節で議論したラビ振動の現れに過ぎない. 非常にまれにではあるが, 電子は弱いレーザーによって $|2\rangle$ の状態へ励起される. このとき電子は準安定状態にあるためそれが基底状態に崩壊するまで数秒かかることがあるかも知れない. **その間中, 蛍光がない**, すなわち原子は暗い. そして電子が遂に基底状態へ崩壊したら, それはただちに強いレーザー場によって許された状態へ励起され, 速やかに崩壊し, 蛍光放射が再開される. 事実上, 蛍光は基底状態と準安定状態間の量子飛躍をモニターしていることになる (図 22-4).

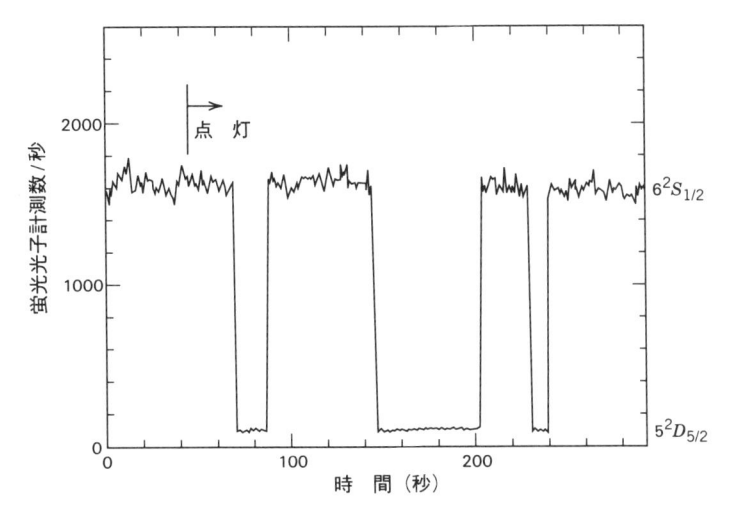

図 22-4 量子飛躍を示す典型的な蛍光放射の記録. 低蛍光期間中原子は確実に棚準位にある. [W. Nagourney, J. Sandberg and H. Dehmelt, *Phys. Rev. Lett.* **56**, 2797 (1986) より許可を得て転載.]

この過程の簡単な解析は次のように行われる．A_{10}, B_{10} と A_{20}, B_{20} をそれぞれ $(0,1)$ と $(0,2)$ を結ぶ遷移のアインシュタイン係数としよう．遷移の条件より，$A_{10} \gg A_{20}$ である．レーザービームのエネルギー密度が，それぞれ U_1 と U_2 であれば，原子が励起状態 $|1\rangle$ にいる確率に対する方程式は，非縮退の仮定（g_i が1であること）のもとで，

$$\frac{dP_1}{dt} = -P_1(A_{10} + B_{10}U_1) + B_{10}U_1 P_0 \tag{22-64}$$

となる．この式は，自発放射と誘導放射による確率の損失と基底状態からの誘導吸収による確率の増加を表している．なお，後者は電子が基底状態にいる確率 P_0 に比例している．同様に，電子が準安定状態 $|2\rangle$ にいる確率に対する方程式は

$$\frac{dP_2}{dt} = -(A_{20} + B_{20}U_2)P_2 + B_{20}U_2 P_0 \tag{22-65}$$

である．確率はすべて加えると1であり，したがって $P_0 + P_1 + P_2 = 1$ である．もし基底状態と励起状態 $|1\rangle$ のレーザー結合が強ければ，$U_1 \to \infty$ で $P_0 = P_1$ である．これらを，準安定状態が励起されている確率 $(P_+ = P_2)$ とそれが励起されていない確率 $P_- = 1 - P_2 = P_0 + P_1$ で書き表すと，

$$\frac{dP_+}{dt} = -R_- P_+ + R_+ P_- \tag{22-66}$$

となる．ここで

$$\begin{aligned} R_+ &= \frac{1}{2} B_{20} U_2 \\ R_- &= A_{20} + B_{20} U_2 \end{aligned} \tag{22-67}$$

である．方程式

$$\frac{dP_-}{dt} = R_- P_+ - R_+ P_- \tag{22-68}$$

は $P_+ + P_- = 1$ から自動的に導かれる．われわれはこの方程式を，R_+ が上方遷移，R_- が下方遷移を表す2準位系と見なすことができる．

実験的に興味ある量は，ある時間間隔 t から $t + T$ の間に遷移が起こらなくて，この間隔の最後で電子が励起状態にある確率 P_{0+} と基底状態にある確率 P_{0-} である．少し考えると，実験がいったん始まれば，レーザービームの強度は時間に依存しなくて，これらの確率は時間間隔 T だけに依存することがわかる．これらの確率に対する方程式は

$$\frac{dP_{0+}}{dT} = -R_- P_{0+} \tag{22-69}$$

$$\frac{dP_{0-}}{dT} = -R_+ P_{0-} \tag{22-70}$$

となる．これらの方程式に対する「初期条件」はわれわれが $P_{0\pm}(T=0)$ を知っていることである．いま，ある時刻 t において蛍光の強度がゼロになったとしよう．その時刻を $T = 0$ と記述する．すなわち $P_{0+}(T=0) = 1$．この初期条件のもとでの解は

$$P_{0+}(T) = e^{-R_- T} \tag{22-71}$$

である．これは，時間 T の後でもシグナルが「ない」確率である．同様に，もし蛍光がちょうど発生し，時間 T の後でも蛍光が存在する確率は

$$P_{0-}(T) = e^{-R_+ T} \tag{22-72}$$

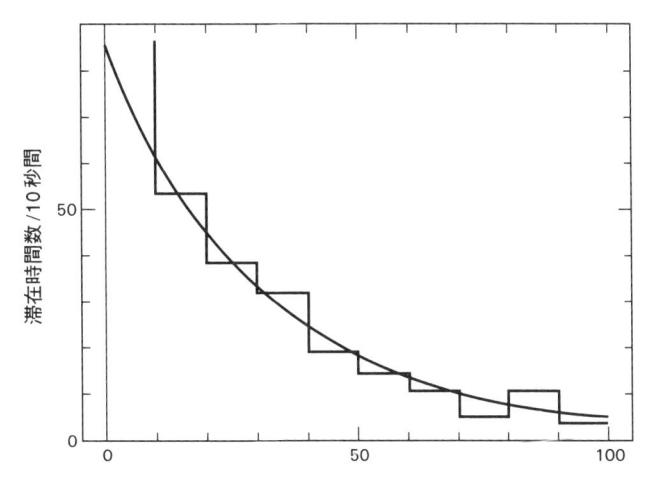

図 22-5 棚準位における滞在時間 (秒). [W. Nagourney, J. Sandberg and H. Dehmelt, *Phys. Rev. Lett.* **56**, 2797 (1986) より許可を得て転載.]

である. 蛍光があり続ける時間とないままの時間分布を統計的に解析したのが図 22-5 に与えられている. ここから A_2 が測定される. 非常に寿命の長い状態に対して, A_2 を直接測定することは非常に困難である. というのは光子は放出される割合が非常に小さいことに加え, それはあらゆる方向に放出されるため, それらを数えることは非常にゆっくりした過程となる.

量子力学はふつう, 同一系の大きな集合の研究を含んでいることを指摘すべきである. しかし, この場合われわれは 1 個の原子を研究し, 集合は, 次々と再生される同じ初期条件をもった個々のメンバーの集合で置き換えられている. このことは, 放射が連続状態へ放出される場合は, 一般に不可能であるが, 単一モードの電場という特殊な場合には可能になる.

メスバウアー効果

原子 (あるいは他の量子系) は非常に正確な時計の役割を果たすことができる. なぜならその遷移は非常に良く定まった振動数の放射で記録されるからである. もし唯一の限界が自然線幅であるならば, 非常に高い精度が得られるはずである.

残念ながら, 原子の冷却の議論で述べたように, 原子の運動がドップラー効果による線幅の拡大をもたらす. 液体か固体を使えばこの効果はなくなると考えるかも知れないが, そのときは近くにいる原子の効果による線幅の拡大が同じくらい害をなす. そこで原子核遷移を考えよう. $_{77}\mathrm{Ir}^{191}$ のような核は $100\,\mathrm{keV}$ のオーダーのエネルギーをもった γ 線を放出しその寿命は $10^{-10}\,\mathrm{sec}$ である. これは次の値に対応する.

$$\frac{\Delta\omega}{\omega} = \frac{\Delta E}{E} = \frac{\hbar/\tau}{E} \simeq \frac{10^{-27}/10^{-10}}{10^5 \times 1.6 \times 10^{-12}} \simeq 0.6 \times 10^{-10} \tag{22-73}$$

しかし, 残念ながら反跳による線シフトがある. γ 線は $\hbar\omega/c$ の運動量を持ち去るの

で，核は運動量を保存するために同じ運動量をもって反跳しなければならない．対応する反跳エネルギーは

$$\Delta E = \frac{P_{\text{recoil}}^2}{2M} = \frac{1}{2M}\left(\frac{\hbar\omega}{c}\right)^2 \tag{22-74}$$

となり，放射されるエネルギーは減少する．この変化の割合を振動数に直すと

$$\frac{\Delta E}{\hbar\omega} \simeq \frac{\hbar\omega}{2Mc^2} \simeq \frac{10^{-1}(\text{MeV})}{2\times 940\times 191(\text{MeV})} \simeq 3\times 10^{-7} \tag{22-75}$$

となる．

このエネルギーの放射は普通の非常に精密な分光学的方法では観測できない．放射に対してきわめて「正確に同調」された検出器が必要である．それには吸収体として同じ物質（たとえば $_{77}\text{Ir}^{191}$）を使うのが最も良い．吸収が最も強調されるのは，ちょうど放射が放出される「共鳴」振動数においてであるが，ここにも反跳によるシフトがある．全体的なシフトは $\Delta\omega/\omega \simeq 6\times 10^{-7}$ である．したがって「細密同調」は不可能である．なぜなら線幅 $10^{-10}\omega$ に比べて線シフトの方がずっと大きいからである．放出体を反跳速度で動かして反跳を打ち消すことも考えられる．その速度は

$$\frac{v}{c} = \frac{P_{\text{recoil}}}{Mc} = \frac{\hbar\omega/c}{Mc} = 2\frac{\hbar\omega}{2Mc^2} \simeq 6\times 10^{-7} \tag{22-76}$$

で与えられ，すなわち $v=1.7\times 10^4$ cm/sec である．これは技術的な困難ではあるが，超遠心分離器を用いて達成された．主な突破口は，1958年にMössbauerによって，ある条件のもとでは**無反跳放出**が高確率で起こることが発見されたことによる．もちろん放出は反跳を伴うが，その反跳を核が引き受けるのではなく，その核が埋め込まれている結晶の大部分が引き受けてくれるのである．核の質量は結晶のそれに比べて 10^{22} 倍も小さいので，反跳エネルギーは完全に無視できる．実際何が起きているかについての直観を得るために核が振動数 ω_0 の調和振動子の中で運動しているとしよう．振動子のエネルギー準位は

$$E_n = \hbar\omega_0\left(n_x + n_y + n_z + \frac{3}{2}\right) \tag{22-77}$$

である．ここで調和振動子ポテンシャルは格子の性質を反映する結晶中の力の近似的な記述に過ぎない．もし核をその近くの核に結びつける力が強ければ（すなわち「ばね」が硬ければ）ω_0 は大きい．もし「ばね」が軟らかければ ω_0 は小さい．準位の間隔でいうと，「硬いばね」は間隔が離れている．すなわち状態密度が低い．他方「軟らかいばね」は状態密度が高い．さて，ここで $\Psi_i(\boldsymbol{r}_1,\boldsymbol{r}_2\ldots,\boldsymbol{r}_N)$ で記述される原子核の状態から，$\Psi_f(\boldsymbol{r}_1,\boldsymbol{r}_2\ldots,\boldsymbol{r}_N)$ で記述される原子核の状態への遷移に対する行列要素を考えよう．相互作用として

$$-\frac{e}{Mc}\sum_{\text{protons}}\boldsymbol{p}_k\cdot\boldsymbol{A}_k(\boldsymbol{r}_k,t) \tag{22-78}$$

をとる．行列要素は

$$-\frac{e}{Mc}\int\cdots\int d^3\boldsymbol{r}_1,\ldots,d^3\boldsymbol{r}_N \Psi_f^*(\boldsymbol{r}_1,\ldots,\boldsymbol{r}_N)\sum_k \boldsymbol{\varepsilon}\cdot\boldsymbol{p}_k e^{-i\boldsymbol{k}\cdot\boldsymbol{r}_k}\Psi_i(\boldsymbol{r}_1,\ldots,\boldsymbol{r}_N)$$

$$\tag{22-79}$$

に比例する．ここで重心座標 $\boldsymbol{R} = (1/N)\sum_i \boldsymbol{r}_i$ を導入すれば，(a) 相互作用項は

$$-\frac{e}{Mc}\mathrm{e}^{-\mathrm{i}\boldsymbol{k}\cdot\boldsymbol{R}}\sum_{\text{protons}}\boldsymbol{\varepsilon}\cdot\boldsymbol{p}_k\,\mathrm{e}^{-\mathrm{i}\boldsymbol{k}\cdot\boldsymbol{\rho}_k} \tag{22-80}$$

の形に書ける．ここで $\boldsymbol{\rho}_i = \boldsymbol{r}_i - \boldsymbol{R}_i$ である．(b) 核の波動関数は内部運動を記述する部分と調和振動子中における核の重心の運動を記述する部分との積に分解できる．

$$\Psi(\boldsymbol{r}_1,\ldots,\boldsymbol{r}_N) = \psi_{n_x n_y n_z}(\boldsymbol{R})\phi(\boldsymbol{\rho}_1,\ldots,\boldsymbol{\rho}_{N-1}) \tag{22-81}$$

したがって，行列要素 (22-79) は

$$-\frac{e}{Mc}\int\mathrm{d}^3\boldsymbol{R}\,\psi_{nf}^*(\boldsymbol{R})\mathrm{e}^{-\mathrm{i}\boldsymbol{k}\cdot\boldsymbol{R}}\psi_{ni}(\boldsymbol{R})$$
$$\times\int\mathrm{d}^3\boldsymbol{\rho}_1,\ldots,\mathrm{d}^3\boldsymbol{\rho}_{N-1}\phi_f^*(\boldsymbol{\rho}_1,\ldots,\boldsymbol{\rho}_{N-1})\sum_{\text{protons}}\boldsymbol{\varepsilon}\cdot\boldsymbol{p}_k\mathrm{e}^{-\mathrm{i}\boldsymbol{k}\cdot\boldsymbol{\rho}_k}\phi_i(\boldsymbol{\rho}_1,\ldots,\boldsymbol{\rho}_{N-1})$$
$$\tag{22-82}$$

となる．この式は次のように書き直すことができる．

$$M = M_{\text{internal}}\int\mathrm{d}^3\boldsymbol{R}\,\psi_{nf}^*(\boldsymbol{R})\mathrm{e}^{-\mathrm{i}\boldsymbol{k}\cdot\boldsymbol{R}}\psi_0(\boldsymbol{R}) \tag{22-83}$$

ここで，初期状態は結晶の基底状態であるから $n_i = 0$ とおいた．放射遷移の後，核が結晶の基底状態にとどまる確率は

$$\begin{aligned}P_0(k) &= \frac{|M_{\text{int}}|^2\left|\int\mathrm{d}^3\boldsymbol{R}\,\psi_0^*(\boldsymbol{R})\mathrm{e}^{-\mathrm{i}\boldsymbol{k}\cdot\boldsymbol{R}}\psi_0(\boldsymbol{R})\right|^2}{|M_{\text{int}}|^2\sum_{nf}\left|\int\mathrm{d}^3\boldsymbol{R}\,\psi_{nf}^*(\boldsymbol{R})\mathrm{e}^{-\mathrm{i}\boldsymbol{k}\cdot\boldsymbol{R}}\psi_0(\boldsymbol{R})\right|^2} \\ &= \left|\int\mathrm{d}^3\boldsymbol{R}\,\psi_0^*(\boldsymbol{R})\mathrm{e}^{-\mathrm{i}\boldsymbol{k}\cdot\boldsymbol{R}}\psi_0(\boldsymbol{R})\right|^2\end{aligned} \tag{22-84}$$

である．最後の段階でわれわれは完全性[*5]を使って分母の和を 1 で置き換えた．上式を計算するためにわれわれは振動子の基底状態の規格化された波動関数を用いる．7章でわれわれは 1 次元の基底状態波動関数

$$\psi_0(x) = \left(\frac{m\omega_0}{\pi\hbar}\right)^{1/4}\mathrm{e}^{-m\omega_0 x^2/2\hbar}$$

を求めた．したがって，3 次元では

$$\psi_0(R) = \psi_0(x)\psi_0(y)\psi_0(z) = \left(\frac{m\omega_0}{\pi\hbar}\right)^{3/4}\mathrm{e}^{-m\omega_0 \boldsymbol{R}^2/2\hbar} \tag{22-85}$$

となり，計算すると

$$\left|\left(\frac{M_N\omega_0}{\pi\hbar}\right)^{3/2}\int\mathrm{d}^3\boldsymbol{R}\,\mathrm{e}^{-M_N\omega_0\boldsymbol{R}^2/\hbar}\,\mathrm{e}^{-\mathrm{i}\boldsymbol{k}\cdot\boldsymbol{R}}\right|^2$$

[*5] 形式的な証明が最も速い．次式

$$\sum_{nf}|\langle n_f|\mathrm{e}^{\mathrm{i}\boldsymbol{k}\cdot\boldsymbol{R}}|0\rangle|^2 = \sum_{nf}\langle 0|\mathrm{e}^{-\mathrm{i}\boldsymbol{k}\cdot\boldsymbol{R}}|n_f\rangle\langle n_f|\mathrm{e}^{\mathrm{i}\boldsymbol{k}\cdot\boldsymbol{R}}|0\rangle$$

において

$$1 = \sum|n_f\rangle\langle n_f|$$

を使うと

$$\langle 0|\mathrm{e}^{-\mathrm{i}\boldsymbol{k}\cdot\boldsymbol{R}}\mathrm{e}^{\mathrm{i}\boldsymbol{k}\cdot\boldsymbol{R}}|0\rangle = 1$$

を得る．

が得られる．ここで M_N は核の質量である．そこで，$P_{\text{recoil}} = \hbar k$ であり，$\hbar\omega_0$ が結晶の準位間隔であることから

$$P_0 = \left(\frac{M_N\omega_0}{\pi\hbar}\right)^3 \left|\int d^3\boldsymbol{R}\, e^{-M_N\omega_0/\hbar[\boldsymbol{R}+i\boldsymbol{k}(\hbar/2M_N\omega_0)]^2} e^{-k^2\hbar/4M_N\omega_0}\right|^2$$
$$= e^{-\hbar^2 k^2/2M_N\hbar\omega_0} \tag{22-86}$$
$$= e^{-\text{recoil energy/level spacing}}$$

が得られる．したがって，もし準位間隔が大きければ，すなわちばねが硬ければ，無反跳放射の確率は高くなる．ここで用いられた格子モデル，各原子核がそれぞれ自分の調和振動子ポテンシャルの中を動いているというモデルは，格子に対するアインシュタイン・モデルである．そして振動数 ω_0 は，いわゆる**デバイ振動数** (Debye frequency) である．したがってわれわれは ω_0 を ω_D で置き換えなければならない．後者はデバイ温度 T_D と

$$\hbar\omega_D = kT_D \tag{22-87}$$

の関係にある．格子をもっと正確に取り扱ったデバイモデルによる記述を使えば，指数因子が 3/2 だけ変わる．

結晶全体が反跳を受けるというのは正確ではない．遷移の寿命 (Fe^{57} に対しては 1.4×10^{-7} sec) に等しい時間 τ の間には

$$L = v_s\tau$$

に等しい結晶の一部だけが反跳を吸収する．ここで v_s は格子撹乱が伝播する速さ (すなわち音速) である．さて，v_s に対する妥当な見積りは

$$v_s \simeq \frac{a\,\omega_D}{2\pi}$$

である．ここで a は格子間隔である．したがって

$$\frac{L}{a} \simeq \frac{\omega_D \tau}{2\pi}$$

となる．ここで $\omega_D \simeq 10^{13} \text{sec}^{-1}$，そして反跳を吸収する原子核の数は $\sim (L/a)^3$ であり，依然大きな数である．今までの評価と不確定性関係を組み合わせれば，「本当」に反跳を受けるのが 1 個の原子核かどうかを決めることは不可能であることがわかる．反跳エネルギー $\hbar^2 k^2/2M_N$ を測定するには

$$\Delta t \gg \frac{\hbar}{(\hbar^2 k^2/2M_N)}$$

のオーダーの時間が必要である．メスバウアー効果が起きるための条件は

$$\frac{\hbar^2 k^2}{2M_N} < \hbar\,\omega_D$$

である．したがって

$$\Delta t \gg \frac{1}{\omega_D}$$

となる．この時間の間に，撹乱は

$$d \simeq v_s \Delta t \sim \frac{a\,\omega_D}{2\pi}\Delta t \gg \frac{a}{2\pi}$$

の距離を，すなわち何個もの原子核を越えて，伝わっている．

問題は，いかにしてわれわれが，結晶格子中の原子核のエネルギー状態について議論してるうちに，反跳と運動量保存の問題を解決し得たかということである．結晶が運動量を吸収したことはどこに現れているのか? これに対する量子力学的な答は，「運動量について話すときは，運動量表示で議論せよ」である．しかし，これは込み入ったことである．なぜなら，結晶の力を運動量表示で記述するのは困難だからである．それには，結晶の運動(結晶は隣どうし「ばね」でつながっているたくさんの振動子の集まりである)をモードに分解して，これらを量子化しなければならない．結晶運動の量子は光子の兄弟で**フォノン** (phonon) とよばれる．無反跳放射とは，フォノンが放出されない遷移のことである．結果は式 (22-86) とほとんど同じである．このような状況では，反跳による幅の拡がりは自然幅に比べて微少である．熱振動からくるドップラー広がりもあるが，これは放出体と吸収体を冷却すれば避けられる．

無反跳放出体は最高級の時計になるばかりか，メスバウアー効果を使った研究は固体物理や化学など様々な分野でなされた．ここでは，そのうちの一つについて述べよう．それは，地上における重力赤方偏移の測定である．等価原理によると，光子は高さ x だけ落ちると，その振動数が

$$\frac{\Delta\omega}{\omega} = \frac{gx}{c^2} \tag{22-88}$$

だけ偏移する．これは速度 v の反跳で打ち消すことができる．ただし

$$v^2 = 2gx \tag{22-89}$$

である．(もし光子と吸収体とが一緒に自由落下をすれば，共鳴吸収が起きる．) もし吸収体か光源が高速で振動でき [トランスデューサー (変換器) を用いる]，吸収曲線と振動とが同調できたなら，重力赤方偏移のチェックが可能である．$x = 20\,\mathrm{m}$ に対する速度は $\sim 20\,\mathrm{m/sec}$ であるから，実験は実行可能であり，いくつかのグループによって行われた．誤差の範囲内で効果は確認された．たとえば，Fe^{57} に対しては予言される変位は $\Delta\omega/\omega = 4.92 \times 10^{-15}$ であるが，Pound と Rebka による実験値は $(5.13 \pm 0.51) \times 10^{-15}$ であった．同じような実験で，高速回転するテーブル上で加速された Fe^{57} からのガンマ線のエネルギーシフトが測定され，等価原理と一致する結果が得られた．

参 考 文 献

光の量子論とレーザーへの応用に関する議論は

R. Loudon, *The Quantum Theory of Light* (2nd edition), Clarendon Press, Oxford, 1986,

にある．メスバウアー効果は

H. Lipkin, *Quantum Mechanics — New Approaches to Selected Topics*, North-Holland, Amsterdam, 1973

に論じられている．

23

衝 突 の 理 論

　原子および分子構造は主に分光学的に研究されてきた．核力と素粒子の相互作用を支配する法則を理解する唯一の方法は，いろいろな粒子をいろいろな標的で散乱させることである．ある意味では，分光学も「散乱」の一形態である．基底状態にある原子は入射粒子(それは放電管中の電子であったり，気体の加熱における他の粒子との衝突であってもよい)によって励起され，次に放出された光子が観測され，原子はもとの基底状態へ戻るか別の励起状態へいく．われわれは，ふつうこのような過程を「衝突過程」とはいわない．なぜならば原子は明確なエネルギー準位をもち，衝突時間[*1]に比べて非常に長い時間そこにとどまることができるため，「崩壊」と励起の過程を分離することが可能だからである．特に，崩壊の性質は特定の励起様式に依存しない．原子核や素粒子でも準位は存在する．しかし励起と崩壊に分離できるほど寿命が長くない．特に「共鳴」散乱は非共鳴「背景」散乱に伴われていて，この二つを解き離すことは非常に複雑である．したがって，この章では過程を全体として論じる．

衝 突 断 面 積

　散乱について語る理想的な方法は，実際起きていることを記述する方程式をつくることである．すなわち，波束で記述される入射粒子が標的に近づく．波束は実験中に目立って広がらないように空間的に大きくなければならない．また標的粒子に比べても大きくなければならないが，実験室の寸法よりは小さくなければならない．すなわち波束が標的と検出器とを同時に覆ってしまってはならない．横方向の大きさは実際上加速器のビームの大きさで決まる．次に標的との相互作用が起こり，最後に二つの波束が観測される．一つはそのまま前方に進みビームの中の散乱されなかった部分を表し，もう一方はある角度で飛び出し散乱粒子を表す．単位時間に，単位入射粒子束に対して，ある与えられた立体角内に散乱される粒子数を**微分散乱断面積**と定義する．われわれはこの方法を直接[*2]には使わずに，むしろ，10章で議論した材料を用いて微

[*1] 水素の $2p$ 状態の寿命は 1.6×10^{-9} sec である．これは衝突の典型的な時間 $a_0/\alpha c \simeq 2 \times 10^{-17}$ sec に比べて長い．

[*2] この方法は本書で用いる数学のレベルで R. Hobbie, *American Journal of Physics*, **30**, 857 (1962) においてたいへん巧みに用いられている．

分断面積を求める．しかし，われわれが求めた形式的な結果を解釈する際には波束による取り扱いを念頭におく．

10章でシュレーディンガー方程式の連続解を議論したとき，次のことが結論された．
(a) ポテンシャルがないときのシュレーディンガー方程式の解は平面波 $e^{i\boldsymbol{k}\cdot\boldsymbol{r}}$ であり，次のようなフラックスを表している．

$$\boldsymbol{j} = \frac{\hbar}{2im}(\psi^*\nabla\psi - \psi\nabla\psi^*) = \frac{\hbar\boldsymbol{k}}{m} \tag{23-1}$$

$\boldsymbol{k}$ を z 軸方向にとれば，r が大きいときのこの解のふるまいは [式 (10-72) 参照] 入ってくる球面波と出ていく球面波の和の形に書くことができる．

$$e^{i\boldsymbol{k}\cdot\boldsymbol{r}} \Rightarrow \frac{i}{2k}\sum_{l=0}^{\infty}(2l+1)i^l\left[\frac{e^{-i(kr-l\pi/2)}}{r} - \frac{e^{i(kr-l\pi/2)}}{r}\right]P_l(\cos\theta) \tag{23-2}$$

(b) 粒子の保存により，動径ポテンシャルが存在する場合のみ，これは，漸近形が次の形

$$\psi(\boldsymbol{r}) \Rightarrow \frac{i}{2k}\sum_{l=0}^{\infty}(2l+1)i^l\left[\frac{e^{-i(kr-l\pi/2)}}{r} - S_l(k)\frac{e^{i(kr-l\pi/2)}}{r}\right]P_l(\cos\theta) \tag{23-3}$$

をとる関数に変えられ，ここで

$$|S_l(k)| = 1 \tag{23-4}$$

である[*3]．漸近形 (23-3) は，式 (23-2) の助けを借りて，

$$\psi(\boldsymbol{r}) \Rightarrow e^{i\boldsymbol{k}\cdot\boldsymbol{r}} + \left[\sum_{l=0}^{\infty}(2l+1)\frac{S_l(k)-1}{2ik}P_l(\cos\theta)\right]\frac{e^{ikr}}{r} \tag{23-5}$$

のように書き換えることができ，これは平面波と出ていく球面波との和に対応している．ここで注意しなければならないことは，われわれが有効的な1粒子シュレーディンガー方程式について論じていることである．したがって m は換算質量であり，θ は重心系における $\boldsymbol{k}$ の方向 (z 軸) とふつう測定器が据え付けられている漸近点 r との間の角である．標的の方が入射粒子に比べてずっと重いときは，実験室系の角度と重心系の角度との間に違いはない．また，われわれはもちろん平面波と入ってくる球面波との和の形の漸近解をつくることもできる．そのときは式 (23-3) の第1項が式 (23-4) を満足する係数だけ変化する．しかし，散乱を記述する解は出ていく波を含んでいなければならない．漸近解 (23-5) のフラックスを計算しよう．まず

$$\boldsymbol{j} = \frac{\hbar}{2im}\left\{\left[e^{i\boldsymbol{k}\cdot\boldsymbol{r}} + f(\theta)\frac{e^{ikr}}{r}\right]^*\nabla\left[e^{i\boldsymbol{k}\cdot\boldsymbol{r}} + f(\theta)\frac{e^{ikr}}{r}\right] - (複素共役)\right\} \tag{23-6}$$

である．ここでわれわれは

$$f(\theta) = \sum_{l=0}^{\infty}(2l+1)f_l(k)P_l(\cos\theta) \tag{23-7}$$

と定義し

$$f_l(k) = [S_l(k) - 1]/2ik \tag{23-8}$$

とした．勾配を計算して，

$$\boldsymbol{j} = \frac{\hbar}{2im}\left\{\left[e^{-i\boldsymbol{k}\cdot\boldsymbol{r}} + f^*(\theta)\frac{e^{-ikr}}{r}\right]\left[i\boldsymbol{k}e^{i\boldsymbol{k}\cdot\boldsymbol{r}} + \hat{\boldsymbol{\iota}}_\theta\frac{1}{r}\frac{\partial f(\theta)}{\partial\theta}\frac{e^{ikr}}{r}\right.\right.$$

[*3] 式 (10-89) に続く議論を参照．$S_l(k)$ は，(10-88) で定義された $e^{2i\delta_l(k)}$ に対する標準的な記法である．

$$+\hat{\boldsymbol{i}}_r f(\theta)\left(\mathrm{i}k\frac{\mathrm{e}^{\mathrm{i}kr}}{r}-\frac{\mathrm{e}^{\mathrm{i}kr}}{r^2}\right)\Big]-(\text{複素共役})\Big\}$$

$$=\frac{\hbar}{2\mathrm{i}m}\Big[\mathrm{i}\boldsymbol{k}+\mathrm{i}\boldsymbol{k}f^*(\theta)\frac{\mathrm{e}^{-\mathrm{i}kr(1-\cos\theta)}}{r}+\mathrm{i}k\hat{\boldsymbol{i}}_r f(\theta)\frac{\mathrm{e}^{\mathrm{i}kr(1-\cos\theta)}}{r}+\mathrm{i}k\hat{\boldsymbol{i}}_r|f(\theta)|^2\frac{1}{r^2}$$

$$-\hat{\boldsymbol{i}}_r f(\theta)\frac{\mathrm{e}^{\mathrm{i}kr(1-\cos\theta)}}{r^2}+\hat{\boldsymbol{i}}_\theta\frac{\partial f(\theta)}{\partial\theta}\frac{\mathrm{e}^{\mathrm{i}kr(1-\cos\theta)}}{r^2}-\text{複素共役}\Big]$$

を得る．ここでわれわれは指数因子において $\boldsymbol{k}\cdot\boldsymbol{r}=kr\cos\theta$ を使った．$\hat{\boldsymbol{i}}_r$ は $\boldsymbol{r}$ 方向の単位ベクトルである．この計算を実行するときわれわれは $1/r^3$ の項を無視した．これらは大きな r に対しては $1/r^2$ の項に比べて小さいからである．われわれに興味があるのは，散乱を引き起こすポテンシャルがある原点から，r の距離にある検出器の場所におけるフラックスであり，r はしたがって大である．そこで，フラックスは

$$\begin{aligned}\boldsymbol{j}\ =\ &\frac{\hbar\boldsymbol{k}}{m}+\frac{\hbar k}{m}\hat{\boldsymbol{i}}_r|f(\theta)|^2\frac{1}{r^2}\\
&+\frac{\hbar\boldsymbol{k}}{2m}\frac{1}{r}\Big[f^*(\theta)\mathrm{e}^{-\mathrm{i}kr(1-\cos\theta)}+f(\theta)\mathrm{e}^{\mathrm{i}kr(1-\cos\theta)}\Big]\\
&+\frac{\hbar k}{2m}\frac{\hat{\boldsymbol{i}}_r}{r}\Big[f^*(\theta)\mathrm{e}^{-\mathrm{i}kr(1-\cos\theta)}+f(\theta)\mathrm{e}^{\mathrm{i}kr(1-\cos\theta)}\Big]\\
&-\frac{\hbar}{2\mathrm{i}m}\frac{\hat{\boldsymbol{i}}_r}{r^2}\Big[f(\theta)\mathrm{e}^{\mathrm{i}kr(1-\cos\theta)}-f^*(\theta)\mathrm{e}^{-\mathrm{i}kr(1-\cos\theta)}\Big]\\
&+\frac{\hbar}{2\mathrm{i}m}\frac{\hat{\boldsymbol{i}}_\theta}{r^2}\Big[\frac{\partial f(\theta)}{\partial\theta}\mathrm{e}^{\mathrm{i}kr(1-\cos\theta)}-\frac{\partial f^*(\theta)}{\partial\theta}\mathrm{e}^{-\mathrm{i}kr(1-\cos\theta)}\Big]\end{aligned}\quad(23\text{-}9)$$

となる．この複雑な式は，$\theta\neq 0$ であることを考慮すればかなり簡単になる．われわれは散乱実験をするとき，直接前方では決して測定しないからである[*4]．また，測定のさいは必ず小さいが有限の大きさの立体角についてフラックスを積分することを考慮することで式は簡単になる．したがって，最後の4項については，$\mathrm{e}^{\mathrm{i}kr(1-\cos\theta)}$ は

$$\int \sin\theta\,\mathrm{d}\theta\,\mathrm{d}\phi\,g(\theta,\phi)\mathrm{e}^{\mathrm{i}kr(1-\cos\theta)}\quad(23\text{-}10)$$

で置き換えられる．ここで $g(\theta,\phi)$ は，測定器に対するある種の滑らかで局所的な関数である．さて，$r\to\infty$ にするとき，滑らかな関数と非常に速く振動する関数との積を積分することになるが，これは $1/r$ のいかなるべきより速やかにゼロになる．このことは，数学の文献ではリーマン–ルベーグの補題として知られ，問題 23-7 で説明される．したがって，残る項は最初の 2 項だけで

$$\boldsymbol{j}=\frac{\hbar\boldsymbol{k}}{m}+\frac{\hbar k}{m}\hat{\boldsymbol{i}}_r\frac{|f(\theta)|^2}{r^2}\quad(23\text{-}11)$$

となる．ポテンシャルがないときは，最初の項だけがあり，それは入射フラックスを表す．波束による取扱いでは，$\hbar\boldsymbol{k}/m$ にはビームの横方向の大きさを表す関数をかけなければならない．したがって，もしわれわれが**動径方向のフラックス** $\hat{\boldsymbol{i}}_r\cdot\boldsymbol{j}$ を求めるときは，この項は $\hbar\boldsymbol{k}\hat{\boldsymbol{i}}_r/m=\hbar k\cos\theta/m$ の寄与を与えるが，これは z 軸のごく近傍でのみ成り立つ（図 23-1 を参照）．測定器はその領域から遠く離れたところにあるので，第1項は漸近領域における動径方向のフラックスには寄与しない．したがって式

[*4] 散乱した粒子と非散乱粒子をどうやって区別できようか？

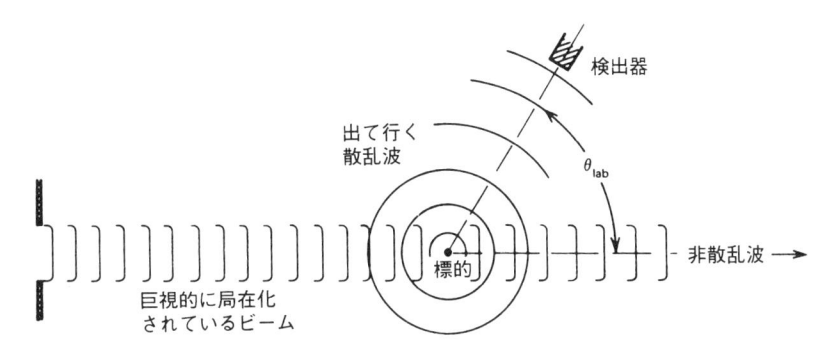

図 23-1 散乱実験の模式的配置図．散乱角は実験室系の角度．

(23-11) の第 2 項だけが寄与して

$$\bm{j} \cdot \hat{\bm{i}}_r = \frac{\hbar k}{m} \cdot \frac{|f(\theta)|^2}{r^2} \tag{23-12}$$

となる．ゆえに，原点 (標的のあるところ) で立体角 $\mathrm{d}\Omega$ を張る領域を通過する粒子の数は

$$\bm{j} \cdot \hat{\bm{i}}_r \mathrm{d}A = \frac{\hbar k}{m} \cdot \frac{|f(\theta)|^2}{r^2} r^2 \mathrm{d}\Omega \tag{23-13}$$

である．ここで r^2 の因子は落ちることに注意しよう．このことはまた，式 (23-9) において $1/r^3$ の項が無視されたことに対する正当化でもある．というのはこれらは粒子数に対して $1/kr$ のオーダーの寄与をするからである．微分断面積はこの数を入射フラックス $\hbar k/m$ で割った量，すなわち

$$\mathrm{d}\sigma = |f(\theta)|^2 \mathrm{d}\Omega \tag{23-14}$$

である．もしポテンシャルにスピン依存性があれば，方位角依存性も考えられるので，もっと一般的に

$$\frac{\mathrm{d}\sigma}{\mathrm{d}\Omega} = |f(\theta, \phi)|^2 \tag{23-15}$$

となる．全断面積は

$$\sigma_{\text{tot}}(k) = \int \mathrm{d}\Omega \frac{\mathrm{d}\sigma}{\mathrm{d}\Omega} \tag{23-16}$$

で与えられる．もし，$f(\theta)$ として，$S_l(k)$ で表された表式を使い，さらに後者を位相のずれ [式 (10-86) から (10-89) までを参照] で表せば，$S_l(k) = \mathrm{e}^{2\mathrm{i}\delta_l(k)}$ となる．したがって，

$$f(\theta) = \frac{1}{k} \sum_{l=0}^{\infty} (2l+1) \mathrm{e}^{\mathrm{i}\delta_l(k)} \sin \delta_l(k) P_l(\cos \theta) \tag{23-17}$$

であり，その結果

$$\sigma_{\text{tot}} = \int \mathrm{d}\Omega \left[\frac{1}{k} \sum_l (2l+1) \mathrm{e}^{\mathrm{i}\delta_l(k)} \sin \delta_l(k) P_l(\cos \theta) \right]$$
$$\left[\frac{1}{k} \sum_{l'} (2l'+1) \mathrm{e}^{-\mathrm{i}\delta_{l'}(k)} \sin \delta_{l'}(k) P_{l'}(\cos \theta) \right]$$

となる．そして

$$\int \mathrm{d}\Omega P_l(\cos \theta) P_{l'}(\cos \theta) = \frac{4\pi}{2l+1} \delta_{ll'} \tag{23-18}$$

を使えば

$$\sigma_{\text{tot}} = \frac{4\pi}{k^2} \sum_{l=0}^{\infty} (2l+1) \sin^2 \delta_l(k) \tag{23-19}$$

を得る．

次の関係式は興味深い事実である．

$$\begin{aligned}
\text{Im} f(0) &= \frac{1}{k} \sum_{l=0}^{\infty} (2l+1) \text{Im}[e^{i\delta_l(k)} \sin \delta_l(k)] P_l(1) \\
&= \frac{1}{k} \sum_{l=0}^{\infty} (2l+1) \sin^2 \delta_l(k) = \frac{k}{4\pi} \sigma_{\text{tot}}
\end{aligned} \tag{23-20}$$

この関係式は**光学定理** (optical theorem) として知られ，非弾性過程があるときでも正しく，原子核および素粒子物理の散乱過程でも成立する．この式はたいへん有効で，波動の言葉でいえば，全断面積とは入射ビームからフラックスを除去することを表しているという事実から生ずる．このような除去は，干渉で打ち消し合った結果でしか起こらない．そしてそれが起こりうるのは入射波と前方へ弾性散乱された波との間である．これはなぜ $f(0)$ が線形で現れるかの理由である．

このような直観的な説明では，なぜ虚部が現れるのかまではいえないが，これは一般的に正しいことを示すことができる[*5]．

弾性および非弾性散乱

$|S_l(k)| = 1$ という要求はフラックスの保存から生じた．実際は，多くの散乱実験で入射ビームの**吸収**が起きる．すなわち，標的がただ単に励起されたり，その状態を変えたり，他の粒子が生成されたりする．このような状況下でも，われわれの議論は変わらない．ただし，

$$S_l(k) = \eta_l(k) e^{2i\delta_l(k)} \tag{23-21}$$

の式を使う必要がある．ここで，

$$0 \leq \eta_l(k) \leq 1 \tag{23-22}$$

である．なぜなら吸収があるからである．部分波散乱振幅は

$$f_l(k) = \frac{S_l(k) - 1}{2ik} = \frac{\eta_l(k) e^{2i\delta_l(k)} - 1}{2ik} = \frac{\eta_l \sin 2\delta_l}{2k} + i \frac{1 - \eta_l \cos 2\delta_l}{2k} \tag{23-23}$$

となり，全**弾性**断面積は

$$\begin{aligned}
\sigma_{\text{el}} &= 4\pi \sum_l (2l+1) |f_l(k)|^2 \\
&= 4\pi \sum_l (2l+1) \frac{1 + \eta_l^2 - 2\eta_l \cos 2\delta_l}{4k^2}
\end{aligned} \tag{23-24}$$

となる．**非弾性**過程に対する断面積もある．われわれは非弾性過程が何から成るかを特定しないので，フラックスの損失を記述する**全非弾性断面積**についてのみ言及することができる．式 (23-3) の特定な項を見れば，

$$\frac{i}{2k} \frac{e^{-ikr}}{r} P_l(\cos\theta)$$

[*5] L. I. Schiff, *Progr. Theor. Phys.* (Kyoto), **11**, 288 (1954) を参照．

によって運ばれる，内側への動径方向のフラックスは

$$\left(\frac{\hbar k}{m}\right)\left[\frac{4\pi}{(2k)^2}\right]$$

である．($Y_{l0} = P_l(\cos\theta)/\sqrt{4\pi}$ であることを思い出そう．）外側への動径方向のフラックスは $(\hbar k/m)(|S_l(k)|^2 4\pi/4k^2)$ であるので，正味のフラックス損失は各 l に対して $(\hbar k/m)(\pi/k^2)[1-\eta_l^2(k)]$ である．したがって，入射フラックスで割れば

$$\sigma_{\text{inel}} = \frac{\pi}{k^2}\sum_l (2l+1)[1-\eta_l^2(k)] \tag{23-25}$$

を得る．ゆえに全断面積は

$$\begin{aligned}
\sigma_{\text{tot}} &= \sigma_{\text{el}} + \sigma_{\text{inel}} \\
&= \frac{\pi}{k^2}\sum_l (2l+1)(1+\eta_l^2 - 2\eta_l\cos 2\delta_l + 1 - \eta_l^2) \\
&= \frac{2\pi}{k^2}\sum_l (2l+1)(1-\eta_l\cos 2\delta_l)
\end{aligned} \tag{23-26}$$

である．また，(23-23) から

$$\begin{aligned}
\text{Im} f(0) &= \sum_l (2l+1)\text{Im} f_l(k) \\
&= \sum_l (2l+1)\frac{1-\eta_l\cos 2\delta_l}{2k} = \frac{k}{4\pi}\sigma_{\text{tot}}
\end{aligned} \tag{23-27}$$

が導かれるので，光学定理が事実成立していることがわかる．

もし，$\eta_l(k) = 1$ であれば，吸収はないので非弾性断面積はゼロである．$\eta_l(k) = 0$ ならば，完全吸収である．しかし，この部分波にも弾性散乱がある．これは，**黒いディスク** (black disk) **による散乱**を考えればはっきりする．黒いディスクは次のように記述される．(a) それは，はっきりした縁をもつ．(b) それは，完全な吸収体である．われわれは，短い波長，すなわち大きな k の散乱を考えるので，条件 (a) より $l \lesssim L$ の部分波を考えればよいことになる．ここで，

$$L = ka \tag{23-28}$$

であり，a はディスクの半径である．条件 (b) より，$l \leq L$ に対して $\eta_l(k) = 0$，した

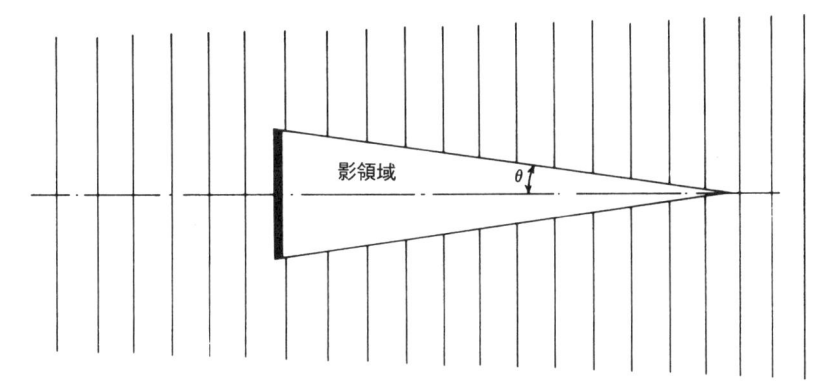

図 23-2 黒いディスクによる散乱と影効果

がって

$$\sigma_{\text{inel}} = \frac{\pi}{k^2} \sum_{l=0}^{L} (2l+1) = \frac{\pi}{k^2} L^2 = \pi a^2 \tag{23-29}$$

であり，

$$\sigma_{\text{el}} = \frac{\pi}{k^2} \sum_{l=0}^{L} (2l+1) = \pi a^2 \tag{23-30}$$

である．ゆえに全断面積は

$$\sigma_{\text{tot}} = \sigma_{\text{el}} + \sigma_{\text{inel}} = 2\pi a^2 \tag{23-31}$$

となる．結果は奇妙に見える．純粋に古典的に考えれば，全断面積がディスクの表す面積を越えるとは思えない．また，完全吸収があるときは弾性散乱は期待できない．しか

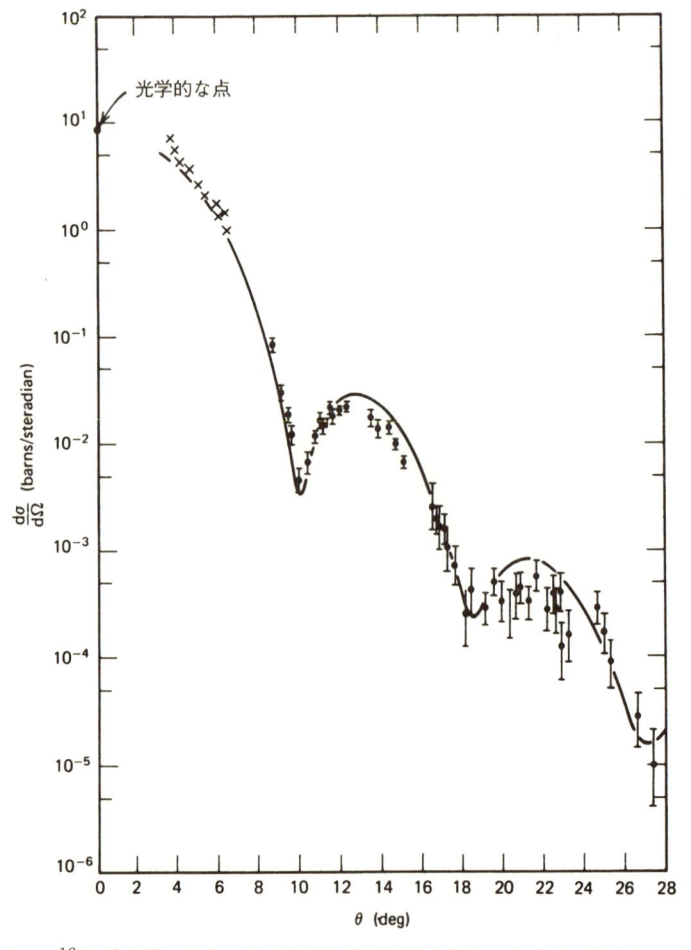

図 23-3 ^{16}O 原子核による 1000 MeV (1 GeV) 陽子散乱の角分布．角分布には回折散乱の特徴であるくぼみ (dip) がある．光学におけるフラウンホーファー散乱の形からのずれは，原子核がシャープでなく，かつ完全吸収体でもないことからくる．曲線はこれらの効果を考慮した理論計算の結果である．[H. Palevsky et al., *Phys. Rev. Lett.* **18**, 1200 (1967) から許可を得て転載．]

し，これは間違いである．吸収体のデイスクは入射ビームから πa^2 に比例したフラックスを取り去る (図 23-2)．そしてこれがデイスクの後ろに影を残す．しかしながら，遠くでは影はなくなり (十分に遠ければディスクは「見えない」)，そしてこのことが起きる唯一のやり方は，入射波のいくらかがディスクの縁で回折することである．入射波のうち回折しなければならない量はちょうど影をつくるためにビームから取り除かれた量に等しい．したがって，弾性的に散乱されるフラックスも πa^2 に比例していなければならない．吸収に伴う弾性散乱は上述の理由により**影散乱** (shadow scattering) とよばれる．それは前方に鋭いピークをもつ．どれくらいの角度になるかは不確定性原理で評価することができる．横方向の不確定性 a は，コントロール不可能な横方向の運動量変化 $p_\perp \sim \hbar/a$ を伴う．しかしながら，この値が $p\theta$ に等しいので

$$\theta \sim \frac{\hbar}{ap} \sim \frac{1}{ak} \tag{23-32}$$

である．これは光学的結果 $\theta \sim \lambda/a$ と一致する．これらの特徴は高エネルギーの原子核散乱でも素粒子の散乱でも観測される．なぜなら原子核や陽子の中心部分は強く吸収的で，これらの縁も適度にシャープだからである (図 23-3)．

低エネルギーにおける散乱

位相のずれによる展開 (23-17) は微分断面積を位相のずれで表すことを可能にする．

$$\frac{d\sigma}{d\Omega} = \frac{1}{k^2}\left|\sum_l (2l+1)e^{i\delta_l(k)}\sin\delta_l(k) P_l(\cos\theta)\right|^2 \tag{23-33}$$

古典論との対応にもとづいて，散乱の時の角運動量の上限が pa であると期待される．ここで p は重心系での運動量，a は力の到達範囲である．したがって，

$$l \lesssim \frac{pa}{\hbar} = ka \tag{23-34}$$

であると期待される．式 (23-33) の和に上限があることから，多くの角度で測定された微分断面積を

$$\frac{d\sigma}{d\Omega} = \sum_{n=0}^{N} A_n (\cos\theta)^n \tag{23-35}$$

の形にあてはめ，有限個の l の値に対する位相のずれの決定を試みることができる．不確定要素もある．たとえばすべての位相のずれの符号を変えても断面積は変わらない．しかし，これらは，理論の助けを借りたり，低エネルギーからの連続性を使ったり，その他のトリックを用いて解決できる．望まれることは，断面積に比べていくぶん理論に近い実験データである位相のずれから，相互作用についての知見が得られることである．

位相のずれ $\delta_l(k)$ とポテンシャル $V(r)$ との関係はシュレーディンガー方程式を通して考えられる．動径方程式に対する解は，前にかかる振幅の因子を除けば，漸近的に

$$R_l(r) \sim \frac{1}{r}\sin\left[kr - \frac{l\pi}{2} + \delta_l(k)\right] \tag{23-36}$$

のようなふるまいをする．したがって，与えられた $V(r)$ に対して，$\delta_l(k)$ を求める最も直接的な方法は，動径方程式をポテンシャルの範囲よりずっと遠くの r まで数値的に積分し，漸近的なふるまいをしらべることである．実際，このことは実行されるが，これでは位相のずれの性質に対する洞察が得られない．位相のずれについてもっと知るには，矩形の井戸型ポテンシャルを考える．われわれは 10 章で

$$\tan\delta_l(k) = -\frac{C}{B} \tag{23-37}$$

であることを見いだした．ここで比は，式 (10-85) に従いポテンシャルの内外における動径波動関数を合致させ，すなわち

$$\kappa\frac{j_l'(\kappa a)}{j_l(\kappa a)} = k\frac{j_l'(ka) + (C/B)n_l'(ka)}{j_l(ka) + (C/B)n_l(ka)} \tag{23-38}$$

によって得られる．この方程式で，

$$\kappa^2 = \frac{2m}{\hbar^2}(E + V_0), \qquad k^2 = \frac{2mE}{\hbar^2} \tag{23-39}$$

であり，「$'$」は変数に関する微分を表す．引力ポテンシャルに対して $V_0 > 0$ である．したがって

$$\tan\delta_l(k) = \frac{kj_l'(ka)j_l(\kappa a) - \kappa j_l(ka)j_l'(\kappa a)}{kn_l'(ka)j_l(\kappa a) - \kappa n_l(ka)j_l'(\kappa a)} \tag{23-40}$$

である．この式はあまり見やすくないが，極限的な場合には簡単になる．

(a)

$$ka \ll l \tag{23-41}$$

である場合を考えよう．われわれは $\kappa a \ll 1$ は要求しない．公式 (10-66) と (10-67) の助けを借りて，少し計算すれば

$$\tan\delta_l(k) \simeq \frac{2l+1}{[1\cdot 3\cdot 5\cdots(2l+1)]^2}(ka)^{2l+1}\frac{lj_l(\kappa a) - \kappa a j_l'(\kappa a)}{(l+1)j_l(\kappa a) + \kappa a j_l'(\kappa a)} \tag{23-42}$$

を得る．l が大きいときこの式は，たとえ $\kappa a \gg 1$ であっても，e^{-l} より速く小さくなることを示すことができる．$ka \to 0$ のとき

$$\tan\delta_l(k) \sim k^{2l+1} \tag{23-43}$$

であることは，矩形の井戸型ポテンシャルに限ったことではなく，適当に滑らかなすべてのポテンシャルについても成り立つ．これは，遠心力障壁が，障壁よりずっと低いエネルギーに波動を抑えているため，ポテンシャルの効果が感じられなくなっているためである．

(b) あるエネルギー値に対して，式 (23-40) の分母がゼロになるだろう．これらのエネルギーでは，位相のずれは $\pi/2$ を，あるいはもっと一般的に $(n+1/2)\pi$ を通る．位相のずれが$\pi/2$のとき，部分波断面積

$$\sigma_l(k) = \frac{4\pi(2l+1)}{k^2}\sin^2\delta_l(k) \tag{23-44}$$

は可能な最大の値をもつ．$\tan\delta_l(k)$ が急速に無限大へ増大し，さらに $-\infty$ から始まって増大し続けるとき，それを **共鳴散乱** (resonant scattering) とよぶ．この言葉の用法を正当化し，共鳴散乱がいつ起きるかを説明するために，非常に深いポテンシャルと

$$\kappa a \gg l \gg ka \tag{23-45}$$

であるような，大きな l を考えよう．このとき，われわれは $\tan \delta_l(k)$ として式 (23-42) を使って良く，これが無限大になるのは，

$$(l+1)j_l(\kappa a) + \kappa a j_l'(\kappa a) = 0 \tag{23-46}$$

のときである．$\kappa a \gg 1$ であるから，この条件は近似的に

$$\frac{(l-1)}{\kappa a}\cos\left(\kappa a - \frac{l+1}{2}\pi\right) - \sin\left(\kappa a - \frac{l+1}{2}\pi\right) = 0$$

と同等である．すなわち

$$\tan\left(\kappa a - \frac{l+1}{2}\pi\right) \approx \frac{l+1}{\kappa a} \tag{23-47}$$

である．右辺が非常に小さいので，共鳴の条件は

$$\kappa a - \frac{l+1}{2}\pi \approx n\pi + \frac{l+1}{\kappa a} \tag{23-48}$$

となる．これはまさに，3次元の箱の中における離散準位の存在条件 (10-76) である．すなわち，共鳴散乱が起きるのは，入射エネルギーがちょうどエネルギー準位に合致したところである．$E > 0$ であるから，これらの準位は本当の束縛状態ではない．図 23-4 からもわかるように，これらの準位は，障壁が無限に厚いときに束縛状態となる．実際はそうではないが，エネルギーがちょうど合致したところで散乱される粒子はそこに仮想的な準位があることを「知っている」．

付録 ST 4 で，われわれは放射場との結合がないときは定常であるような状態に対応するエネルギーでの光子の散乱を議論する．そこでも同じ状況に出会い，共鳴のふる

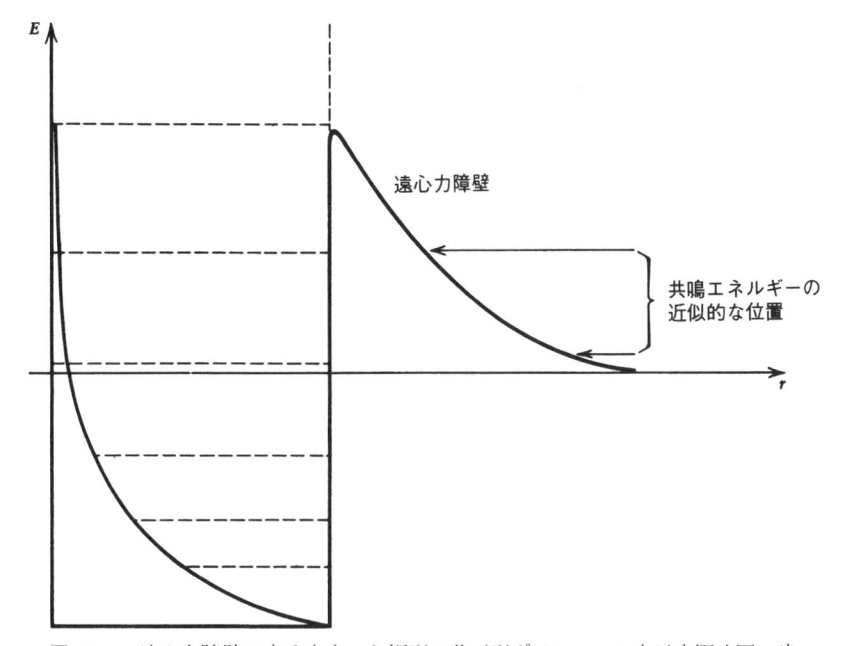

図 23-4 遠心力障壁のすそをもった矩形の井戸型ポテンシャルを示す概略図．破線は，有効半径 a の無限に深い矩形の井戸型ポテンシャルにおけるエネルギー準位を表し，散乱共鳴エネルギーの近似的な位置が右側に示されている．エネルギーが低い共鳴の方がよりシャープである．

ブライト–ウィグナーの公式

式 (23-42) からわかるように，ka が小さいとき位相のずれは非常に小さい．しかし，ka が変化して，共鳴を通過すれば，δ_l は急激に増大し，π だけ増える．したがって部分波断面積 (23-44) は共鳴エネルギーで鋭いピークをもつ．このふるまい（図 23-5）は $(2s)^2$ 励起状態に対応するエネルギーでの電子と He^+ との散乱断面積に似ている（図 18-4）．共鳴エネルギーの近くで位相のずれは $\pi/2$ を通って非常に速く立ち上がる．このふるまいは

$$\tan \delta_l \approx \frac{\gamma(ka)^{2l+1}}{E - E_{\text{res}}} \tag{23-49}$$

のように表すことができる．したがって部分波断面積は

$$\sigma_l = \frac{4\pi(2l+1)}{k^2} \frac{\tan^2 \delta_l}{1 + \tan^2 \delta_l} = \frac{4\pi(2l+1)}{k^2} \frac{[\gamma(ka)^{2l+1}]^2}{(E - E_{\text{res}})^2 + [\gamma(ka)^{2l+1}]^2} \tag{23-50}$$

と書き表わされる．これが共鳴断面積に対する，有名な**ブライト–ウィグナーの公式** (Breit–Wigner formula) である．このふるまいもまた矩形の井戸型ポテンシャルに特有なものではなく，準安定な状態が $E=0$ より上で束縛状態を装うことができる形をしたすべてのポテンシャルに特徴的なことである．完全を期して

$$\begin{aligned} f_l(k) &= \frac{e^{2i\delta_l(k)} - 1}{2ik} = \frac{\dfrac{1 + i\tan\delta_l}{1 - i\tan\delta_l} - 1}{2ik} \\ &= \frac{\tan\delta_l}{k(1 - i\tan\delta_l)} = \frac{\gamma(ka)^{2l+1}/k}{E - E_{\text{res}} - i\gamma(ka)^{2l+1}} \end{aligned} \tag{23-51}$$

であることを注意しておく．もし無視できないだけの非共鳴的な散乱があれば，散乱断面積の形は

$$f_l(k) = f_l^{\text{res}}(k) + f_l^{\text{nonres}}(k) \tag{23-52}$$

となる．

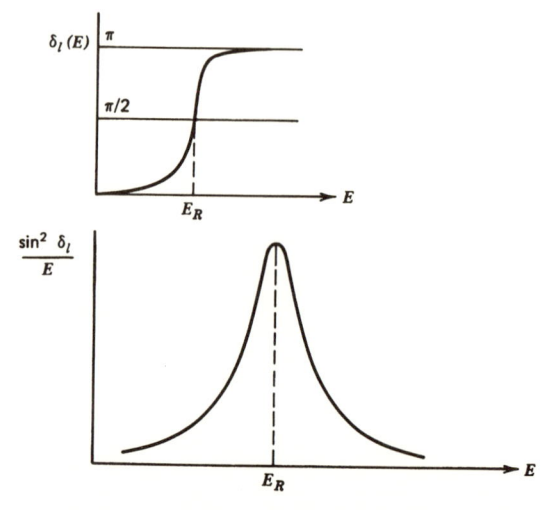

図 23-5 上部の図にある位相のずれの概略図に対応した部分波断面積

矩形の井戸型ポテンシャルにおける S 波散乱

低エネルギーでの散乱は主に S 波であるので，われわれは $l=0$ に集中して良い．式 (23-40) を計算するより位相のずれを直接導く方が簡単である．井戸の内側での解で，$r=0$ で正則なものは

$$u(r) = rR(r) = C\sin\kappa r \tag{23-53}$$

である．そしてこの形を井戸の外側での解

$$u(r) = \sin(kr+\delta) \tag{23-54}$$

に合致させる必要がある．$r=a$ における $(1/u)(du/dr)$ の連続性より

$$\kappa \cot \kappa a = k \cot(ka+\delta)$$

である．すなわち

$$\tan\delta = \frac{(k/\kappa)\tan\kappa a - \tan ka}{1+(k/\kappa)\tan\kappa a \tan ka} \tag{23-55}$$

である．そこで，

$$\tan qa = \frac{k}{\kappa}\tan\kappa a$$

と定義すれば，

$$\tan\delta = \frac{\tan qa - \tan ka}{1+\tan qa \tan ka} = \tan(qa-ka)$$

となり，すなわち

$$\delta = \tan^{-1}\left(\frac{k}{\kappa}\tan\kappa a\right) - ka \tag{23-56}$$

である．式 (23-39) より

$$(\kappa a)^2 = (ka)^2 + \frac{2mV_0 a^2}{\hbar^2} \tag{23-57}$$

であり，引力ポテンシャルに対しては，$V_0 > 0$ である．したがって，非常に低いエネルギーでは，$x \ll 1$ に対する $\tan x \simeq x$ を利用して

$$\tan\delta \approx \delta \approx ka\left(\frac{\tan\kappa a}{\kappa a}-1\right) \tag{23-58}$$

を得る．κa が $\pi/2$ を越えると（ここでわれわれは井戸型ポテンシャルを徐々に深くしている），これは井戸が1個の束縛状態を許容するに十分な深さになることであるが [式 (5-69) を参照]，$\tan\kappa a \to \infty$ となり，式 (23-55) より

$$\tan\delta = \frac{1}{\tan ka} \to \infty \tag{23-59}$$

である．すなわち δ が $\pi/2$ を通過する．ある意味では，ゼロエネルギーにおける束縛状態は共鳴に似ている．

井戸がさらにもう少し深くなると，再び $\tan\delta \sim O(ka)$ となり，連続性から

$$\begin{align} \delta &\approx ka\left(\frac{\tan\kappa a}{\kappa a}-1\right) \quad \text{（束縛状態のないとき）} \\ \delta &\approx \pi + ka\left(\frac{\tan\kappa a}{\kappa a}-1\right) \quad \text{（束縛状態のあるとき）} \end{align} \tag{23-60}$$

となる．さらにポテンシャルが深くなると，2番目の束縛状態が現れ，κa が $3\pi/2$ を通過し，$\delta \approx 2\pi + ka[\tan\kappa a/\kappa a - 1]$ となり，これはどこまでも続く．レヴィンソンの

定理 (Levinson's theorem) として知られている一般的な結果があり，これは
$$\delta(0) - \delta(\infty) = N_B \pi \tag{23-61}$$
である．ここで，N_B は束縛状態の数であり，式 (23-60) はその一例である．

散乱振幅と結合エネルギーの関係

非常に低いエネルギーでは，断面積は $l=0$ からの寄与しかない．それは
$$\sigma \cong \frac{4\pi}{k^2}(ka)^2 \left(\frac{\tan \kappa a}{\kappa a} - 1\right)^2 = 4\pi a^2 \left(\frac{\tan \kappa a}{\kappa a} - 1\right)^2 \tag{23-62}$$
であり，定数である．もちろん，この結果には $(ka)^2$ のオーダーの補正はある．中性子–陽子散乱を考えるとき，ポテンシャルは重陽子の結合エネルギーを正しく与えるものでなければならない．
$$E = -\frac{\hbar^2 \alpha^2}{2m}$$
とおいて，
$$\kappa = \sqrt{-\alpha^2 + \frac{2mV_0}{\hbar^2}}$$
とすれば (束縛状態の問題に対しては，実効的に $k^2 = -\alpha^2$ である)，ポテンシャルの外側における波動関数 $u(r) = Ae^{-\alpha r}$ を内側の解 $B \sin \kappa r$ に境界で合致させると，
$$\kappa \cot \kappa a = -\alpha \tag{23-63}$$
となる．$k \ll \kappa$ に対して
$$\left(\frac{\tan \kappa a}{\kappa a}\right)_{\text{scatt}} \cong \left(\frac{\tan \kappa a}{\kappa a}\right)_{\text{deuteron}} = -\frac{1}{a\alpha} \tag{23-64}$$
であるから
$$\sigma \cong 4\pi a^2 \left(1 + \frac{1}{a\alpha}\right)^2 \cong \frac{4\pi}{\alpha^2}(1 + 2a\alpha) \tag{23-65}$$
となる．このように，式 (23-64) で表される低エネルギー近似をすることにより，ポテンシャルを決めて，**それから**断面積を計算するという問題を回避することができる．この近似は結合エネルギーが小さい時にうまくいく．$1/\alpha$ という量は，それを越えると重陽子の波動関数がこぼれてしまう距離である．そしてこの量は緩やかに束縛されている系に対しては，常にポテンシャルのレンジ a に比べてずっと大きい．低エネルギーで散乱断面積を決定するのは，この $1/\alpha$ であり，ポテンシャルのレンジではない．

スピンに依存した散乱

1930 年代は中性子–陽子ポテンシャルの形が最大の興味の対象の一つであった．というのはこの形が核力一般についての基本的な手がかりを与えるものと期待されていたからである．低エネルギーにおける初歩的な実験がいろいろなポテンシャルで試された．しばらくして明らかになったことは，深さとレンジさえ適当に選べば，およそいかなる合理的な形のポテンシャルでも，うまくいくことである．1947 年 Schwinger は (後にもっと簡単な方法で Bethe が)，低エネルギーで
$$k \cot \delta = -\frac{1}{A} + \frac{1}{2} r_0 k^2 \tag{23-66}$$

と書くことは，常に良い近似であることを示した．ここで A は散乱半径 [または散乱長 (scattering length)]，r_0 は有効距離 (effective range) とよばれる．閾値における断面積が散乱半径を決定する．

$$\sigma \cong 4\pi A^2 \tag{23-67}$$

そして，エネルギー依存性が有効距離を決める．これらのパラメーターとポテンシャルを記述するパラメーターとの関係はポテンシャルの形に依存するが，データに適合する二つのパラメーターは常に存在する．この**有効距離公式**は，ポテンシャルの形をしらべるには，より高いエネルギーへ行く必要があることを表している．

重陽子の結合エネルギーは $2.23\,\text{MeV}$ である．われわれの議論で，m は換算質量，すなわち $M_p/2$ であることを念頭におくと，

$$\frac{1}{\alpha} = \sqrt{\frac{\hbar^2}{2mE}} = \frac{\hbar c}{\sqrt{M_p c^2 E}} = \frac{\hbar}{M_p c}\sqrt{\frac{M_p c^2}{E}}$$

$$\cong \frac{10^{-27}}{1.6 \times 10^{-24} \times 3 \times 10^{10}}\sqrt{\frac{940}{2.23}} = 4.3 \times 10^{-13}\,\text{cm}$$

であるから，

$$\frac{4\pi}{\alpha^2} \simeq 2.5 \times 10^{-24}\,\text{cm}^2 \simeq 2.5\,\text{barn}$$

である．もっと精密な決め方をすれば，閾値における断面積は 4 バーンとなる．熱中性子を使った測定結果は 21 バーンである！

この不一致の説明は，これまで考慮しなかった中性子と陽子のスピンを認識することによってなされた．もしポテンシャルがスピン依存性を持たなければ，すべてのスピン状態は同じように散乱され，粒子のスピンが「上向き」か「下向き」かは問題にならない．もしポテンシャルがスピンに依存すれば，その可能な形は

$$V(r) = V_1(r) + \boldsymbol{\sigma}_p \cdot \boldsymbol{\sigma}_n V_2(r) \tag{23-68}$$

である．この場合，スピンはもはや良い量子数ではなく，状態は全角運動量と全スピンによって分類されなければならない．すなわち $l=0$ の場合，4 個の状態は $^3S_1$ の 3 重項と $^1S_0$ の 1 重項に分解する．これらは同じように散乱される必要はないので，実際には 2 個の位相のずれ，すなわち 3 重項に対する δ_t と 1 重項に対する δ_s があるだけである．全角運動量 J が初期状態と終状態で等しくなければならないので，3 重項と 1 重項の間の遷移はない．全断面積はおのおのの場合終状態の数の重みがかかっている（断面積は終状態に関する**和**を含んでいて，角運動量の z 成分には依存しない）．したがって，

$$\sigma = \frac{3}{4}\sigma_t + \frac{1}{4}\sigma_s \tag{23-69}$$

である．スピンに依存しない力に対しては $\sigma = \sigma_t = \sigma_s$ である．

重陽子は $^3S_1$ 状態である．したがって 4 バーンと予言されているのは実際には σ_t である．このことは

$$\sigma_s = 4\sigma - 3\sigma_t = 72\,\text{barn} \tag{23-70}$$

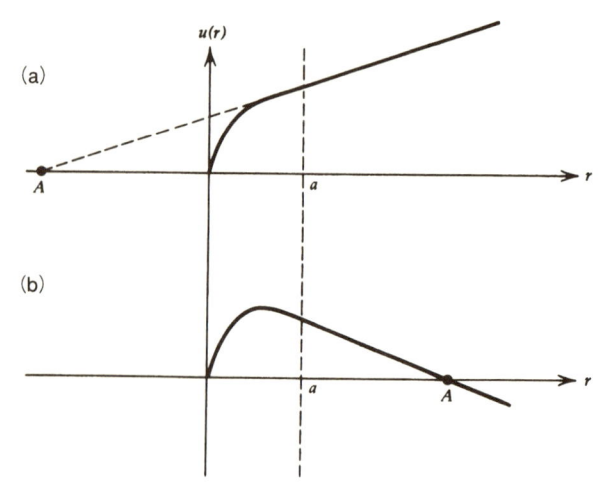

図 23-6 閾値付近における s 波解 $u(r)$ の概略図. 半径 $r = a$ の範囲の外側では, 波動関数は $C(r - A)$ の形をもつ. [これは $\sin(kr + \delta)$ の展開である式 (23-73) と矛盾しない. 規格化は任意に行えるので, $u(r)$ の形を $(C/k)\sin(kr + \delta)$ ととっても同じくうまくいく. 実際, 曲線の傾きを決めるのは内側での波動関数と A の位置である.] A の符号は, 内側での波動関数が, (b) と (a) の場合で, それぞれ折れ曲がるか否かに依存している. 波動関数は, 弱く束縛された状態がある場合 (したがって, ゆるやかに下降する指数関数と合わせられる場合) に, 折れ曲がりがなくてはならず, かつポテンシャル内部の波動関数がゼロ付近の E の変分に非常に敏感であるとは期待できないので, E_B が小さい束縛状態をもつポテンシャルに対しては, $A > 0$ が期待される.

を意味する. われわれは閾値で議論しているから,

$$|A_s| = \sqrt{\frac{72 \times 10^{-24}}{4\pi}} \cong 2.4 \times 10^{-12} \mathrm{cm} \tag{23-71}$$

である. 以前の結果によれば

$$|A_t| = \sqrt{\frac{4 \times 10^{-24}}{4\pi}} \cong 4.7 \times 10^{-13} \mathrm{cm} \tag{23-72}$$

になる. ここで, A_t と A_s の符号の問題が発生する. 閾値では $k \cot \delta \approx k/\delta \simeq -1/A$ であるから $\delta_s = -A_s k$ と $\delta_t = -A_t k$ である. したがって, 漸近的な波動関数は

$$\sin(kr + \delta_{t,s}) \simeq \sin k(r - A_{t,s}) \simeq k(r - A_{t,s}) \tag{23-73}$$

の形をもつ. 可能な二つの場合が図 23-6 に示されている. われわれは 3 重項状態の波動関数が井戸の縁のちょうど手前で折れ曲がる (そこに束縛状態があるから) ことを知っている. したがってそれは $A_t > 0$ の場合に対応する.

もし A_s も正であれば, 1 重項の束縛状態が期待され, しかも内部の波動関数がずっと平らな漸近形につながるため, 結合はもっと弱いはずである. 実際結合エネルギーは 70 keV になるはずである. しかしこのような束縛状態は見つかっていないので, $A_s < 0$ であることが想像される.

このように選ばれた符号は実際, 中性子の H_2 分子による散乱で確認されている. 知られているように, H_2 分子は, スピン 3 重項のオルト H_2 分子としても, また 2 陽子のスピンが 1 重項のパラ H_2 分子としても存在しうる. 波長が分子中の陽子-陽子間距

離よりずっと長いような非常に低エネルギーの中性子に対して，中性子–H_2 散乱振幅は個々の散乱振幅の単なる和である．パラ H_2 からの振幅とオルト H_2 からの振幅とは異なり，それぞれ A_s と A_t の線形結合を含むことを示すことができる．$\sigma_{\text{para}} \cong 3.9 \text{barn}$ であり，$\sigma_{\text{ortho}} \cong 125 \text{barn}$ であることは，このようにして説明できる．計算は，考慮しなければならないいくつかの効果，たとえば分子中の陽子の有効質量が自由陽子のそれと違うとか，分子は実際は静止しているわけではなく，低温 ($\sim 20\text{K}$) に対応した分布関数に従って動いていることなどのため，たいへん込み入っている．二つの断面積の大きさがかなり異なっているという事実は，これらの補正では変わらなくて，A_s が本当に負であることによってしか説明できない．

ボルン近似

エネルギーが高くなると，たくさんの部分波が散乱に寄与してくるため，角運動量による分解は避けた方がよい．ポテンシャルが弱くて，エネルギーが高い場合に非常に有効な近似を与えるのがボルン近似である．この近似では 21 章で議論した遷移のように，散乱過程を遷移として考える．違いは，ここで考える遷移は

連続領域 → 連続領域

であることである．重心系で考えれば，われわれの問題は 1 粒子問題であり，この粒子は固有関数

$$\psi_i(\boldsymbol{r}) = \frac{1}{\sqrt{V}} e^{i\boldsymbol{p}_i \cdot \boldsymbol{r}/\hbar} \tag{23-74}$$

で記述される初期状態から，

$$\psi_f(\boldsymbol{r}) = \frac{1}{\sqrt{V}} e^{i\boldsymbol{p}_f \cdot \boldsymbol{r}/\hbar} \tag{23-75}$$

で記述される終状態へ遷移する．ここで $\boldsymbol{p}_i$ と $\boldsymbol{p}_f$ は初期状態および終状態それぞれの運動量である．遷移確率は黄金律 (21-59) によると，

$$R_{i \to f} = \frac{2\pi}{\hbar} \int \frac{V d^3 \boldsymbol{p}_f}{(2\pi\hbar)^3} |M_{fi}|^2 \delta\left(\frac{p_f{}^2}{2m} - \frac{p_i{}^2}{2m}\right) \tag{23-76}$$

で与えられる．ここでデルタ関数はエネルギー保存則を表す．入射する粒子と放出される粒子の質量が違う場合とか，標的が励起される場合には，デルタ関数はいくぶん違った形をとるが，常に $\delta[(p_f{}^2/2m) - E]$ の形である．ここで，E は終状態の粒子の運動エネルギーに割り当てられるエネルギーである．行列要素 M_{fi} は

$$\begin{aligned} M_{fi} &= \langle \psi_f | V | \psi_i \rangle = \int d^3 \boldsymbol{r} \frac{e^{-i\boldsymbol{p}_f \cdot \boldsymbol{r}/\hbar}}{\sqrt{V}} V(\boldsymbol{r}) \frac{e^{i\boldsymbol{p}_i \cdot \boldsymbol{r}/\hbar}}{\sqrt{V}} \\ &= \frac{1}{V} \int d^3 \boldsymbol{r} e^{-i\boldsymbol{\Delta} \cdot \boldsymbol{r}} V(\boldsymbol{r}) \end{aligned} \tag{23-77}$$

と与えられ，$\boldsymbol{\Delta} = \frac{1}{\hbar}(\boldsymbol{p}_f - \boldsymbol{p}_i)$ である．われわれは行列要素を

$$M_{fi} = \frac{1}{V} \tilde{V}(\boldsymbol{\Delta}) \tag{23-78}$$

と書く. 式 (23-76) は次のように書き直すことができる.

$$\begin{align}
R_{i\to f} &= \frac{2\pi}{\hbar}\int d\Omega \frac{V p_f^2 d p_f}{(2\pi\hbar)^3}\frac{1}{V^2}|\tilde{V}(\boldsymbol{\Delta})|^2 \delta\left(\frac{p_f^2}{2m}-E\right) \\
&= \frac{2\pi}{\hbar}\frac{1}{(2\pi\hbar)^3}\frac{1}{V}\int d\Omega p_f m \frac{p_f d p_f}{m}\delta\left(\frac{p_f^2}{2m}-E\right)|\tilde{V}(\boldsymbol{\Delta})|^2 \\
&= \frac{1}{4\pi^2\hbar^4}\frac{1}{V}\int d\Omega p_f m|\tilde{V}(\boldsymbol{\Delta})|^2
\end{align} \tag{23-79}$$

最後の行を得るのに, $p_f d p_f/m = d(p_f^2/2m)$ を利用しデルタ関数の積分を実行した. したがって, p_f は $p_f = (2mE)^{1/2}$ で計算しなければならず, ここでの m は終状態における換算質量であることを忘れてはならない.

この表式は量子化のための箱の体積への望ましくない依存性をもっているが, これは驚くにあたらない. われわれの波動関数は箱 V の中に粒子 1 個と規格化されている. したがって V が大きくなれば遷移の数は確かに減少するはずである. この困難は, われわれが実験に対応していない問題を問うために生ずる. 実際は, (重心系で) 入射粒子のフラックスを互いに向けて送り込んでいる. (実験室系では, もちろん一方の粒子は静止している.) もし, 単位面積, 単位時間に 1 個の粒子というフラックスを考えるなら, われわれは前の式に, V を底面積が 1cm^2 で高さが初期状態における重心系での粒子間相対速度である円筒形の体積で割ったものを乗じる必要がある. 単位フラックスに対する遷移の数がちょうど断面積である. したがって,

$$d\sigma = \frac{1}{4\pi^2\hbar^4}\frac{1}{|v_{\text{rel}}|}d\Omega p_f m|\tilde{V}(\boldsymbol{\Delta})|^2 \tag{23-80}$$

となる. 重心系では, 二つの入射粒子は大きさが同じ p_i で逆方向の運動量をもって, 互いに向き合って運動するので, m_1, m_2 をそれぞれの質量とすれば, その相対速度は

$$|v_{\text{rel}}| = \frac{p_i}{m_1}+\frac{p_i}{m_2} = p_i\left(\frac{1}{m_1}+\frac{1}{m_2}\right) = \frac{p_i}{m_{\text{red}}^{(i)}} \tag{23-81}$$

である. したがって, 初期状態および終状態の換算質量が異なり, かつ運動量が同じでない場合

$$\frac{d\sigma}{d\Omega} = \frac{1}{4\pi^2}\frac{p_f}{p_i}m_{\text{red}}^{(f)}m_{\text{red}}^{(i)}\left|\frac{1}{\hbar}\tilde{V}(\boldsymbol{\Delta})\right|^2 \tag{23-82}$$

となる. もし初期および終状態の粒子が同じであれば

$$\frac{d\sigma}{d\Omega} = \frac{m_{\text{red}}^2}{4\pi^2}\left|\frac{1}{\hbar^2}\tilde{V}(\boldsymbol{\Delta})\right|^2 \tag{23-83}$$

である. もし一方の粒子の質量が他方に比して非常に大きければ, $m_{\text{red}} \to m$, すなわち軽い方の質量になる. 上の式を式 (23-15) と比べれば,

$$f(\theta,\phi) = -\frac{m_{\text{red}}}{2\pi\hbar^2}\tilde{V}(\boldsymbol{\Delta}) \tag{23-84}$$

となることがわかる. 実際, 符号まで決めるには, もっと詳しく部分波分解の式と比較する必要がある. ここではそこまでは気にしないことにする.

ボルン近似の応用例として, 質量 m, 電荷 Z_1 の粒子の, 電荷 Z_2 のクーロン・ポテンシャルによる散乱断面積を計算する. クーロン場の源は無限に重いと考える. したがって, 式 (23-83) の質量は入射粒子の質量である. 一般性をもたせるため (また,

後でわかるが，技術的理由により）クーロン場は遮蔽されているとして，

$$V(\boldsymbol{r}) = Z_1 Z_2 e^2 \frac{e^{-r/a}}{r} \tag{23-85}$$

であるとする．ここで a は遮蔽半径である．したがって，われわれは

$$\tilde{V}(\boldsymbol{\Delta}) = Z_1 Z_2 e^2 \int d^3\boldsymbol{r}\, e^{-i\boldsymbol{\Delta}\cdot\boldsymbol{r}} \frac{e^{-r/a}}{r} \tag{23-86}$$

を計算する必要がある．$\boldsymbol{\Delta}$ の方向を z 軸にとれば，

$$\begin{aligned}
\int d^3\boldsymbol{r}\, e^{-i\boldsymbol{\Delta}\cdot\boldsymbol{r}} \frac{e^{-r/a}}{r} &= \int_0^{2\pi} d\phi \int_0^{\pi} \sin\theta\, d\theta \int_0^{\infty} r^2 dr\, e^{-i\Delta r \cos\theta} \frac{e^{-r/a}}{r} \\
&= 2\pi \int_0^{\infty} r dr\, e^{-r/a} \int_{-1}^{1} d(\cos\theta) e^{-i\Delta r \cos\theta} \\
&= \frac{2\pi}{i\Delta} \int_0^{\infty} dr\, e^{-r/a}(e^{i\Delta r} - e^{-i\Delta r}) \\
&= \frac{2\pi}{i\Delta}\left(\frac{1}{(1/a) - i\Delta} - \frac{1}{(1/a) + i\Delta}\right) = \frac{4\pi}{(1/a^2) + \Delta^2}
\end{aligned} \tag{23-87}$$

となる．そこで，

$$\Delta^2 = \frac{1}{\hbar^2}(\boldsymbol{p}_f - \boldsymbol{p}_i)^2 = \frac{1}{\hbar^2}(2p^2 - 2\boldsymbol{p}_f\cdot\boldsymbol{p}_i) = \frac{2p^2}{\hbar^2}(1-\cos\theta) \tag{23-88}$$

であるから，断面積は

$$\begin{aligned}
\frac{d\sigma}{d\Omega} &= \frac{m^2}{4\pi^2}\frac{1}{\hbar^4}(Z_1 Z_2 e^2)^2 \frac{16\pi^2}{[(2p^2/\hbar^2)(1-\cos\theta) + (1/a^2)]^2} \\
&= \left(\frac{2mZ_1 Z_2 e^2}{4p^2 \sin^2(\theta/2) + (\hbar^2/a^2)}\right)^2 \\
&= \left(\frac{Z_1 Z_2 e^2}{4E \sin^2(\theta/2) + (\hbar^2/2ma^2)}\right)^2
\end{aligned} \tag{23-89}$$

となる．最後の行で，われわれは $p^2/2m$ を E で置き換え，$\frac{1}{2}(1-\cos\theta) = \sin^2(\theta/2)$ を使った．式 (23-88) で定義された角 θ は重心系での散乱角である．遮蔽がないとき $(a \to \infty)$ この式は有名なラザフォードの公式になる．この式には $\hbar$ が入っていなくて古典論の公式と同じ形である．式 (23-86) で遮蔽因子を入れなければ，積分が不確定になっていたはずである．積分が不定になるとき，このように収束因子を入れることはしばしばある．

ボルン近似には限界もある．たとえば，われわれは $\tilde{V}(\boldsymbol{\Delta})$ が純粋に実数であることを知った．そこでこの近似では $f(\theta)$ も実数である．これは，光学定理を使うと，断面積がゼロであることを意味する．事実，ボルン近似が良いのは次の二つの場合である．(a) ポテンシャルが弱く，したがって断面積が小さなパラメターの 2 次のオーダーである場合．このとき近似は光学定理と矛盾しない．(b) 高エネルギーで断面積がゼロになるようなポテンシャルの場合．これは多くの滑らかなポテンシャルに対して成立する．現実の粒子に対しては，そうはいかない．非常に高いエネルギーで断面積は一定であるように見え，したがって，ボルン近似には，散乱振幅のふるまいに対する指標以上のことを期待してはならない．

最後の注意として，ポテンシャル V がスピン依存性をもつ場合，式 (23-77) は初期および終状態を，空間波動関数に加えてスピン波動関数で記述しなければならないと

いうささいな変更を受ける．したがって，たとえば，中性子–陽子ポテンシャルが

$$V(r) = V_1(r) + \boldsymbol{\sigma}_P \cdot \boldsymbol{\sigma}_N V_2(r)$$

の形であれば，ボルン近似は

$$M_{fi} = \frac{1}{V}\int d^3r\, e^{-i\boldsymbol{\Delta}\cdot\boldsymbol{r}} \xi_f^+ V(r)\xi_i$$

となり，ここで ξ_i と ξ_f は初期および終状態における中性子–陽子系のスピン状態を表す．

同種粒子の散乱

二つの同種粒子が散乱する場合，重心系での散乱角 θ と $\pi-\theta$ の区別がつかない．というのは運動量保存則より，もし一方の粒子が θ で散乱されれば，もう一方の粒子は必ず $\pi-\theta$ で散乱されるからである (図 23-7)．古典論でも，同種粒子であることは散乱断面積に反映される．なぜならある検出器での検出数は両方の粒子の和になるからである．したがって，

$$\sigma_{\mathrm{cl}}(\theta) = \sigma(\theta) + \sigma(\pi-\theta) \tag{23-90}$$

である．量子力学では二つの終状態を区別する方法がないので，二つの**振幅** $f(\theta)$ と $f(\pi-\theta)$ は干渉しうる．したがって，二つの同種スピンゼロ粒子 (ボソン)，たとえば α 粒子の散乱断面積は

$$\frac{d\sigma}{d\Omega} = |f(\theta) + f(\pi-\theta)|^2 \tag{23-91}$$

となる．これは干渉項の部分だけ古典論の結果と異なっていて

$$\frac{d\sigma}{d\Omega} = |f(\theta)|^2 + |f(\pi-\theta)|^2 + [f^*(\theta)f(\pi-\theta) + f(\theta)f^*(\pi-\theta)] \tag{23-92}$$

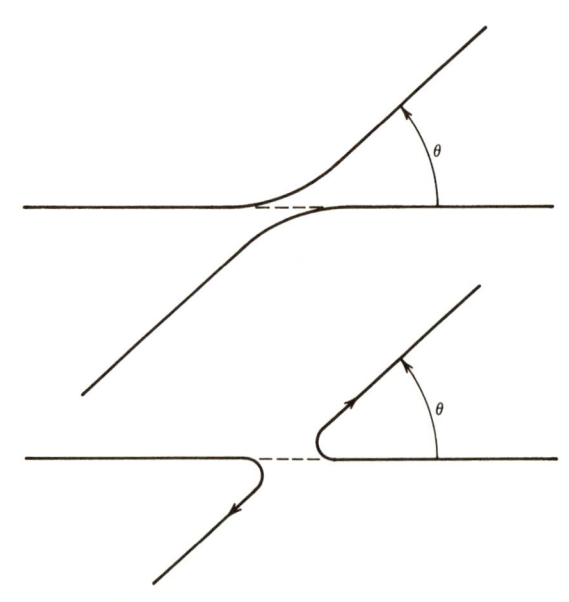

図 23-7　2個の同種粒子の重心系での角 θ の散乱における漸近的方向

であり，$\pi/2$ における増幅をもたらす．たとえば

$$\left(\frac{\mathrm{d}\sigma}{\mathrm{d}\Omega}\right)_{\pi/2} = 4\left|f\left(\frac{\pi}{2}\right)\right|^2 \tag{23-93}$$

は，干渉項のない場合の結果

$$\left(\frac{\mathrm{d}\sigma}{\mathrm{d}\Omega}\right)_{\pi/2} = 2\left|f\left(\frac{\pi}{2}\right)\right|^2 \tag{23-94}$$

に比べると大きくなっている．二つのスピン $\frac{1}{2}$ 粒子の散乱，たとえば陽子–陽子散乱あるいは電子–電子散乱を考える場合，振幅は全波動関数が2粒子の入れ替えに対して反対称であるという性質を反映していなければならない．もし2粒子がスピン1重項状態にあれば，空間的波動関数は対称であり，したがって

$$\frac{\mathrm{d}\sigma_s}{\mathrm{d}\Omega} = |f(\theta) + f(\pi - \theta)|^2 \tag{23-95}$$

である．もし2粒子がスピン3重項状態にあれば，空間的波動関数は反対称であり

$$\frac{\mathrm{d}\sigma_t}{\mathrm{d}\Omega} = |f(\theta) - f(\pi - \theta)|^2 \tag{23-96}$$

となる．偏極されていない二つの陽子の散乱のときは，すべてのスピン状態が同じ確率である．したがって二つの陽子がスピン3重項状態に見いだされる確率はスピン1重項状態に見いだされる確率の3倍であり，ゆえに

$$\begin{aligned}\frac{\mathrm{d}\sigma}{\mathrm{d}\Omega} &= \frac{3}{4}\frac{\mathrm{d}\sigma_t}{\mathrm{d}\Omega} + \frac{1}{4}\frac{\mathrm{d}\sigma_s}{\mathrm{d}\Omega} \\ &= \tfrac{3}{4}|f(\theta) - f(\pi-\theta)|^2 + \tfrac{1}{4}|f(\theta) + f(\pi-\theta)|^2 \\ &= |f(\theta)|^2 + |f(\pi-\theta)|^2 - \tfrac{1}{2}[f(\theta)f^*(\pi-\theta) + f^*(\theta)f(\pi-\theta)]\end{aligned} \tag{23-97}$$

である．陽子–陽子散乱においても，α–α 散乱におけると同様，基本的な振幅 $f(\theta)$ は，(もしエネルギーがあまり低くなければ) 核力の項とクーロン項との和である．同種粒子がボソンであろうとフェルミオンであろうと，$\theta \to \pi - \theta$ の入れ替えに対する対称性がある．

格子上の原子による散乱

結晶格子による粒子散乱においても対称性の考察が役割を果たす．もしスピンを無視すれば，したがって電子がスピンの向きを変えるか変えないか (「上向き」→「下向き」，あるいはその逆) を気にしなければ，低エネルギーでは散乱振幅 $f(\theta)$ は角度によらない (S 波散乱)．そして格子点 $\boldsymbol{a}_i$ に位置する単一原子によるシュレーディンガー方程式の解は次のような漸近形をもつ．

$$\psi(\boldsymbol{r}) \sim \mathrm{e}^{\mathrm{i}\boldsymbol{k}\cdot(\boldsymbol{r}-\boldsymbol{a}_i)} + f\frac{\mathrm{e}^{\mathrm{i}k|\boldsymbol{r}-\boldsymbol{a}_i|}}{|\boldsymbol{r}-\boldsymbol{a}_i|} \tag{23-98}$$

ここで

$$\begin{aligned}k|\boldsymbol{r}-\boldsymbol{a}_i| &= k(\boldsymbol{r}^2 - 2\boldsymbol{r}\cdot\boldsymbol{a}_i + {a_i}^2)^{1/2} \\ &\cong kr\left(1 - \frac{2\boldsymbol{r}\cdot\boldsymbol{a}_i}{r^2}\right)^{1/2} \\ &\cong kr - k\hat{\boldsymbol{\imath}}_r\cdot\boldsymbol{a}_i\end{aligned} \tag{23-99}$$

であり，$k\hat{\imath}_r$ が大きさ k のベクトルであり，$\boldsymbol{r}$ の方向，すなわち観測点を向いているので，これは終状態運動量 $\boldsymbol{k}'$ である．位相因子 $\mathrm{e}^{-\mathrm{i}\boldsymbol{k}\cdot\boldsymbol{a}_i}$ で割ると，波動関数の漸近形は

$$\psi(\boldsymbol{r}) \sim \mathrm{e}^{\mathrm{i}\boldsymbol{k}\cdot\boldsymbol{r}} + f\mathrm{e}^{-\mathrm{i}\boldsymbol{k}'\cdot\boldsymbol{a}_i}\mathrm{e}^{\mathrm{i}\boldsymbol{k}\cdot\boldsymbol{a}_i}\frac{\mathrm{e}^{\mathrm{i}kr}}{r} + O\left(\frac{1}{r^2}\right) \tag{23-100}$$

となり，散乱振幅は

$$f(\theta) = f\mathrm{e}^{-\mathrm{i}\boldsymbol{\Delta}\cdot\boldsymbol{a}_i}, \qquad \boldsymbol{\Delta} = \boldsymbol{k}' - \boldsymbol{k} \tag{23-101}$$

である．結晶中のどの原子が散乱に関わったかがわからないときの全振幅は，個々の散乱振幅の和である．そして，これが正に，反跳が観測されなくて，スピンが測定されない場合の低エネルギー弾性散乱の状況である．したがって，**可干渉** (コヒーレント) 過程に対しては

$$\frac{\mathrm{d}\sigma}{\mathrm{d}\Omega} = \left|f\sum_{\text{atoms}}\mathrm{e}^{-\mathrm{i}\boldsymbol{\Delta}\cdot\boldsymbol{a}_i}\right|^2 \tag{23-102}$$

を得る．もし格子点が単純な立方配列であって

$$\boldsymbol{a}_i = a(n_x\hat{\imath}_x + n_y\hat{\imath}_y + n_z\hat{\imath}_z) \qquad (-N \leq n_x, n_y, n_z \leq N) \tag{23-103}$$

(格子間距離はすべての方向へ a の整数倍) であれば，

$$\sum \mathrm{e}^{-\mathrm{i}\boldsymbol{\Delta}\cdot\boldsymbol{a}_i} = \sum_{n_x=-N}^{N}\sum_{n_y=-N}^{N}\sum_{n_z=-N}^{N} \mathrm{e}^{-\mathrm{i}a\Delta_x n_x}\mathrm{e}^{-\mathrm{i}a\Delta_y n_y}\mathrm{e}^{-\mathrm{i}a\Delta_z n_z}$$

である．式

$$\begin{aligned}\sum_{n=-N}^{N}\mathrm{e}^{\mathrm{i}\alpha n} &= \mathrm{e}^{-\mathrm{i}\alpha N}(1 + \mathrm{e}^{\mathrm{i}\alpha} + \mathrm{e}^{2\mathrm{i}\alpha} + \cdots + \mathrm{e}^{2\mathrm{i}\alpha N}) \\ &= -\mathrm{e}^{\mathrm{i}\alpha N}\frac{\mathrm{e}^{\mathrm{i}\alpha(2N+1)} - 1}{\mathrm{e}^{\mathrm{i}\alpha} - 1} = \frac{\mathrm{e}^{\mathrm{i}\alpha(N+1)} - \mathrm{e}^{-\mathrm{i}\alpha N}}{\mathrm{e}^{\mathrm{i}\alpha} - 1} \\ &= \frac{\mathrm{e}^{\mathrm{i}\alpha(N+1/2)} - \mathrm{e}^{-\mathrm{i}\alpha(N+1/2)}}{\mathrm{e}^{\mathrm{i}\alpha/2} - \mathrm{e}^{-\mathrm{i}\alpha/2}} = \frac{\sin\alpha(N+\frac{1}{2})}{\sin\alpha/2}\end{aligned} \tag{23-104}$$

を用いれば，

$$\frac{\mathrm{d}\sigma}{\mathrm{d}\Omega} = |f|^2\frac{\sin^2\alpha_x(N+\frac{1}{2})}{\sin^2\alpha_x/2} \cdot \frac{\sin^2\alpha_y(N+\frac{1}{2})}{\sin^2\alpha_y/2} \cdot \frac{\sin^2\alpha_z(N+\frac{1}{2})}{\sin^2\alpha_z/2} \tag{23-105}$$

なる結果が得られる．ここで

$$\alpha_x = a\Delta_x - 2\pi\nu_x \qquad (\nu_x = \text{整数}), \text{ etc.} \tag{23-106}$$

である．ν を整数として，$\alpha \to \alpha - 2\pi\nu$ の置き換えをしても式 (23-105) は変わらないので，前に示した一般化をすることができる．式 (23-105) はあまり見通しが良くない．しかし，N が大きいとき，各因子は α_x などがゼロ付近で非常に強いピークをもつ．実際，式 (21-20) から簡単な変数変換で容易に導かれる公式

$$\frac{\sin^2 Nu}{u^2/4} \to 4\pi N\delta(u) \tag{23-107}$$

を用いると，

$$\frac{\mathrm{d}\sigma}{\mathrm{d}\Omega} = |f|^2(2\pi)^3(2N)^3\delta(a\boldsymbol{\Delta} - 2\pi\boldsymbol{\nu}) \tag{23-108}$$

が得られる．原子の総数は $(2N)^3$ であるから，1 原子あたりの断面積は

$$\frac{\mathrm{d}\sigma}{\mathrm{d}\Omega} = |f|^2\frac{(2\pi)^3}{a^3}\delta\left(\boldsymbol{k}' - \boldsymbol{k} - \frac{2\pi\boldsymbol{\nu}}{a}\right) \tag{23-109}$$

となる．したがって，
$$\bm{k}' - \bm{k} = \frac{2\pi}{a}\bm{\nu} \tag{23-110}$$
で与えられる方向以外では，微分断面積は非常に小さく，またその方向では強いピークがある．この条件は**ブラッグ条件** (Bragg conditions) とよばれ，整数 ν_x, ν_y, ν_z は**ブラッグ面のミラー指数** (Miller indices) とよばれる．

ここで導かれた関係式はもっと複雑な結晶にも一般化することができる．それらは，入射粒子として中性子や X 線を用いて，結晶構造を研究するさいにも，また既知の結晶を使って，エネルギーの高い光子を含む原子遷移で放出される X 線を研究するさいにも，用いられる．

問　題

23-1 中心力ポテンシャル $V(\bm{r}) = V(r)$ に対しては，式 (23-77) の行列要素 M_{fi} は，次の形
$$M_{fi} = \frac{1}{V}\frac{4\pi\hbar}{\Delta}\int_0^\infty r\,\mathrm{d}r\,V(r)\sin r\Delta$$
に書けることを示せ．これは $\bm{\Delta}$ の偶関数，すなわち
$$\bm{\Delta}^2 = (\bm{p}_f - \bm{p}_i)^2/\hbar^2$$
の関数であることに注意せよ．

23-2 次の形のポテンシャルを考える．
$$V(r) = V_G e^{-r^2/a^2}$$
ボルン近似を用いて，微分断面積 $\mathrm{d}\sigma/\mathrm{d}\Omega$ を重心系での散乱角 θ の関数として計算せよ．その結果を湯川ポテンシャル
$$V(r) = V_0 b\frac{e^{-r/b}}{r}$$
に対する微分断面積 [これはすでに式 (23-85)–(23-89) で計算済み] と比較せよ．比較をするために，二つの場合のパラメターを $\bm{\Delta} = 0$ の前方で微分断面積とその勾配が一致するように選べ．V_G, V_0, a, b に対してある定まった数値をとって，これをグラフに描くのが便利かも知れない．大きな運動量変化があるとき，どうして二つの予言がこれほど大きく異なるか，定性的に説明することができるか？

23-3 次のポテンシャルを考える．
$$V(r) = V_0 a\frac{e^{-r/a}}{r}$$
到達距離パラメターが $a = 1.2\,\mathrm{fm} = 1.2\times 10^{-13}\,\mathrm{cm}$ で，かつ $V_0 = 100\,\mathrm{MeV}$ の大きさである場合，重心系エネルギー $100\,\mathrm{MeV}$ における陽子–陽子散乱の全断面積をボルン近似で計算せよ．クーロン散乱は無視して良いが，2 陽子の同一性は考慮せよ．

[**注意**：次の関係式
$$\hbar^2 \Delta^2 = (\boldsymbol{p}_f - \boldsymbol{p}_i)^2 = 2p^2(1 - \cos\theta)$$
を用いて
$$\mathrm{d}\Omega = 2\pi \mathrm{d}(\cos\theta) = \frac{\hbar^2 \pi}{p^2} \mathrm{d}(\Delta^2)$$
と書くと良い．]

23-4 中性子–陽子散乱振幅が次の形
$$f(\theta) = \xi_f^+ (A + B\boldsymbol{\sigma}_P \cdot \boldsymbol{\sigma}_N)\xi_i$$
で与えられているとする．ここで ξ_i と ξ_f は中性子–陽子系の初めと終りのスピン状態である．可能な状態は
$$\begin{aligned}
\xi_i &= \chi_\uparrow^{(P)} \chi_\uparrow^{(N)} & \xi_f &= \chi_\uparrow^{(P)} \chi_\uparrow^{(N)} \\
&= \chi_\uparrow^{(P)} \chi_\downarrow^{(N)} & &\chi_\uparrow^{(P)} \chi_\downarrow^{(N)} \\
&= \chi_\downarrow^{(P)} \chi_\uparrow^{(N)} & &\chi_\downarrow^{(P)} \chi_\uparrow^{(N)} \\
&= \chi_\downarrow^{(P)} \chi_\downarrow^{(N)} & &\chi_\downarrow^{(P)} \chi_\downarrow^{(N)}
\end{aligned}$$
である．
$$\boldsymbol{\sigma}_P \cdot \boldsymbol{\sigma}_N = \sigma_z^{(P)} \sigma_z^{(N)} + 2(\sigma_+^{(P)} \sigma_-^{(N)} + \sigma_-^{(P)} \sigma_+^{(N)})$$
を用いて，16個の散乱振幅すべてを計算せよ．ここで，$\sigma_z = \begin{pmatrix} 1 & 0 \\ 0 & -1 \end{pmatrix}$ かつ $\chi_\uparrow = \begin{pmatrix} 1 \\ 0 \end{pmatrix}$, $\chi_\downarrow = \begin{pmatrix} 0 \\ 1 \end{pmatrix}$ であるような表現において
$$\sigma_+ = \frac{\sigma_x + \mathrm{i}\sigma_y}{2} = \begin{pmatrix} 0 & 1 \\ 0 & 0 \end{pmatrix}, \qquad \sigma_- = \frac{\sigma_x - \mathrm{i}\sigma_y}{2} = \begin{pmatrix} 0 & 0 \\ 1 & 0 \end{pmatrix}$$
である．結果の表をつくり，また断面積の表もつくれ．

23-5 もし，スピン状態のどれか（たとえば，初期状態の陽子とか初期状態の中性子）が測定されていなければ，断面積は測定されていないスピン状態に関する和になる．いま，初期および終状態の陽子スピンが測定されていないとしよう．初期状態の中性子のスピンが「上向き」と与えられたとして，終状態の中性子スピン「上向き」および「下向き」の断面積に対する表式を書き下せ．次式で定義される偏極 P を求めよ．
$$P = \frac{\sigma\uparrow - \sigma\downarrow}{\sigma\uparrow + \sigma\downarrow}$$
ここで $\sigma\uparrow$ は終状態中性子スピン「上向き」の断面積，などなどである．

23-6 問題 23-4 で計算した表を使って，3重項 → 3重項散乱と 1重項 → 1重項散乱の断面積をそれぞれ計算せよ．また，3重項 → 1重項散乱はゼロであることを示せ．得られた結果を ($\hbar$ の単位で)
$$\frac{1}{2}\boldsymbol{\sigma}_P + \frac{1}{2}\boldsymbol{\sigma}_N = \boldsymbol{S}$$

であるため
$$\begin{aligned}\boldsymbol{\sigma}_P \cdot \boldsymbol{\sigma}_N &= 2\boldsymbol{S}^2 - 3 \\ &= 1 \quad \text{(3 重項状態に作用するとき)} \\ &= -3 \quad \text{(1 重項状態に作用するとき)}\end{aligned}$$

となることに注目して確かめよ．振幅は m_s によらないため，m_s は初めと終りのスピン状態で同じであることに注意せよ．3重項状態には三つの状態があり，散乱断面積にすべて等しい寄与をする．そして1重項散乱断面積には唯一つの状態が寄与する．

(**注意**：次のような振幅
$$\frac{1}{\sqrt{2}}(\chi_\uparrow^{(P)}\chi_\downarrow^{(N)} - \chi_\downarrow^{(P)}\chi_\uparrow^{(N)})(A + B\boldsymbol{\sigma}_P \cdot \boldsymbol{\sigma}_N)\frac{1}{\sqrt{2}}(\chi_\uparrow^{(P)}\chi_\downarrow^{(N)} - \chi_\downarrow^{(P)}\chi_\uparrow^{(N)})$$
を計算する場合，振幅を四つの項に対して加えてから2乗する．理由を説明できるか?)

23-7 次の積分を考えよう．
$$I(kr) = \int_0^\pi \mathrm{d}\theta \sin\theta\, g(\cos\theta) \mathrm{e}^{-\mathrm{i}kr\cos\theta} = \int_{-1}^1 \mathrm{d}u\, g(u) \mathrm{e}^{-\mathrm{i}kru}$$

ここで，$g(\cos\theta)$ は $\theta = \theta_0$ のまわりで強く局所化されていて，無限回微分可能である．このような関数の例として
$$g = \mathrm{e}^{-\alpha^2(\cos\theta - \cos\theta_0)^2}$$

がある．ここで α は大である．したがって，われわれは $g(u)$ とそのすべての微分は $u = \pm 1$ でゼロであると仮定して良い．その場合，$I(kr)$ は $kr \to \infty$ のとき，kr のいかなるべきよりも速くゼロになることを示せ．
(ヒント：$\mathrm{e}^{-\mathrm{i}kru} = \dfrac{\mathrm{i}}{kr}\dfrac{\mathrm{d}}{\mathrm{d}u}\mathrm{e}^{-\mathrm{i}kru}$ と書いて，部分積分を繰り返せ．)

参 考 文 献

散乱理論は巻末にあげたすべての教科書で議論されている．加えて，この主題だけに当てられた，より進んだ文献もたくさんある．この本のレベルの学生にとって最も適当なのは，

N. F. Mott and H. S. W. Massey, *The Theory of Atomic Collisions* (3rd edition), Oxford University Press (Clarendon), Oxford, 1965.

より形式を重んじたものとして，

L. S. Rodberg and R. M. Thaler, *Intrduction to the Quantum Theory of Scattering*, Academic Press, New York, 1967.

もっと進んだものとしては，

M. L. Goldberger and K. M. Watson, *Collision Theory*, John Wiley & Sons, New York, 1965.

R. Newton, *Scattering Theory of Waves and Particles*, McGraw-Hill, New York, 1966.

がある．

24

物質中における放射の吸収

原子の放射崩壊の逆過程，すなわち原子の励起を伴った光子の捕獲も起こりうる現象である．原子のイオン化エネルギーより大きい光子エネルギーでは，電子は連続状態にまで励起される．これは**光電効果**とよばれていて，物質中の重要な放射吸収機構である．

黄金律 (21-59) によると，過程

$$\gamma + (原子) \to (原子)' + e \tag{24-1}$$

の遷移確率は

$$\begin{aligned}
R &= \frac{2\pi}{\hbar} \int \frac{V \mathrm{d}^3 \boldsymbol{p}_e}{(2\pi\hbar)^3} |M_{fi}|^2 \delta\left(\hbar\omega - E_B - \frac{p_e^2}{2m}\right) \\
&= \frac{2\pi}{\hbar} \int \frac{\mathrm{d}\Omega V}{(2\pi\hbar)^3} \int m p_e \mathrm{d}\left(\frac{p_e^2}{2m}\right) |M_{fi}|^2 \delta\left(\hbar\omega - E_B - \frac{p_e^2}{2m}\right) \\
&= \frac{2\pi V}{\hbar} \int \mathrm{d}\Omega \frac{m p_e}{(2\pi\hbar)^3} |M_{fi}|^2
\end{aligned} \tag{24-2}$$

となる．この表式で m は電子の質量，デルタ関数はエネルギー保存則を表し，E_B は原子中の電子の束縛エネルギー，そして最後の行において p_e はデルタ関数の中身がゼロになる値である．

行列要素は

$$\frac{e}{mc} \left(\frac{2\pi\hbar c^2}{\omega V}\right)^{1/2} \int \mathrm{d}^3 \boldsymbol{r}\, \psi_f^*(\boldsymbol{r}) \boldsymbol{\varepsilon} \cdot \boldsymbol{p} \mathrm{e}^{\mathrm{i} \boldsymbol{k} \cdot \boldsymbol{r}} \psi_i(\boldsymbol{r}) \tag{24-3}$$

で与えられる．ベクトルポテンシャルは 21 章と同じように体積 V に 1 個の光子と規格化されている．$\psi_i(\boldsymbol{r}), \psi_f(\boldsymbol{r})$ は初期および終状態における電子の波動関数である．もし水素様原子を考え，電子が基底状態にあるとするならば

$$\psi_i(\boldsymbol{r}) = \frac{1}{\sqrt{\pi}} \left(\frac{Z}{a_0}\right)^{3/2} \mathrm{e}^{-Zr/a_0} \tag{24-4}$$

となる．終状態の波動関数はクーロン・ポテンシャルをもったシュレーディンガー方程式の $E > 0$ の解をとらなければならない．このような解は水素原子を考察したときには論じなかった．その解は具体的に書き下せるが，式 (24-3) の積分同様たいへん複雑な形である．もし光子のエネルギーがイオン化エネルギーに比べてずっと大きければ，出ていく電子が後に残すイオンとの残留相互作用はあまり重要ではなくなるので，$\psi_f(\boldsymbol{r})$ は平面波で近似しても良い．われわれは体積中に 1 個の原子しかないと仮定し

ているので，電子も 1 個である．したがって規格化は

$$\psi_f(\boldsymbol{r}) = \frac{1}{\sqrt{V}} e^{i\boldsymbol{p}_e \cdot \boldsymbol{r}/\hbar} \tag{24-5}$$

である．位相空間 $[V d^3 \boldsymbol{p}/(2\pi\hbar)^3]$ に現れる因子 V は同じ規格化に対応している．すなわちこれらの因子は関連していて独立ではない．行列要素の 2 乗は，終状態が運動量の固有状態であるため，いくらか単純化されている．したがって

$$\langle f | \boldsymbol{\varepsilon} \cdot \boldsymbol{p}_{\mathrm{op}} e^{i\boldsymbol{k}\cdot\boldsymbol{r}} | i \rangle = \boldsymbol{\varepsilon} \cdot \boldsymbol{p}_e \langle f | e^{i\boldsymbol{k}\cdot\boldsymbol{r}} | i \rangle \tag{24-6}$$

となる．行列要素の 2 乗は

$$\begin{aligned}|M_{fi}|^2 &\simeq \left(\frac{e}{mc}\right)^2 \frac{2\pi\hbar c^2}{\omega V} \cdot \frac{1}{V} \frac{1}{\pi} \left(\frac{Z}{a_0}\right)^3 (\boldsymbol{\varepsilon}\cdot\boldsymbol{p}_e)^2 \\ &\quad \times \left| \int d^3\boldsymbol{r}\, e^{i(\boldsymbol{k}-\boldsymbol{p}_e/\hbar)\cdot\boldsymbol{r}} e^{-Zr/a_0} \right|^2\end{aligned} \tag{24-7}$$

となり，積分は後で計算する．ここで，相対確率が $1/V$ のふるまいをしていることに注意しよう．これは体積 V の中に 1 個の光子という問題を扱っているからである．ところが，われわれは光電効果に対する断面積を考えている．1cm^2 あたり 1 個の光子というフラックスを得るには，1cm^3 あたり $1/c$ 個の光子密度でなければならない．すなわち (1 秒間の間隔に対応して，単位面積の底面をもつ長さ c の円筒内に 1 個の光子を得るために)，確率に V/c を掛けなければならない．式 (24-2) と (24-7) を組み合わせて，微分断面積

$$\begin{aligned}\frac{d\sigma}{d\Omega} &= \frac{2\pi}{\hbar} \frac{m p_e}{(2\pi\hbar)^3} \left(\frac{e}{mc}\right)^2 \frac{2\pi\hbar c^2}{\omega} \frac{1}{\pi} \left(\frac{Z}{a_0}\right)^3 (\boldsymbol{\varepsilon}\cdot\boldsymbol{p}_e)^2 \\ &\quad \times \frac{1}{c} \left| \int d^3\boldsymbol{r}\, e^{i(\boldsymbol{k}-\boldsymbol{p}_e/\hbar)\cdot\boldsymbol{r}} e^{-Zr/a_0} \right|^2\end{aligned} \tag{24-8}$$

が得られる．ここで，$d\Omega$ は $\boldsymbol{p}_e$ 方向を向いた立体角である．電子のすべての方向に対する積分より，光電効果の全断面積 σ が得られる．もし，標的原子が 1cm^3 あたり N 原子の密度で分布していれば，標的物質でできている面積 A，厚さ dx の平板の中には $NA dx$ 個の標的原子がある．各原子が，考えている反応に対する断面積 σ をもつので，ビームにさらされる全有効面積は $NA\sigma dx$ である．撃ち込まれたビームの中に n 個の入射粒子があれば，厚さ dx の標的の中で相互作用する粒子の数は

$$\frac{\text{相互作用した粒子の数}}{\text{入射粒子の数}} = \frac{\text{断面積}}{\text{全体の面積}}$$

すなわち，

$$\frac{dn}{n} = -\frac{NA\sigma dx}{A} = -N\sigma dx \tag{24-9}$$

である．マイナス符号は粒子がビームから取り除かれたことを意味している．積分すれば

$$n(x) = n_0\, e^{-N\sigma x} \tag{24-10}$$

となる．ここで n_0 は入射粒子数，$n(x)$ はビームが標的の厚さ x を横切ったとき，ビーム中に残された粒子数である．$\lambda = 1/N\sigma$ は長さの次元をもち**平均自由行程** (mean free path) とよばれる．ときどき，対生成に対する平均自由行程，光電効果に対する平均自由行程，などなどの使い方をするが，測られているのは断面積である．

平均自由行程の大きさを知るために，$N = N_0 \rho / A$ であることに注意しよう．ここで $N_0 = 6.02 \times 10^{23}$ はアボガドロ数，ρ は cm^3 あたりのグラム数で表した密度，そして A は原子量である．分子衝突の断面積は，気体の性質から見積もることができ，その大きさは 10^{-16}cm^2 のオーダーであることが知られている．これは原子の大きさが 10^{-8}cm であることともつじつまが合う*1．これは，光電反応断面積として適当な大きさであろうか？ そうでない理由はすぐにわかる．その前に，断面積を 10^{-24}cm^2 の単位 [バーン (barn) とよばれる] で表したとき，密度 ρ，原子量 A，の物質における平均自由行程を cm で表しておこう．

$$\begin{aligned}\lambda &= \frac{1}{N\sigma} = \frac{A}{\rho} \frac{1}{6.02 \times 10^{23} \sigma} \\ &= \frac{A}{\rho} \frac{1.67}{\sigma(\text{barns})}\end{aligned} \quad (24\text{-}11)$$

式 (24-8) の断面積を計算するには，次の積分

$$\int d^3 \boldsymbol{r} \, e^{i(\hbar \boldsymbol{k} - \boldsymbol{p}_e) \cdot \boldsymbol{r}/\hbar} e^{-Zr/a_0} \quad (24\text{-}12)$$

を求める必要がある．式 (23-87) で求めた積分を使えば，表記法を少し変えて，

$$\int d^3 \boldsymbol{r} \, e^{i\boldsymbol{\Delta} \cdot \boldsymbol{r}} \frac{e^{-\mu r}}{r} = \frac{4\pi}{\mu^2 + \boldsymbol{\Delta}^2} \quad (24\text{-}13)$$

となる．これを μ で微分すれば

$$\int d^3 \boldsymbol{r} \, e^{-i\boldsymbol{\Delta} \cdot \boldsymbol{r}} e^{-\mu r} = \frac{8\pi\mu}{(\mu^2 + \boldsymbol{\Delta}^2)^2} \quad (24\text{-}14)$$

となるので，断面積が計算できる．いくつかの因子をうまく組み上げて，最終的に

$$\frac{d\sigma}{d\Omega} = 32 Z^5 a_0^2 \left(\frac{p_e c}{\hbar \omega}\right) \left(\frac{\boldsymbol{\varepsilon} \cdot \boldsymbol{p}_e}{mc}\right)^2 \frac{1}{(Z^2 + a_0^2 \boldsymbol{\Delta}^2)^4} \quad (24\text{-}15)$$

を得る．ここで

$$\boldsymbol{\Delta} = \frac{(\hbar \boldsymbol{k} - \boldsymbol{p}_e)}{\hbar} = \frac{(\boldsymbol{p}_\gamma - \boldsymbol{p}_e)}{\hbar}$$

である．電子と光子のエネルギーは

$$\hbar \omega = E_B + \frac{p_e^2}{2m} \quad (24\text{-}16)$$

の関係にあるから，束縛エネルギーより少し上では，$\hbar \omega \cong p_e^2/2m$ である．したがって，非相対論的電子 $p_e \ll mc$ に対しては*2

$$\begin{aligned}\frac{p_e c}{\hbar \omega} \left(\frac{\boldsymbol{\varepsilon} \cdot \boldsymbol{p}_e}{mc}\right)^2 &\cong \frac{2 p_e}{mc} (\boldsymbol{\varepsilon} \cdot \hat{\boldsymbol{p}}_e)^2 \\ \boldsymbol{\Delta}^2 &= \frac{1}{\hbar^2} (\boldsymbol{p}_\gamma - \boldsymbol{p}_e)^2 \\ &= \frac{1}{\hbar^2} \left[\left(\frac{\hbar \omega}{c}\right)^2 - 2 \frac{\hbar \omega}{c} p_e \hat{\boldsymbol{p}}_\gamma \cdot \hat{\boldsymbol{p}}_e + p_e^2\right] \\ &\cong \frac{1}{\hbar^2} \left[p_e^2 - \left(\frac{p_e^3}{mc}\right) \hat{\boldsymbol{p}}_\gamma \cdot \hat{\boldsymbol{p}}_e\right]\end{aligned} \quad (24\text{-}17)$$

---

*1 同じように，核断面積は 10^{-24}cm^2 (barn) のオーダーで，素粒子の断面積は 10^{-27}cm^2 (millibarn) から，もっとまれな反応では microbarn にまで，極端にまれな低エネルギー中性微子反応では 10^{-44}cm^2 にまで達する．

*2 相対論的電子に対して，この過程を記述するには，ディラック方程式を使う必要がある．$E_e \simeq 1$ MeV のときは，光電効果以外の効果の方が重要になる．

$$\cong \frac{p_\mathrm{e}^2}{\hbar^2}\left(1-\frac{v_\mathrm{e}}{c}\hat{\boldsymbol{p}}_\gamma\cdot\hat{\boldsymbol{p}}_\mathrm{e}\right)$$

である．ここで，われわれは光子の運動量に対して $\boldsymbol{p}_\gamma = \hbar\boldsymbol{k}$ を使い，いつもの通り「^」は単位ベクトルを表す．したがって

$$\begin{aligned}\frac{\mathrm{d}\sigma}{\mathrm{d}\Omega} &= 64Z^5a_0{}^2\left(\frac{p_\mathrm{e}}{mc}\right)\frac{(\boldsymbol{\varepsilon}\cdot\hat{\boldsymbol{p}}_\mathrm{e})^2}{\left[Z^2+\dfrac{p_\mathrm{e}^2}{\alpha^2m^2c^2}\left(1-\dfrac{v_\mathrm{e}}{c}\hat{\boldsymbol{p}}_\mathrm{e}\cdot\hat{\boldsymbol{p}}_\gamma\right)\right]^4} \\ &= \frac{64Z^5\alpha^8a_0{}^2\left(\dfrac{p_\mathrm{e}}{mc}\right)(\boldsymbol{\varepsilon}\cdot\hat{\boldsymbol{p}}_\mathrm{e})^2}{\left[(\alpha Z)^2+\dfrac{p_\mathrm{e}^2}{m^2c^2}\left(1-\dfrac{v_\mathrm{e}}{c}\hat{\boldsymbol{p}}_\mathrm{e}\cdot\hat{\boldsymbol{p}}_\gamma\right)\right]^4}\end{aligned} \quad (24\text{-}18)$$

となる．光子の方向を z 軸に選び，光子の二つの偏極 $\boldsymbol{\varepsilon}^{(1)}$ と $\boldsymbol{\varepsilon}^{(2)}$ を，それぞれ x,y 方向にとれば，

$$\hat{\boldsymbol{p}}_\mathrm{e} = (\sin\theta\cos\phi,\,\sin\theta\sin\phi,\,\cos\theta) \quad (24\text{-}19)$$

より，$(\hat{\boldsymbol{p}}_\mathrm{e}\cdot\boldsymbol{\varepsilon}^{(1)})^2 = \sin^2\theta\cos^2\phi$ と $(\hat{\boldsymbol{p}}_\mathrm{e}\cdot\boldsymbol{\varepsilon}^{(2)})^2 = \sin^2\theta\sin^2\phi$ が得られ，したがって上式の分子の二つの偏極方向に関する**平均**（われわれは偏極のない光子の断面積を計算している）は

$$\overline{(\hat{\boldsymbol{p}}_\mathrm{e}\cdot\boldsymbol{\varepsilon})^2} = \frac{1}{2}(\sin^2\theta\sin^2\phi+\sin^2\theta\cos^2\phi) = \frac{1}{2}\sin^2\theta \quad (24\text{-}20)$$

となる．また，

$$\hat{\boldsymbol{p}}_\mathrm{e}\cdot\hat{\boldsymbol{p}}_\gamma = \cos\theta \quad (24\text{-}21)$$

であるから，$p_\mathrm{e}^2/2m = E$ と書けば，

$$\frac{\mathrm{d}\sigma}{\mathrm{d}\Omega} = \frac{32\sqrt{2}Z^5\alpha^8a_0{}^2\left(E/mc^2\right)^{1/2}\sin^2\theta}{\left[(\alpha Z)^2+\dfrac{2E}{mc^2}\left(1-\dfrac{v_\mathrm{e}}{c}\cos\theta\right)\right]^4} \quad (24\text{-}22)$$

が得られる．軽い元素に対しては，前に課した条件 $\hbar\omega \gg E_B$，または

$$E \gg \frac{1}{2}mc^2(Z\alpha)^2 \quad (24\text{-}23)$$

は，かなり広いエネルギー領域で成立している．もし，式 (24-23) を断面積に代入すれば，分母が簡単になって，

$$\frac{\mathrm{d}\sigma}{\mathrm{d}\Omega} = 2\sqrt{2}Z^5\alpha^8a_0{}^2\left(\frac{E}{mc^2}\right)^{-7/2}\frac{\sin^2\theta}{\left(1-\dfrac{v_\mathrm{e}}{c}\cos\theta\right)^4} \quad (24\text{-}24)$$

となる．この公式のいろいろな側面を論じよう．

(1) まず最初に，原子の大きさが 10^{-8}cm のオーダーだから，大ざっぱに断面積が 10^{-16}cm^2 であろうと考えるのは間違いである．$a_0{}^2$ の因子がその大きさであることは事実であるが，それには無次元量 $(1/137)^8$ がかかっていて無視できるような大きさではない！ 断面積を求めるときに，いったい何に注意すべきかを知るために，なぜこのような間違いをするかを理解すべきである．もし，最後の角度による部分，これは後ほど論じることにして，これを無視すれば，

$$E = \frac{1}{2}mv_\mathrm{e}^2$$

を使って，前の因子は

$$2\sqrt{2}a_0{}^2 Z^5 \alpha^8 \left(\frac{mc^2}{E}\right)^{7/2} = 32 a_0{}^2 Z^5 \alpha^8 \left(\frac{c}{v_e}\right)^7$$
$$= 32\left(\frac{a_0}{Z}\right)^2 \alpha \left(\frac{\alpha Z c}{v_e}\right)^7 \tag{24-25}$$

と書くことができる．これは，より有用な形をしている．まず第一に，一つの因子 α の存在がはっきりわかる．これは1光子が放出または吸収されるときには必ず存在しなければならない．ベクトルポテンシャルと電荷の結合定数は電荷 e に比例し，その2乗が α である．われわれは電荷 Z の水素様原子を考えているので，原子の面積を表すものとしては，$a_0{}^2$ より $(a_0/Z)^2$ の方が適当である．残りは，原子中の電子の「軌道」速度と放出される自由電子の速度の比のかなり高いべきである．

ここに現れるのは，(同じ無次元の (c/v_e) ではなく) 比 $(\alpha Z c/v_e)$ である．なぜならば，行列要素には自由電子の波動関数と束縛電子の波動関数との重なり具合が含まれるからである．すなわち，行列要素の2乗は，束縛電子の運動量を測定したとき，それが p_e である確率に関係している．$f(\alpha Z c/v_e)$ の関数形，この場合は8乗のべきだが[*3]，は一般的な定性的議論では想像できない．たとえば，もし電子の波動関数がガウス型 $[\psi_i(r) \propto e^{-r^2/a^2}]$ であれば，速度とともに減少する速さは8乗のべきよりずっと速い．想像するのが困難な理由は電子の運動量分布が

$$\Delta p \sim \frac{\hbar}{a_0/Z} \sim \frac{\hbar Z}{\hbar/mc\alpha} \sim Z\alpha mc \tag{24-26}$$

の領域に局在していて，$p_e \gg Z\alpha mc$ は運動量分布のずっと端の方である．そして，これが，不確定性原理により，波動関数の小さな r に対する分布に依存しているため，状態特にその角運動量に敏感に依存している．このことがまた，核物理学における光壊変がたいへん有効な道具である理由でもある．

(2) $d\sigma/d\Omega$ の角度分布は

$$F(\theta) = \frac{\sin^2\theta}{[1 - (v_e/c)\cos\theta]^4} \tag{24-27}$$

で与えられる．まず最初に断面積が前方でゼロになることに注意しよう．これは，光子が横方向に偏極していることから来る帰結である．行列要素は $\boldsymbol{p}_e \cdot \boldsymbol{\varepsilon}$ に比例し，$\boldsymbol{p}_e$ が光子の運動量に平行なら，これはゼロである．分母の因子は，4乗のべきのため，角度分布にたいへん強い影響を与える．v_e/c が1に近いとき，影響は劇的であるが，v_e/c がそこそこの大きさのときでさえ，前方付近で分母が最小になり顕著なピークが現れる．これは，光子電子間の運動量移動 $(\boldsymbol{p}_\gamma - \boldsymbol{p}_e)^2$ が最低値をとるところと対応している．

相対論的な領域をカバーするには，もっと詳しい計算が必要である．いま導いた公式はそれが成立する領域でしか使えない[*4]．非常に低いエネルギーでは，放出される電子に対してもっと正確な波動関数を使わなければならない．このような波動関数は原子核

[*3] 位相空間の中に p_e の因子があるので行列要素の2乗は $(\alpha Z c/v_e)$ の8乗である．

[*4] 放射吸収を計算する場合，われわれが導いた結果は2倍されなければならない．なぜならば基底状態には2個の電子があるからである．ただし水素は例外である．

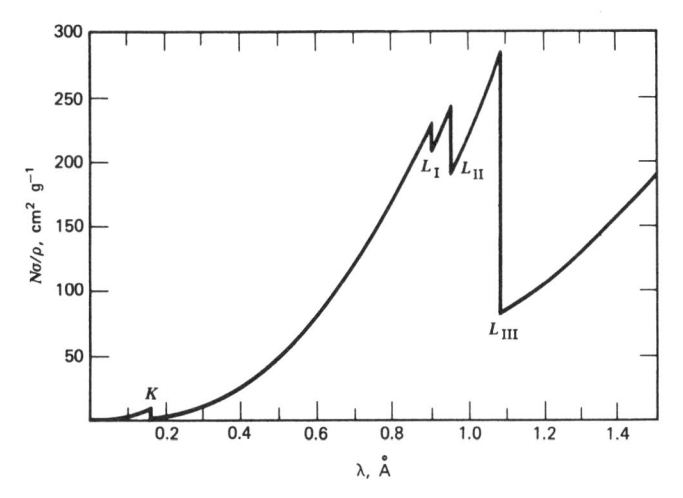

図 24-1 白金に対する光子波長の関数としての質量吸収係数 $N\sigma/\rho$

と電子の間のクーロン相互作用を反映している．もちろん，外殻にある最も弱く束縛されている電子をイオン化できるエネルギー閾値より下では，光電効果は起こらない．エネルギーが閾値よりだんだん上がって行くに従って，より深い殻からの電子が光生成される．積分された断面積，あるいは**質量吸収係数**[*5](mass absorption coefficient) $N\sigma/\rho$ を光子波長の関数としてプロットすれば，図 24-1 のようなデータが得られる．いわゆる K 吸収端 (K-edge) は，$n = 1$ 電子の放出に対応し，L 吸収端 (L-edge) は $n = 2$ のいろいろな電子に対応している．吸収端はいろいろな電子の結合エネルギーで現れる．モズレーの法則 (Moseley's empirical law) によると，それらの位置は

$$E = 13.6 \frac{(Z - \sigma_n)^2}{n^2} \text{eV} \tag{24-28}$$

である．ここで σ_n は「遮蔽定数」であり，近似的に $\sigma_n = 2n + 1$ で与えられる．この公式はちょうど ns 軌道で期待されるものである．そして遮蔽は他のすべての s 電子の効果である．

相対論的なエネルギーでは，断面積は $(E/m)^{-7/2}$ でなく，$(E/m)^{-1}$ のようにもっとゆっくりと減少する．しかしエネルギーが 0.5 MeV に達すると，放射の吸収に関する限り光電効果はあまり重要ではなくなる．たとえばエネルギー領域 $0.5 - 5 \text{ MeV}$ では，**コンプトン効果**が主要な吸収効果である．

ここでは，自由電子が光子を散乱する．低振動数では，この効果は古典論で理解できる．電磁放射が電子にぶつかってそれを加速する．そして加速された電荷が放出する光が散乱光である．古典論で計算された**トムソン断面積**は

$$\sigma_T = \frac{8\pi}{3} \left(\frac{e^2}{mc^2} \right)^2 \tag{24-29}$$

である．量子力学では，散乱振幅 (行列要素) は二つの光子が関連しているので，e^2 に

[*5] この量は $N_0 \sigma / A$ に等しい．N_0 はアボガドロ数，A は原子量である．

比例している．ハミルトニアンにおける摂動は，式 (21-23) の展開で両方の項を残せば，

$$\frac{e}{mc}\boldsymbol{p}\cdot\boldsymbol{A}(\boldsymbol{r},t) + \frac{e^2}{2mc^2}\boldsymbol{A}^2(\boldsymbol{r},t) \tag{24-30}$$

となるので，散乱振幅への e^2 の寄与は両方のソースから可能である．

(1) 最初のソースは $e^2\boldsymbol{A}^2(\boldsymbol{r},t)/2mc^2$ の項からの1次の寄与．

(2) 2番目のソースは $e\boldsymbol{p}\cdot\boldsymbol{A}(\boldsymbol{r},t)/mc$ から来る2次の摂動項である．われわれは2次の摂動を定式化していないので，結果だけを述べる．

(a) 閾値では，われわれが使っているゲージ $\boldsymbol{\nabla}\cdot\boldsymbol{A}(\boldsymbol{r},t)=0$ で，振幅全体が $e^2\boldsymbol{A}^2(\boldsymbol{r},t)/2mc^2$ を含んだ項から来る．

(b) 2次の行列要素は，次のような形をしている．

$$-\sum_n \frac{\langle f|e\boldsymbol{p}\cdot\boldsymbol{A}/mc|n\rangle\langle n|e\boldsymbol{p}\cdot\boldsymbol{A}/mc|i\rangle}{E_n - E_i} \tag{24-31}$$

ここで，中間状態 "n" に関する「和」は，"n" が連続状態を含むときは，すべての運動量についての積分も意味する．連続して起こる次の過程

$$\gamma_i + \mathrm{e}_i \to \mathrm{e}' \to \gamma_f + \mathrm{e}_f$$

に対応する1電子の中間状態や，1電子と2光子を含む次の過程に対応する

$$\mathrm{e}_i + \gamma_i \to \gamma_i + \gamma_f + \mathrm{e}' \to \gamma_f + \mathrm{e}_f$$

の中間状態だけでは不十分であることがわかっている．実は，「仮想的に」電子－陽電子対が入射光子によって生成され，その陽電子が入射電子と対消滅し終状態の光子を放出するという次の

$$\mathrm{e}_i + \gamma_i \to \mathrm{e}_i + \mathrm{e}_f + \mathrm{e}^{+\prime} \to \gamma_f + \mathrm{e}_f$$

と

$$\mathrm{e}_i + \gamma_i \to \mathrm{e}_i + \gamma_i + \gamma_f + \mathrm{e}_f + \mathrm{e}^{+\prime} \to \gamma_f + \mathrm{e}_f$$

の過程に対応する可能性も考慮する必要がある．計算の結果は**クライン–仁科の公式** (Klein–Nishina formula)

$$\begin{aligned}\sigma &= 2\pi\left(\frac{e^2}{mc^2}\right)^2 \left\{\frac{1+x}{x^2}\left[\frac{2(1+x)}{1+2x} - \frac{1}{x}\log(1+2x)\right]\right. \\ &\quad \left. + \frac{1}{2x}\log(1+2x) - \frac{1+3x}{(1+2x)^2}\right\} \\ x &= \frac{\hbar\omega}{mc^2}\end{aligned} \tag{24-32}$$

である．この式は実験と非常に良く一致する．低振動数ではこの式は

$$\sigma = \frac{8\pi}{3}\left(\frac{e^2}{mc^2}\right)^2(1-2x) \tag{24-33}$$

となり，高振動数 ($x \gg 1$) では，

$$\sigma = \pi\left(\frac{e^2}{mc^2}\right)^2 \frac{1}{x}\left(\log 2x + \frac{1}{2}\right) \tag{24-34}$$

となる．したがってコンプトン散乱断面積も，高エネルギーでは減少する．数 MeV 以上のエネルギーでは，主な吸収過程は**対生成** (pair production) である．

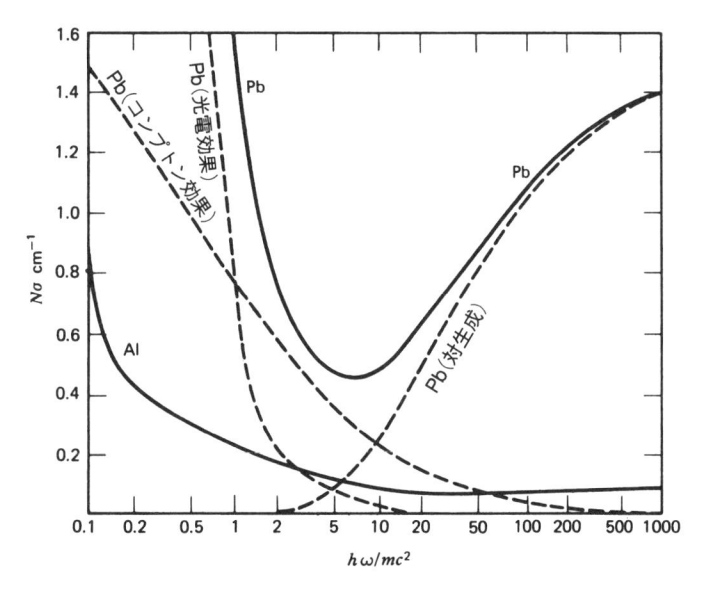

図 24-2　鉛とアルミニウムに対する，電子の静止エネルギー (0.51MeV) を単位として測ったエネルギーの関数としての，全吸収係数．ここに描かれたスケールでは，Al に対する光電断面積は無視できる．

光子が $\hbar\omega > 2mc^2$ の高エネルギーでは，電子と陽電子に「物質化」するということは驚くべき事実である (図 24-2)．陽電子は「反電子」とよんだ方が適当であろう．それは電子と同じ質量，同じスピンをもち，電荷と磁気モーメントは電子と同じ大きさだが**逆符号**である．そして電磁場との非相対論的結合は $\boldsymbol{p}$ を $\boldsymbol{p} - e\boldsymbol{A}(\boldsymbol{r},t)/c$ で置き換えることによって得られる．このような物質化は第3の粒子，たとえば原子核が側にいるときにのみ起こる．なぜならば

$$\gamma \to e + e^+$$

の過程ではエネルギーと運動量の保存は成立しないからである．このことを，長たらしい運動学的計算なしに示すため，逆過程 $e + e^+ \to \gamma$ を重心系で考えよう．電子と陽電子は大きさの等しい逆方向の運動量をもつ．したがって終状態のエネルギーは $2(m^2c^4 + p^2c^2)^{1/2}$，運動量はゼロである．ところがエネルギー E の光子は E/c の運動量をもつ．もし原子核が存在すれば，それは運動量とエネルギー (重い原子核では非常に小さく，$p^2/2M$ である) を吸収してくれるので，エネルギーと運動量のバランスがとれるようになる．

$$\gamma + 原子核 \to e + e^+ + 原子核$$

の計算はこの本の範囲を越える．これらの計算で用いられる量子電気力学によると，一方の辺にある粒子は他方の辺へ移行することができる．ただし移行される粒子はその反粒子に変換されなければならない．このようにして，

$$原子核 + e^\pm \to 原子核 + e^\pm + \gamma$$

の過程も起こり，その行列要素は対生成のそれと強く関連している．このことは実験

とも一致していて，上の過程は**宇宙線シャワー**の原因である．

　非常に高いエネルギーの入射ガンマ線（これは，1次宇宙線の陽子が大気圏の頂上で原子核と衝突して生成された π^0 の崩壊 $\pi^0 \to 2\gamma$ から生じえよう）が対を生成し，そのおのおのが最初のエネルギーのほぼ半分を運ぶ．各メンバーは，前に述べたように[*6]光子を生成し，それらがまた光子や対を生成する．大気圏の頂上で起きた超高エネルギー衝突から来るシャワーは数マイル四方の面積を覆うことがある！それほど壮大でないカウンター中で起きるシャワーは光子や電子を特定するのに使われる．入射荷電粒子でずっと重い物はあまり偏向を受けず，放射も少ない．

　詳細な計算によると，これらの過程を通じて，物質中で失われるエネルギーは次の法則

$$E(x) = E_{\text{inc}} e^{-x/L} \tag{24-35}$$

に従う．ここで「放射長」(radiation length) は

$$L = \frac{(m^2 c^2/\hbar^2) A}{4 Z^2 \alpha^3 N_0 \rho \, \log(183/Z^{1/3})} \tag{24-36}$$

で与えられ，$N_0 = 6.02 \times 10^{23}$ はアボガドロ数，m は電子の質量，A は原子量，Z は原子核の電荷，そして ρ は物質の密度を 1cm^3 あたりグラムで表したものである．「対生成長」(pair production length) は

$$L_{\text{pair}} = \frac{9}{7} L \tag{24-37}$$

で与えられる．この公式は非常に低い Z に対してはあまり良くない．L の典型的な値は

空気	330 m
Al	9.7 cm
Pb	0.53 cm

である．**制動放射**が高エネルギー電子の主なエネルギー損失機構である．低エネルギーではイオン化が主である．紙面に限りがあるので，この本質的に古典論的効果を十分に議論する余裕がない．

問　題

24-1 次の過程に対する断面積を計算せよ．

$$\gamma + \text{重陽子} \to \text{N} + \text{P}$$

方法は光電効果の時と同じである．行列要素の計算で終状態波動関数は再び

$$\psi_f(\boldsymbol{r}) = \frac{1}{\sqrt{V}} e^{i\boldsymbol{p}\cdot\boldsymbol{r}/\hbar}$$

である．ここで，$\boldsymbol{p}$ は陽子の運動量．低エネルギーでは放射の波長の方が重陽

[*6] この過程は**制動放射** (Bremsstrahlung) とよばれ，古典的に理解できる．原子核のクーロン場中で偏向させられた電荷は加速され，したがって光を放射する．

子の「大きさ」に比べてずっと大きいから，$e^{i\mathbf{k}\cdot\mathbf{r}} \approx 1$ として良い．

$$\int d^3\mathbf{r}\, e^{-i\mathbf{p}\cdot\mathbf{r}/\hbar}\psi_i(\mathbf{r})$$

を計算するとき，正しく規格化された

$$\begin{aligned}\psi_i(\mathbf{r}) &= \frac{N}{\sqrt{4\pi}}e^{-\alpha(r-r_0)} \quad (r > r_0)\\ &= 0 \quad (r < r_0)\end{aligned}$$

を用いよ．ポテンシャルの範囲 $r_0 \cong 1.2\,\text{fm}$ に比べて，光子波長がずっと大きいと見なせるのは，どれほどのエネルギーのときか？

24-2 詳細つり合い (detailed balance) の原理は二つの反応

$$A + a \to B + b \quad \text{I}$$

と

$$B + b \to A + a \quad \text{II}$$

に対する行列要素を関係づけている．すなわち

$$\sum |M_\text{I}|^2 = \sum |M_\text{II}|^2$$

を主張する．ここで和は初期状態および終状態のスピンについての和である．相対比や断面積を計算するとき，初期状態スピンに関して平均したり，終状態スピンについては和をとったりすることを考慮して，比に対しては

$$\frac{(2J_A+1)(2J_a+1)}{p_b{}^2(dp_b/dE_b)}\frac{dR_\text{I}}{d\Omega_b} = \frac{(2J_B+1)(2J_b+1)}{p_a{}^2(dp_a/dE_a)}\frac{dR_\text{II}}{d\Omega_a}$$

が成立することを示せ．ここで J_a, J_A, J_b, J_B は粒子のスピン，p_b, p_a は粒子 b, a の重心系での運動量であり (I と II は同じ全エネルギーで起きる必要がある)，E_b, E_a は対応する粒子のエネルギー，そして $d\Omega_b$, $d\Omega_a$ は b と a が観測される立体角である．この表式を用いて放射性捕獲過程

$$\text{N} + \text{P} \to \text{D} + \gamma$$

の断面積を問題 23-1 で求めた断面積で表せ．ここで，光子は二つの偏極しかもたないので，それに対する因子 $(2J+1)$ は 2 であること，重陽子のスピンは 1 であることに注意せよ．

24-3 反応

$$\pi^+ + \text{D} \to \text{P} + \text{P}$$

に対する断面積は実験室系での入射 π^+ の運動エネルギー 24Mev において測定され，$3.0 \times 10^{-27}\text{cm}^2$ であった．

(a) 反応

$$\text{P} + \text{P} \to \pi^+ + \text{D}$$

の断面積を測定することによって詳細つり合いをテストするには実験室系でのエネルギーはいくらにすべきか? (パイ中間子の質量は $m_\pi c^2 = 140\text{MeV}$, $M_p c^2 = 940\text{MeV}$, $M_D \cong 2M_p$ である.)

(b) π^+ のスピンが 0 であることを知って，この反応の予言される断面積を求めよ．

24-4 $Z = 54$, $A = 131$, $\rho = 3.09\,\mathrm{g\,cm^{-3}}$ の液体キセノンにおける放射長はいくらか？

24-5 電子が原子核に矩形の井戸型ポテンシャルで束縛されていると仮定する．光電効果に対する断面積のエネルギー依存性を求めよ．光子のエネルギーは電子の結合エネルギーに比べてずっと大きく，ポテンシャルは短距離であると仮定せよ．(**ヒント**：問題 24-1 を参照．)

参 考 文 献

物質中の放射の吸収に関わる機構は現代物理学のほとんどの教科書，たとえば Brehm and Mullin (巻末の参考文献を参照) で議論されている．いろいろな効果の測定に使われる実験的テクニックについての非常に完備した議論は次の文献を参照せよ．

E. Segre, *Nuclei and Particles*, W. A. Benjamin, New York, 1964 [眞田順平，三雲昂 共訳：原子核と素粒子，上／下 (吉岡書店，1972/1973)]

数学ノート A

フーリエ積分とデルタ関数[*1]

周期 $2L$ の周期関数 $f(x)$ を考えよう．
$$f(x) = f(x+2L) \tag{A-1}$$
このような関数は区間 $(-L, L)$ でフーリエ級数に展開できて，その級数は
$$f(x) = \sum_{n=0}^{\infty} A_n \cos\frac{n\pi x}{L} + \sum_{n=1}^{\infty} B_n \sin\frac{n\pi x}{L} \tag{A-2}$$
と表される．この級数は次のようにも書ける．
$$f(x) = \sum_{n=-\infty}^{\infty} a_n e^{in\pi x/L} \tag{A-3}$$
なぜならば，
$$\cos\frac{n\pi x}{L} = \frac{1}{2}(e^{in\pi x/L} + e^{-in\pi x/L})$$
$$\sin\frac{n\pi x}{L} = \frac{1}{2i}(e^{in\pi x/L} - e^{-in\pi x/L})$$
だからである．係数は規格直交条件
$$\frac{1}{2L}\int_{-L}^{L} dx\, e^{in\pi x/L} e^{-im\pi x/L} = \delta_{mn} = \begin{cases} 1 & (m=n) \\ 0 & (m \neq n) \end{cases} \tag{A-4}$$
を用いて決定できる．結果は
$$a_n = \frac{1}{2L}\int_{-L}^{L} dx\, f(x) e^{-in\pi x/L} \tag{A-5}$$
である．ここで，式 (A-3) を，Δn，すなわち連続した二つの整数の差を導入して書き換える．これは 1 であるから
$$\begin{aligned} f(x) &= \sum_n a_n e^{in\pi x/L} \Delta n \\ &= \frac{L}{\pi}\sum_n a_n e^{in\pi x/L} \frac{\pi \Delta n}{L} \end{aligned} \tag{A-6}$$
となる．
$$\frac{\pi n}{L} = k \tag{A-7}$$
と
$$\frac{\pi \Delta n}{L} = \Delta k \tag{A-8}$$

[*1] (訳注) 上記の見出しは原著では appendix A となっているが，本書では内容に即して数学ノート A と記した．

と書いて，表記を変えよう．また

$$\frac{La_n}{\pi} = \frac{A(k)}{\sqrt{2\pi}} \tag{A-9}$$

と書けば，式 (A-6) は

$$f(x) = \sum \frac{A(k)}{\sqrt{2\pi}} e^{ikx} \Delta k \tag{A-10}$$

となる．ここで，$L \to \infty$ とすれば，Δk が無限に小さくなるので，k は連続変数に近づく．積分に対するリーマンの定義を思い出せば，この極限で式 (A-10) は

$$f(x) = \frac{1}{\sqrt{2\pi}} \int_{-\infty}^{\infty} dk A(k) e^{ikx} \tag{A-11}$$

となる．係数 $A(k)$ は

$$\begin{aligned} A(k) &= \sqrt{2\pi} \frac{L}{\pi} \cdot \frac{1}{2L} \int_{-L}^{L} dx f(x) e^{-in\pi x/L} \\ &\to \frac{1}{\sqrt{2\pi}} \int_{-\infty}^{\infty} dx f(x) e^{-ikx} \end{aligned} \tag{A-12}$$

で与えられる．式 (A-11) と (A-12) がフーリエ積分変換の定義である．もし，2番目の式を1番目の式に代入すれば，

$$f(x) = \frac{1}{2\pi} \int_{-\infty}^{\infty} dk\, e^{ikx} \int_{-\infty}^{\infty} dy f(y) e^{-iky} \tag{A-13}$$

となる．ここで，何もいわずに，積分の順序を変えたとすれば，

$$f(x) = \int_{-\infty}^{\infty} dy f(y) \left[\frac{1}{2\pi} \int_{-\infty}^{\infty} dk\, e^{ik(x-y)} \right] \tag{A-14}$$

となる．この式が成立するには，

$$\delta(x-y) = \frac{1}{2\pi} \int_{-\infty}^{\infty} dk\, e^{ik(x-y)} \tag{A-15}$$

で定義される関数 $\delta(x-y)$ が，非常に奇妙な性質をもつ必要がある．すなわち $x \neq y$ のときゼロで，$x - y = 0$ のとき適当に無限大になる．なぜならば積分領域が無限に小さいからである．この関数は**デイラックのデルタ関数** (Dirac delta function) とよばれていて，ふつう数学で用いられる意味での関数ではなく，「一般化された関数」または「超関数」[*2] である．この関数自体は何の意味もなく，デルタ関数の変数がとりうる範囲内で十分に滑らかな関数 $f(x)$ とともに，常に

$$\int dx f(x) \delta(x-a)$$

の形で現れ，そのときのみ定義される．このことをいつも念頭においてデルタ関数は，すべての関係式が最後に積分記号内に現れるという理解のもとで扱われる．デルタ関数に関する次の性質を示すことができる．

(i)
$$\delta(ax) = \frac{1}{|a|} \delta(x) \tag{A-16}$$

これは次のように導くことができる．

$$f(x) = \int dy f(y) \delta(x-y) \tag{A-17}$$

[*2] 超関数理論は数学者の Laurent Schwartz によって発展させられた．入門的な取扱いは，M. J. Lighthill, *Introduction to Fourier Analysis and Generalized Functions*, Cambridge University Press, Cambridge, England, 1958.

ここで，$x = a\xi$ と $y = a\eta$ とおけば，
$$f(a\xi) = |a| \int d\eta f(a\eta) \delta[a(\xi - \eta)]$$
となる．他方
$$f(a\xi) = \int d\eta f(a\eta) \delta(\xi - \eta)$$
であるから，上の結果が出る．

(ii) 式 (A-16) からただちに導かれる式は
$$\delta(x^2 - a^2) = \frac{1}{2|a|}[\delta(x - a) + \delta(x + a)] \tag{A-18}$$
である．この式はデルタ関数の中身が $x = a$ および $x = -a$ でゼロになることから出てくる．すなわち，二つの寄与がある．
$$\begin{aligned}
\delta(x^2 - a^2) &= \delta[(x - a)(x + a)] \\
&= \frac{1}{|x + a|}\delta(x - a) + \frac{1}{|x - a|}\delta(x + a) \\
&= \frac{1}{2|a|}[\delta(x - a) + \delta(x + a)]
\end{aligned}$$
もっと一般的に
$$\delta[f(x)] = \sum_i \frac{\delta(x - x_i)}{|df/dx|_{x=x_i}} \tag{A-19}$$
であることがわかる．ここで x_i は積分範囲内における $f(x)$ の根である．

式 (A-15) 以外にもデルタ関数を表す便利な表現がある．そのいくつかを議論しよう．

(a) 式 (A-15) を次の形に書こう．
$$\delta(x) = \frac{1}{2\pi} \lim_{L \to \infty} \int_{-L}^{L} dk\, e^{ikx} \tag{A-20}$$
この積分は実行できて
$$\begin{aligned}
\delta(x) &= \lim_{L \to \infty} \frac{1}{2\pi} \frac{e^{iLx} - e^{-iLx}}{ix} \\
&= \lim_{L \to \infty} \frac{\sin Lx}{\pi x}
\end{aligned} \tag{A-21}$$
となる．

(b) 次のように定義された関数 $\Delta(x, a)$
$$\begin{aligned}
\Delta(x, a) &= 0 & (x < -a) \\
&= \frac{1}{2a} & (-a < x < a) \\
&= 0 & (a < x)
\end{aligned} \tag{A-22}$$
を考えると，
$$\delta(x) = \lim_{a \to 0} \Delta(x, a) \tag{A-23}$$
である．$\Delta(x, a)$ と原点付近で滑らかな関数との積の積分が，原点での値を引っぱり出すことは明らかである．
$$\begin{aligned}
\lim_{a \to 0} \int dx f(x) \Delta(x, a) &= f(0) \lim_{a \to 0} \int dx \Delta(x, a) \\
&= f(0)
\end{aligned}$$

(c) 同様な考えで，ピークをもち単位面積に規格化された任意の関数でも，ピークの幅がゼロになる極限で，やはりデルタ関数に近づくはずである．次の関数がデルタ関数の表現になっていることを示すのは読者への宿題にしよう．

$$\delta(x) = \lim_{a \to 0} \frac{1}{\pi} \frac{a}{x^2 + a^2} \tag{A-24}$$

$$\delta(x) = \lim_{\alpha \to \infty} \frac{\alpha}{\sqrt{\pi}} e^{-\alpha^2 x^2} \tag{A-25}$$

(d) ときどき**規格直交多項式** [ふつう一般的に $P_n(x)$ で表される] を取り扱う場合がある．これらは

$$\int \mathrm{d}x P_m(x) P_n(x) w(x) = \delta_{mn} \tag{A-26}$$

なる性質をもっている．ここで $w(x)$ は 1 であることもあれば，ある簡単な関数であることもあり，重み関数とよばれる．この直交多項式の級数に展開できる関数は

$$f(x) = \sum_n a_n P_n(x) \tag{A-27}$$

と書き表される．両辺に $w(x) P_m(x)$ を掛けて x で積分すれば，

$$a_m = \int \mathrm{d}y w(y) f(y) P_m(y) \tag{A-28}$$

が得られる．これを式 (A-27) に代入し，「一般化された関数」を使う覚悟を決めれば，自由に和と積分の順序を入れ替えることができて，

$$\begin{aligned} f(x) &= \sum_n P_n(x) \int \mathrm{d}y w(y) f(y) P_n(y) \\ &= \int \mathrm{d}y f(y) \left(\sum_n P_n(x) w(y) P_n(y) \right) \end{aligned} \tag{A-29}$$

となる．このようにして，われわれはデルタ関数に対するもう一つの表現を得る．$P_n(x)$ の例としてはルジャンドルの多項式，エルミートの多項式とラゲールの多項式があり，これらはすべて量子力学の問題に現れる．

デルタ関数は常に滑らかな関数との積の形で積分記号の中に現れるので，その微分に意味をもたせることが可能である．たとえば，

$$\begin{aligned} \int_{-\epsilon}^{\epsilon} \mathrm{d}x f(x) \frac{\mathrm{d}}{\mathrm{d}x} \delta(x) &= \int_{-\epsilon}^{\epsilon} \mathrm{d}x \frac{\mathrm{d}}{\mathrm{d}x} [f(x) \delta(x)] - \int_{-\epsilon}^{\epsilon} \mathrm{d}x \frac{\mathrm{d}f(x)}{\mathrm{d}x} \delta(x) \\ &= -\int_{-\epsilon}^{\epsilon} \mathrm{d}x \frac{\mathrm{d}f(x)}{\mathrm{d}x} \delta(x) \\ &= -\left(\frac{\mathrm{d}f}{\mathrm{d}x} \right)_{x=0} \end{aligned} \tag{A-30}$$

などなどとなる．デルタ関数は非常に便利な道具であり，読者は数理物理学のあらゆる部分でこれに遭遇するであろう．

デルタ関数の積分は

$$\begin{aligned} \int_{-\infty}^{\infty} \mathrm{d}y \delta(y-a) &= 0 \quad (x < 0) \\ &= 1 \quad (x > a) \\ &\equiv \theta(x-a) \end{aligned} \tag{A-31}$$

である．これはこの不連続関数に対する標準的な表現である．逆に，このいわゆる**階段関数**の微分はディラックのデルタ関数である．

$$\frac{\mathrm{d}}{\mathrm{d}x}\theta(x-a) = \delta(x-a) \tag{A-32}$$

数学ノート B
演 算 子

　ここでは，線形演算子に関するいくつかの話題について論じる．許される波動関数の集合は 2 乗積分可能な関数である．もし，$\psi_1(x)$ と $\psi_2(x)$ が 2 乗積分可能であり，α と β が任意の複素数であれば，

$$\psi(x) = \alpha\psi_1(x) + \beta\psi_2(x) \tag{B-1}$$

も 2 乗積分可能であるので，ψ は**線形空間**をつくる．この空間上の演算子 A は写像

$$A\psi(x) = \phi(x) \tag{B-2}$$

である．ここで $\phi(x)$ も 2 乗積分可能である．すべての演算子の中に，次の性質をもつ演算子の部分集合がある．

$$A\alpha\psi(x) = \alpha A\psi(x) \tag{B-3}$$

ただし，ここで α は任意の複素定数，および

$$A[\alpha\psi_1(x) + \beta\psi_2(x)] = \alpha A\psi_1(x) + \beta A\psi_2(x) \tag{B-4}$$

ただし，ここで α, β は複素数．それを**線形演算子**という．さらに制限された部分集合として，**エルミート演算子**がある．その演算子はすべての許される $\psi(x)$ に対する期待値

$$\langle A \rangle_\psi = \int \mathrm{d}x\, \psi^*(x) A\psi(x) \tag{B-5}$$

が実数である．まず，すべての許される ψ_1, ψ_2 に対して，次式が成立することを示そう．

$$\int \psi_2^*(x) A\psi_1(x) \mathrm{d}x = \int [A\psi_2(x)]^* \psi_1(x) \mathrm{d}x \tag{B-6}$$

$\langle A \rangle$ が実数であることから，

$$\int \psi^*(x) A\psi(x) \mathrm{d}x = \int [A\psi(x)]^* \psi(x) \mathrm{d}x \tag{B-7}$$

である．そこで $\psi(x)$ のかわりに

$$\psi(x) = \psi_1(x) + \lambda\psi_2(x) \tag{B-8}$$

を代入すれば，

$$\int \mathrm{d}x (\psi_1^* + \lambda^*\psi_2^*) A(\psi_1 + \lambda\psi_2) = \int \mathrm{d}x (\psi_1 + \lambda\psi_2)(A\psi_1 + \lambda A\psi_2)^* \tag{B-9}$$

である．エルミート性

$$\int \mathrm{d}x \, \psi_i^* A \psi_i = \int \mathrm{d}x \, \psi_i (A\psi_i)^* \qquad (i=1,2) \tag{B-10}$$

を使うと,

$$\lambda^* \int \psi_2^* A \psi_1 + \lambda \int \psi_1^* A \psi_2 = \lambda \int \psi_2 (A\psi_1)^* + \lambda^* \int \psi_1 (A\psi_2)^* \tag{B-11}$$

を得る. λ は任意の複素数であるから, λ と λ^* の係数間の関係は別々に成立しなければならない. したがって

$$\int \mathrm{d}x \, \psi_2^* A \psi_1 = \int \mathrm{d}x (A\psi_2)^* \psi_1 \tag{B-12}$$

が成り立つ.

次にわれわれが証明したいことは, **異なる固有値に対応するエルミート演算子の固有関数は互いに直交する**ということである. 二つの方程式

$$A\psi_1(x) = a_1 \psi_1(x)$$

と

$$[A\psi_2(x)]^* = a_2 \psi_2^*(x) \tag{B-13}$$

を考えよう. エルミート演算子の固有値は実数であるから, a_2 は実である. 最初の式と ψ_2^* との内積をとり, 2番目の式と ψ_1 との内積をとる.

$$\begin{aligned}
\int \mathrm{d}x \, \psi_2^* A \psi_1(x) &= a_1 \int \psi_2^*(x) \psi_1(x) \mathrm{d}x \\
\int \mathrm{d}x (A\psi_2)^* \psi_1(x) &= a_2 \int \psi_2^*(x) \psi_1(x) \mathrm{d}x
\end{aligned} \tag{B-14}$$

引算をすれば,

$$\begin{aligned}
(a_1 - a_2) \int \psi_2^*(x) \psi_1(x) \mathrm{d}x &= \int \mathrm{d}x \, \psi_2^* A \psi_1 - \int \mathrm{d}x (A\psi_2)^* \psi_1 \\
&= 0
\end{aligned} \tag{B-15}$$

となる. したがって, もし $a_1 \neq a_2$ であれば,

$$\int \psi_2^*(x) \psi_1(x) \mathrm{d}x = 0 \tag{B-16}$$

を得る. 演算子 A のエルミート共役演算子 $A^\dagger$ を

$$\int \mathrm{d}x (A\psi_2)^* \psi_1 = \int \mathrm{d}x \, \psi_2^* A^\dagger \psi_1 \tag{B-17}$$

と定義すれば, エルミート演算子は

$$A = A^\dagger \tag{B-18}$$

を満たす. また,

$$(AB)^\dagger = B^\dagger A^\dagger \tag{B-19}$$

であることが証明できる. そのためには, 次のことに注意すればよい.

$$\begin{aligned}
\int \psi_2^* (AB)^\dagger \psi_1 &= \int (AB\psi_2)^* \psi_1 \\
&= \int (B\psi_2)^* (A^\dagger \psi_1) \\
&= \int \psi_2^* B^\dagger (A^\dagger \psi_1) \\
&= \int \psi_2^* B^\dagger A^\dagger \psi_1
\end{aligned} \tag{B-20}$$

この式の一般化は

$$(ABC\cdots Z)^\dagger = Z^\dagger\cdots C^\dagger B^\dagger A^\dagger \tag{B-21}$$

である．したがって二つのエルミート演算子の積がエルミートであるのはこの二つが可換のときだけである．

$$(AB)^\dagger = B^\dagger A^\dagger = BA = AB + [B, A] \tag{B-22}$$

もう一つの結論として，任意の演算子 A に対して，

$$A + A^\dagger, \quad \mathrm{i}(A - A^\dagger), \quad AA^\dagger \tag{B-23}$$

は，いずれもエルミートである．

次に「不確定性関係」を証明する．

$$(\Delta A)^2 = \langle A^2 \rangle - \langle A \rangle^2 = \langle (A - \langle A \rangle)^2 \rangle \tag{B-24}$$

と定義する．いま，

$$\begin{aligned} U &= A - \langle A \rangle \\ V &= B - \langle B \rangle \end{aligned} \tag{B-25}$$

とおいて

$$\phi = U\psi + \mathrm{i}\lambda V\psi \tag{B-26}$$

を考えると，

$$I(\lambda) = \int \mathrm{d}x\, \phi^* \phi \geq 0 \tag{B-27}$$

である．A, B がエルミートならば，U, V もエルミートである．したがって，次のように書き換えることができる．

$$\begin{aligned} I(\lambda) &= \int \mathrm{d}x (U\psi + \mathrm{i}\lambda V\psi)^*(U\psi + \mathrm{i}\lambda V\psi) \\ &= \int \mathrm{d}x (U\psi)^*(U\psi) + \lambda^2 \int \mathrm{d}x (V\psi)^*(V\psi) \\ &\quad + \mathrm{i}\lambda \int \mathrm{d}x [(U\psi)^*(V\psi) - (V\psi)^*(U\psi)] \\ &= \int \mathrm{d}x\, \psi^*(U^2 + \lambda^2 V^2 + \mathrm{i}\lambda [U, V])\psi \\ &= (\Delta A)^2 + \lambda^2 (\Delta B)^2 + \mathrm{i}\lambda \int \mathrm{d}x\, \psi^*[U, V]\psi \geq 0 \\ &= (\Delta A)^2 + \lambda^2 (\Delta B)^2 + \mathrm{i}\lambda \langle [A, B] \rangle \end{aligned} \tag{B-28}$$

最小値は

$$2\lambda (\Delta B)^2 + \mathrm{i}\langle [A, B] \rangle = 0 \tag{B-29}$$

の時に得られる．その解

$$\lambda = -\mathrm{i}\frac{\langle [A, B] \rangle}{2(\Delta B)^2} \tag{B-30}$$

を $I(\lambda)$ に代入すれば，

$$(\Delta A)^2 - \frac{\langle [A, B] \rangle^2}{4(\Delta B)^2} + \frac{\langle [A, B] \rangle^2}{2(\Delta B)^2} \geq 0$$

が得られ，すなわち

$$(\Delta A)^2 (\Delta B)^2 \geq \frac{1}{4}\langle \mathrm{i}[A, B] \rangle^2 \tag{B-31}$$

である．ちなみに最小値は，ψ がちょうど $U\psi$ と $V\psi$ とが互いに比例するような値のときに得られる．演算子が x と p であるとき，この条件は，

$$\frac{\hbar}{\mathrm{i}}\frac{d\psi(x)}{dx} + \mathrm{i}\beta x\psi(x) = 0 \tag{B-32}$$

となる．そしてその解は

$$\psi(x) = Ce^{-\beta(x^2/2\hbar)} \tag{B-33}$$

すなわち調和振動子の基底状態固有関数である．ここで，注目すべきことは，不確定性関係

$$(\Delta A)^2(\Delta B)^2 \geq \frac{1}{4}\langle \mathrm{i}[A,B]\rangle^2 \tag{B-34}$$

が，波動の概念とか，波の形とそのフーリエ変換との相反性などを使わずに導出されたことである．これらの関係は，観測可能量 A と B の演算子としての性質だけに依存している．最後に，交換関係のいくつかの性質をあげておこう．

(i)
$$[A, B] = -[B, A] \tag{B-35}$$

(ii)
$$\begin{aligned}[A,B]^\dagger &= (AB)^\dagger - (BA)^\dagger \\ &= B^\dagger A^\dagger - A^\dagger B^\dagger \\ &= [B^\dagger, A^\dagger]\end{aligned} \tag{B-36}$$

(iii) もし，A と B がエルミートであれば，$\mathrm{i}[A,B]$ もエルミートである．これは，上の式を使えばただちに出てくる．

(iv)
$$\begin{aligned}[AB, C] &= ABC - CAB \\ &= ABC - ACB + ACB - CAB \\ &= A[B,C] + [A,C]B\end{aligned} \tag{B-37}$$

(v) 項別に次式が証明できる，
$$\mathrm{e}^A B \mathrm{e}^{-A} = B + [A, B] + \frac{1}{2!}[A,[A,B]] + \frac{1}{3!}[A,[A,[A,B]]] + \cdots \tag{B-38}$$

この式は，ベーカー–ハウスドルフの補題 (Baker–Hausdorff lemma) として知られ，演算子の取扱いには有用である．

(vi) 次式は簡単に証明できる．
$$[A,[B,C]] + [B,[C,A]] + [C,[A,B]] = 0 \tag{B-39}$$

これはヤコビの恒等式 (Jacobi identity) とよばれている．

演算子やそれが定義されている線形空間についてのもっと詳しい議論は，J. D. Jackson, *Mathematics for Quantum Mechanics*, W. A. Benjamin, New York, 1962 に見られる．

付録 ST 1

相対論的運動学[*1]

ここでは，一つの系から別の系への相対論的変換に伴う効果を簡略化するのに便利な公式をいくつかまとめておく．典型的な応用は散乱過程で現れる．理論は重心系を取り扱い，実験は実験室系で行われる．われわれは両方を比較しなければならない．われわれが使う簡略化のテクニックは特殊相対論の二つの結果にもとづいている．

(a) 次式で定義される二つの4元ベクトル $A_\mu = (A_0, \boldsymbol{A})$ と $B_\mu = (B_0, \boldsymbol{B})$ の内積

$$A \cdot B = A_\mu B_\mu \equiv (A_0 B_0 - \boldsymbol{A} \cdot \boldsymbol{B}) \tag{ST 1-1}$$

がローレンツ変換に対して不変である．

(b) 粒子のエネルギーと運動量は4元ベクトルの変換性をもつ．

$$p_\mu = \left(\frac{E}{c}, \boldsymbol{p}\right) \tag{ST 1-2}$$

そして，上のベクトルの「長さ」の2乗は粒子の静止質量を用いて

$$p^2 = p_\mu p_\mu = \frac{E^2}{c^2} - \boldsymbol{p}^2 = m^2 c^2 \tag{ST 1-3}$$

と書き表される．

一般に，終状態が2粒子からなる2粒子散乱

$$A(p_A) + B(p_B) \to C(p_C) + D(p_D)$$

はちょうど二つの数で特徴づけられる．その理由は，4元運動量成分 $4 \times 4 = 16$ が，4個の質量条件 (ST 1-3) と4個のエネルギー運動量保存条件で制限され，さらに平行移動と回転に対する不変性より6個の座標，すなわち重心の運動量，空間における散乱面の方向，そしてその面における座標軸の選び方に依存しない．

二つの不変量として，われわれは

$$s = (p_A + p_B)^2 = (p_C + p_D)^2 \tag{ST 1-4}$$

と

$$t = (p_C - p_A)^2 = (p_D - p_B)^2 \tag{ST 1-5}$$

[*1] (訳注) 上記の見出しは原著では special topic 1 となっているが，本書では付録 ST 1 という表記にした．

を採用する．ここでおのおのの 2 番目の等式は，4 元運動量保存則から出る．もう一つの選び方として

$$u = (p_D - p_A)^2 = (p_C - p_B)^2 \tag{ST 1-6}$$

を採用してもよい．この三つは独立ではない．読者はただちにエネルギー運動量保存則 $p_{A\mu} + p_{B\mu} = p_{C\mu} + p_{D\mu}$ より

$$s + t + u = m_A{}^2 c^2 + m_B{}^2 c^2 + m_C{}^2 c^2 + m_D{}^2 c^2 \tag{ST 1-7}$$

を確認できるであろう．これらの不変量は次のような意味をもっている．

s: 重心系

$$\bm{p}_A^* + \bm{p}_B^* = 0 \tag{ST 1-8}$$

を考えよう．そこでは

$$\begin{aligned} s &= (p_{0A}^* + p_{0B}^*)^2 - (\bm{p}_A^* + \bm{p}_B^*)^2 \\ &= \left(\frac{E_A^*}{c} + \frac{E_B^*}{c}\right)^2 \\ &= \frac{1}{c^2}(E_A^* + E_B^*)^2 \end{aligned} \tag{ST 1-9}$$

であるから，この量は c^2 の因子を除いて重心系における全エネルギーの 2 乗である．ここで，重心系での座標は星印をつけるという慣例に従う．

t: t の意味は，A と C，また B と D が同じ粒子であるという特別な（しかしよくある）場合にはっきりしてくる．たとえば

$$\pi + \mathrm{P} \to \pi + \mathrm{P}$$

とか

$$\gamma + \mathrm{e} \to \gamma + \mathrm{e}$$

のように．この場合重心系で

$$\begin{aligned} \bm{p}_B^* = -\bm{p}_A^*, \qquad & \bm{p}_D^* = -\bm{p}_C^* \\ E_A^* + E_B^* =\ & E_C^* + E_D^* \end{aligned} \tag{ST 1-10}$$

である．したがって

$$m_A = m_C, \qquad m_B = m_D \tag{ST 1-11}$$

より

$$(\bm{p}_A^{*2} c^2 + m_A{}^2 c^4)^{1/2} + (\bm{p}_A^{*2} c^2 + m_B{}^2 c^4)^{1/2} = (\bm{p}_C^{*2} c^2 + m_A{}^2 c^4)^{1/2} + (\bm{p}_C^{*2} c^2 + m_B{}^2 c^4)^{1/2}$$

すなわち

$$E_A^* = E_C^*, \qquad E_B^* = E_D^* \tag{ST 1-12}$$

である．ゆえに

$$\begin{aligned} t = (p_A - p_C)^2 &= \left(\frac{E_A^*}{c} - \frac{E_C^*}{c}\right)^2 - (\bm{p}_A^* - \bm{p}_C^*)^2 \\ &= -(\bm{p}_A^* - \bm{p}_C^*)^2 \end{aligned} \tag{ST 1-13}$$

すなわち，この量は重心系における運動量移動の2乗にマイナスをつけたものである．ここで，t が重心系における散乱角に関係していることを注意しておこう．前式より

$$\begin{aligned} t &= -\boldsymbol{p}_A^{*\,2} - \boldsymbol{p}_C^{*\,2} + 2\boldsymbol{p}_A^* \cdot \boldsymbol{p}_C^* \\ &= -\boldsymbol{p}_A^{*\,2} - \boldsymbol{p}_C^{*\,2} + 2|\boldsymbol{p}_A^*||\boldsymbol{p}_C^*|\cos\theta^* \end{aligned} \tag{ST 1-14}$$

が得られる．実験室系では，$\boldsymbol{p}_B^L = 0$ である．すなわち

$$p_{B\mu} = (m_B c, \boldsymbol{0}) \tag{ST 1-15}$$

したがって，

$$\begin{aligned} s = (p_A + p_B)^2 &= p_A^2 + p_B^2 + p_A \cdot p_B \\ &= m_A^2 c^2 + m_B^2 c^2 + 2m_B E_A^L \end{aligned} \tag{ST 1-16}$$

$$\begin{aligned} t &= (p_D - p_B)^2 \\ &= m_D^2 c^2 + m_B^2 c^2 - 2m_B E_D^L \\ &= (p_A - p_C)^2 \\ &= m_A^2 c^2 + m_C^2 c^2 - 2E_A^L E_C^L/c^2 + 2\boldsymbol{p}_A^L \cdot \boldsymbol{p}_C^L \\ &= m_A^2 c^2 + m_C^2 c^2 - 2E_A^L E_C^L/c^2 + 2|\boldsymbol{p}_A^L||\boldsymbol{p}_C^L|\cos\theta^L \end{aligned} \tag{ST 1-17}$$

を得る．これらの式と

$$E_A^L + m_B c^2 = E_C^L + E_D^L \tag{ST 1-18}$$

と，s および t の不変性，すなわち s や t が重心系と実験室系 (あるいは他の任意の系) とで同じ値をもつということを使えば，重心系での散乱角と実験室系での散乱角との関係と二つの系におけるエネルギーの関係を求めることができる．

微分断面積 $d\sigma/d(\cos\theta)$ の変換性は，$d\sigma$ **が不変である**という主張から導かれる．そしてこの主張は散乱理論を相対論的に定式化したときに基礎づけられる．したがって

$$\frac{d\sigma}{dt} \tag{ST 1-19}$$

は不変である．そして一つの系から他の系への変換が最も簡単に行えるためには，断面積を s と t の関数として書き表すのがよい．しかし，われわれはここでそれを実行しない．最後に，枝葉に属する注意として，次の表現

$$\int \frac{d^3\boldsymbol{p}}{(2\pi\hbar)^3}$$

は相対論的に不変でないことを指摘しておく．しかし，明白に不変な

$$\begin{aligned} \int \cdots \int d^4 p\, \delta(p^2 - m^2 c^2) \\ = \int d^3\boldsymbol{p} \int_{p_0>0} dp_0\, \delta(p_0^2 - \boldsymbol{p}^2 - m^2 c^2) \\ = \int d^3\boldsymbol{p} \frac{1}{2\sqrt{\boldsymbol{p}^2 + m^2 c^2}} = \frac{c}{2}\int \frac{d^3\boldsymbol{p}}{(\boldsymbol{p}^2 c^2 + m^2 c^4)^{1/2}} \end{aligned} \tag{ST 1-20}$$

より

$$\int \frac{d^3\boldsymbol{p}}{E} \frac{1}{(2\pi\hbar)^3} \tag{ST 1-21}$$

は不変である．相対論的な理論では，行列要素は

$$\frac{1}{\sqrt{V}} e^{i\boldsymbol{p}\cdot\boldsymbol{r}/\hbar}$$

ではなく，
$$\frac{1}{\sqrt{V}}\frac{1}{\sqrt{E}}e^{i\boldsymbol{p}\cdot\boldsymbol{r}/\hbar}$$
によって規格化されている．それは必要な因子が行列要素の 2 乗から出てくるようにしてあるからである．

付録 ST 2

密度演算子

これまでの議論では，初期状態が

$$|\psi\rangle = \sum_n C_n |u_n\rangle \tag{ST 2-1}$$

の形であるときの物理系の時間発展を取り扱ってきた．

ところが，初期状態を準備するとき，それがこのような状態でないことがしばしばある．同じ状態 $|\psi\rangle$ からなる集合のかわりに，いくつかの異なった集合に対して測定を行うことがある．そのときは，いくつかの集合

$$|\psi^{(i)}\rangle = \sum_n C_n^{(i)} |u_n\rangle \tag{ST 2-2}$$

があって，(i) で特徴付けられた集合を見いだす確率が p_i であることしかわかっていない．ただし

$$\sum_i p_i = 1 \tag{ST 2-3}$$

である．たとえば，一定のエネルギーと軌道角運動量をもった励起状態の水素原子ビームで，完全に偏極していない，すなわち $-l \leq m \leq l$ のすべての m 値が等確率であるものを考察することがある．この場合 m の値に無関係に $p_m = 1/(2l+1)$ である．このとき，このビームは波動関数

$$|\psi\rangle = \sum_m C_m |Y_{lm}\rangle \tag{ST 2-4}$$

で記述されるという主張は**正しくない**．ただしここで $|C_m|^2 = 1/(2m+1)$ である．なぜならば，物理的状況は $2m+1$ 個の独立なビームを表していて，異なった m 値間の位相は互いに無関係だから．**密度演算子**の定式化はこれら両方の場合の取扱いを可能にする．

純 粋 状 態

最初に純粋状態を考えよう．密度演算子 ρ を

$$\rho = |\psi\rangle\langle\psi| \tag{ST 2-5}$$

と定義しよう．この式は次のようにも書くことができる．

$$\rho = \sum_{m,n} C_n C_m^* |u_n\rangle\langle u_m| \tag{ST 2-6}$$

u_n 基底における ρ の行列要素は

$$\rho_{kl} = \langle u_k|\boldsymbol{\rho}|u_l\rangle = \langle u_k| \sum_{m,n} C_n C_m^* |u_n\rangle\langle u_m|u_l\rangle \\ = C_k C_l^* \tag{ST 2-7}$$

となる．次のことに注目しよう．

(a)
$$\rho^2 = |\psi\rangle\langle\psi|\psi\rangle\langle\psi| = |\psi\rangle\langle\psi| = \rho \tag{ST 2-8}$$

(b)
$$\mathrm{Tr}\,\rho = \sum_k \rho_{kk} = \sum_k |C_k|^2 = 1 \tag{ST 2-9}$$

(c) われわれはまた，ある観測可能量の期待値を次のように書くことができる．

$$\langle A \rangle = \langle\psi|A|\psi\rangle = \sum_{m,n} C_m^* \langle u_m|A|u_n\rangle C_n \\ = \sum_{m,n} C_m^* C_n A_{mn} = \sum_{m,n} A_{mn} \rho_{nm} \\ = \mathrm{Tr}(A\rho) \tag{ST 2-10}$$

式 (ST 2-8)–(ST 2-10) の結果は，基底ベクトル $|u_n\rangle$ の完全な組の選び方によらない．これを見るために，別の基底 $|v_n\rangle$ を考えよう．一般的な展開定理により

$$|v_n\rangle = \sum_m T_m^{(n)} |u_m\rangle$$

と書くことができる．ここで

$$T_m^{(n)} = \langle u_m|v_n\rangle \equiv T_{mn}$$

とおいた．次のことに注目しよう．

$$\sum_n T_{mn} (T^\dagger)_{nk} = \sum_n T_{mn} T_{kn}^* = \sum_n \langle u_m|v_n\rangle \langle u_k|v_n\rangle^* \\ = \sum_n \langle u_m|v_n\rangle\langle v_n|u_k\rangle = \delta_{mk}$$

したがって行列 T はユニタリーである．ゆえに

$$|\psi\rangle = \sum_k D_k |v_k\rangle \\ = \sum_k D_k T_{kl} |u_l\rangle$$

したがって

$$C_l = D_k T_{kl} = (T^{\mathrm{tr}})_{lk} D_k \equiv U_{lk} D_k$$

である．T がユニタリーであるから，T の転置 $U \equiv T^{\mathrm{tr}}$ もユニタリーである．したがって

$$\rho_{kl} = C_k C_l^* = (U)_{km} D_m (U)_{ln}^* D_n^*$$

あるいは
$$= U\rho_D(U)^\dagger$$
ここで ρ_D は v 基底での密度演算子である．ゆえに
$$\rho_D = U^\dagger \rho U$$
である．U がユニタリーであることから，ρ_D には ρ と同じ性質がある．

$\rho = \rho^\dagger$ より ρ がユニタリー変換で対角化できることがわかる．すなわち，ρ が対角行列であるような基底 $|v_n\rangle$ を選ぶことができる．$\rho^2 = \rho$ であることから，固有値は 1 か 0 であることがわかり，${\rm Tr}\,\rho = 1$ から唯一つの固有値が 1 であり，その他の固有値はすべて 0 であることがわかる．したがって，D_k のうち唯一つだけがゼロでない．この意味するところは，基底を適当に選べば，**純粋状態とは，交換する観測可能量の最大の組の固有状態で，その固有関数が集合 $|v_n\rangle$ であるものである**．

混合状態

混合状態に対して，われわれは密度演算子を
$$\rho = \sum_i |\psi^{(i)}\rangle p_i \langle \psi^{(i)}| \tag{ST 2-11}$$
のように定義する．$|u_n\rangle$ の基底では，これは
$$\rho = \sum_{i,m,n} C_n^{(i)} C_m^{(i)*} p_i |u_n\rangle \langle u_m|$$
と書くことができる．したがって
$$\rho_{kl} = \langle u_k|\rho|u_l\rangle = \sum_i p_i C_k^{(i)} C_l^{(i)*} \tag{ST 2-12}$$
となる．$\rho_{kl} = \rho_{lk}^*$ であることに注意すれば ρ はエルミートである．
$$\sum_n |C_n^{(i)}|^2 = 1$$
より，以前と同様
$$\mathrm{Tr}\,\rho = \sum_k \rho_{kk} = \sum_i p_i = 1 \tag{ST 2-13}$$
である．また
$$\begin{aligned}
\langle A\rangle &= \sum_i p_i \langle \psi^{(i)}|A|\psi^{(i)}\rangle \\
&= \sum_i \sum_{mn} p_i \langle \psi^{(i)}|u_n\rangle \langle u_n|A|u_m\rangle \langle u_m|\psi^{(i)}\rangle \\
&= \sum_i \sum_{mn} p_i C_m^{(i)} C_n^{(i)*} A_{nm} \\
&= \sum_{mn} \rho_{mn} A_{nm} = \mathrm{Tr}(\rho A)
\end{aligned} \tag{ST 2-14}$$
も純粋状態のときと同様である．他方 $\rho^2 = \rho$ はもはや成立しない．事実混合状態に対しては
$$\rho^2 = \sum_j \sum_i |\psi^{(i)}\rangle p_i \langle \psi^{(i)}|\psi^{(j)}\rangle p_j \langle \psi^{(j)}| = \sum_i |\psi^{(i)}\rangle p_i^2 \langle \psi^{(i)}|$$

であり，また，$\sum_i p_i = 1$ を考慮して，

$$\operatorname{Tr}\rho^2 = \sum_i p_i^2 < 1 \tag{ST 2-15}$$

である．

シュレーディンガー方程式

$$\frac{\mathrm{d}}{\mathrm{d}t}|\psi^{(i)}\rangle = -\frac{\mathrm{i}}{\hbar}H|\psi^{(i)}\rangle$$

と ($H = H^\dagger$ に注意して)

$$\frac{\mathrm{d}}{\mathrm{d}t}\langle\psi^{(i)}| = \frac{\mathrm{i}}{\hbar}\langle\psi^{(i)}|H$$

より

$$\frac{\mathrm{d}}{\mathrm{d}t}\rho = -\frac{\mathrm{i}}{\hbar}H\rho + \frac{\mathrm{i}}{\hbar}\rho H = -\frac{\mathrm{i}}{\hbar}[H,\rho] \tag{ST 2-16}$$

が導かれる．ここで，一般の演算子 A の時間変化に対する表式と符号が異なることに注意せよ．実際

$$\frac{\mathrm{d}}{\mathrm{d}t}A = \frac{\mathrm{i}}{\hbar}[H,A]$$

である．この形式の最も簡単な応用は電子または他のスピン $\frac{1}{2}$ 粒子のビームを記述することである．ここで ρ は 2×2 のエルミート行列である．このような行列の最も一般的な形は

$$\rho = \frac{1}{2}(a\mathbf{1} + \boldsymbol{b}\cdot\boldsymbol{\sigma}) \tag{ST 2-17}$$

である．ここで a と $\boldsymbol{b}$ は実数および実ベクトルで，$\operatorname{tr}\rho = 1$ の条件より $a = 1$ である．ρ^2 の計算は

$$\begin{aligned}\rho^2 = \frac{1}{4}(1+\boldsymbol{b}\cdot\boldsymbol{\sigma})(1+\boldsymbol{b}\cdot\boldsymbol{\sigma}) &= \frac{1}{4}(\mathbf{1}+\boldsymbol{b}^2+2\boldsymbol{b}\cdot\boldsymbol{\sigma}) \\ &= \frac{1}{2}\left(\frac{1+\boldsymbol{b}^2}{2}+\boldsymbol{b}\cdot\boldsymbol{\sigma}\right)\end{aligned} \tag{ST 2-18}$$

のように行える．密度行列 ρ が純粋状態を表すのは，$\rho^2 = \rho$ のとき，すなわち $\boldsymbol{b}^2 = 1$ のときだけである．混合状態に対しては，式 (ST 2-15) より $\boldsymbol{b}^2 < 1$ であることがわかる．

次に，$\boldsymbol{b}$ の物理的解釈を与える．スピン $\frac{1}{2}$ ビームの混合を考えよう．各ビームは電子が z 軸か x 軸か y 軸方向に偏極している．σ_z の固有状態で固有値 $+1$ をもつ粒子の割合を $f_3^{(+)}$ で表す．また，σ_z の固有状態で固有値 -1 をもつ粒子の割合は $f_3^{(-)}$, などなどで表すことにすれば，

$$f_3^{(+)} + f_3^{(-)} + f_1^{(+)} + f_1^{(-)} + f_2^{(+)} + f_2^{(-)} = 1 \tag{ST 2-19}$$

となる．固有値 ± 1 をもった，σ_z, σ_x, σ_y の固有状態は

$$\begin{pmatrix}1\\0\end{pmatrix}\begin{pmatrix}0\\1\end{pmatrix} \quad \begin{pmatrix}1/\sqrt{2}\\1/\sqrt{2}\end{pmatrix}\begin{pmatrix}1/\sqrt{2}\\-1/\sqrt{2}\end{pmatrix} \quad \begin{pmatrix}1/\sqrt{2}\\\mathrm{i}/\sqrt{2}\end{pmatrix}\begin{pmatrix}1/\sqrt{2}\\-\mathrm{i}/\sqrt{2}\end{pmatrix}$$

である.したがって密度行列は次の形になる.

$$\begin{aligned}\rho = & f_3^{(+)}\begin{pmatrix}1\\0\end{pmatrix}(1\ \ 0) + f_3^{(-)}\begin{pmatrix}0\\1\end{pmatrix}(0\ \ 1) + f_1^{(+)}\begin{pmatrix}1/\sqrt{2}\\1/\sqrt{2}\end{pmatrix}(1/\sqrt{2}\ \ 1/\sqrt{2})\\ & f_1^{(-)}\begin{pmatrix}1/\sqrt{2}\\-1/\sqrt{2}\end{pmatrix}(1/\sqrt{2}\ \ -1/\sqrt{2}) + f_2^{(+)}\begin{pmatrix}1/\sqrt{2}\\i/\sqrt{2}\end{pmatrix}(1/\sqrt{2}\ \ -i/\sqrt{2})\\ & + f_2^{(-)}\begin{pmatrix}1/\sqrt{2}\\-i/\sqrt{2}\end{pmatrix}(1/\sqrt{2}\ \ i/\sqrt{2})\end{aligned}$$

少し代数計算をして,式 (ST 2-19) を用いると

$$\rho = \frac{1}{2} + \frac{1}{2}\boldsymbol{\sigma}\cdot\boldsymbol{P} \tag{ST 2-20}$$

を得る.ここで $P_i = f_i^{(+)} - f_i^{(-)}$ である.混合状態で $+z$ 方向にそろった粒子の割合から $-z$ 方向にそろった粒子の割合を引いた量は z 方向の**偏極** (polarization) とよばれ,P_3 で表される.他の方向についても同様である.したがって,式 (ST 2-20) と (ST 2-18) を比較することによって,われわれは $\boldsymbol{b}$ をビームの正味の偏極ベクトル $\boldsymbol{P}$ と解釈することができる.角運動量 l の原子のビームの場合,最も一般的な ρ は $(2l+1)\times(2l+1)$ のエルミート行列であり,各要素の解釈はもっと複雑である.密度行列のもっと詳しい議論は本書の程度を超えている.

付録 ST 3

ウェンツェル–クラマース–ブリルアン近似

この近似法はゆるやかに変化するポテンシャルを取り扱うとき特に有効である．正確にこれが何を意味するかは後ほどわかるが，次の方程式が解きたいとき，

$$\frac{d^2\psi(x)}{dx^2} + \frac{2m}{\hbar^2}[E-V(x)]\psi(x) = 0 \tag{ST 3-1}$$

次のようにおくと便利である．

$$\psi(x) = R(x)e^{iS(x)/\hbar} \tag{ST 3-2}$$

そうすると，

$$\frac{d^2\psi}{dx^2} = \left[\frac{d^2R}{dx^2} + \frac{2i}{\hbar}\frac{dR}{dx}\frac{dS}{dx} + \frac{i}{\hbar}R\frac{d^2S}{dx^2} - \frac{1}{\hbar^2}R\left(\frac{dS}{dx}\right)^2\right]e^{iS(x)/\hbar} \tag{ST 3-3}$$

となるので，式 (ST 3-3) を式 (ST 3-1) に代入して実部と虚部をとれば，微分方程式は二つの部分に分かれる．虚部は

$$R\frac{d^2S}{dx^2} + 2\frac{dR}{dx}\frac{dS}{dx} = 0 \tag{ST 3-4}$$

となり，すなわち

$$\frac{d}{dx}\left(\log\frac{dS}{dx} + 2\log R\right) = 0$$

である．そして解は

$$\frac{dS}{dx} = \frac{C}{R^2} \tag{ST 3-5}$$

となる．実部は

$$\frac{d^2R}{dx^2} - \frac{1}{\hbar^2}R\left(\frac{dS}{dx}\right)^2 + \frac{2m[E-V(x)]}{\hbar^2}R = 0$$

となり，式 (ST 3-5) を代入すると

$$\frac{d^2R}{dx^2} - \frac{C^2}{\hbar^2}\frac{1}{R^3} + \frac{2m[E-V(x)]}{\hbar^2}R = 0 \tag{ST 3-6}$$

ここで次のような近似を行う．

$$\frac{1}{R}\frac{d^2R}{dx^2} \ll \frac{C^2}{\hbar^2}\frac{1}{R^4} = \frac{1}{\hbar^2}\left(\frac{dS}{dx}\right)^2 \tag{ST 3-7}$$

したがって方程式は

$$\frac{C^2}{R^4} = 2m[E-V(x)] \tag{ST 3-8}$$

となる．ゆえに

$$\frac{C}{R^2} = \frac{dS}{dx} = \sqrt{2m[E-V(x)]} \tag{ST 3-9}$$

より

$$S(x) = \int_{x_1}^{x} dy \sqrt{2m[E - V(x)]} \tag{ST 3-10}$$

が得られる．

　この近似が成立するための条件は，$V(x)$ の変化に関する情報に翻訳される．その条件は $V(x)$ が 1 波長の間にゆっくりと変化する場合に満足される．ただし波長は各点各点で異なるが，ゆっくり変化する $V(x)$ に対しては次のように定義される．

$$\lambda(x) = \frac{\hbar}{p(x)} = \frac{\hbar}{\{2m[E - V(x)]\}^{1/2}} \tag{ST 3-11}$$

さて，

$$E - V(x) = 0 \tag{ST 3-12}$$

の点では，近似式 (ST 3-8) における $R(x)$ が特異点をもつから，特別な取り扱いが必要になる．特異点はありえないので，式 (ST 3-7) の近似がこの点ではよくないことを意味している．これらの特別な点は**回帰点**とよばれる．なぜならばその点で古典論的な粒子は方向を変えるからである．古典的な粒子は $E - V(x) \geq 0$ のところしか動けない．回帰点付近での解を取り扱う方法は，ここで述べるにはあまりにも技術的過ぎる．基本的なアイデアは，回帰点の左 (そこでは $E - V(x) > 0$ として) では次の形の解

$$\psi(x) = R e^{i \int_{x_1}^{x} dy \sqrt{(2m/\hbar^2)[E - V(y)]}} \tag{ST 3-13}$$

がわかっていて，また回帰点の右 (そこでは $E < V(x)$) でも解がわかっているが，問題はそれらをいかにつなげるかである．回帰点の近くでは $\sqrt{(2m/\hbar^2)[E - V(x)]}$ は短い区間直線で近似でき，シュレーディンガー方程式は厳密に解くことができる．方程式は 2 階だから，二つの積分定数がある．そのうちの一つは解を式 (ST 3-13) に適合させて決め，もう一つは回帰点の右の解

$$\psi(x) = R e^{-\int_{x_1}^{x} dy \sqrt{(2m/\hbar^2)[V(y) - E]}} \tag{ST 3-14}$$

に適合させて決める[*2]．この解は振幅として，x の増加に伴って減少する．再び $E \geq V(x)$ となる次の回帰点における減衰の全体は

$$\frac{\psi(x_{\mathrm{II}})}{\psi(x_{\mathrm{I}})} \simeq e^{-\int_{x_1}^{x_{\mathrm{II}}} dy \sqrt{(2m/\hbar^2)[V(y) - E]}} \tag{ST 3-15}$$

となり，これはちょうど，われわれが 5 章で求めた遷移確率の平方根になっている．

[*2] もっと詳しい説明は量子力学についてのより進んだ本ならば，ほぼどれでもよいので，たとえば J. L. Powell and B. Crasemann, *Quantum Mechanics*, Addison-Wesley, Reading, Mass., 1961; L. I. Schiff, *Quantum Mechanics*, McGraw-Hill, New York, 1968 [井上 健 訳：新版 量子力学，上/下 (吉岡書店，1970/1972)] を参照せよ．

付録 ST 4

寿命，線幅，および共鳴

ここでは，次の三つのことを行う．

(a) V. Weisskopf と E. P. Wigner の一般論に従って，遷移確率に関するいくぶん進んだ取り扱いを議論し，崩壊の指数関数的ふるまいがどのようにして導かれるかを示す．

(b) いかにしてローレンツ型の線幅が出てくるかを示す．

(c) 基底状態における原子による光子の散乱振幅は，入射光子のエネルギーが励起状態の(ずれた)エネルギーに等しいときに強いピークをもつことを示す．

問題をできるだけ簡単にするため，エネルギーゼロの基底状態とエネルギー E の単一励起状態の2準位だけからなる原子を考える．この二つの状態は電磁場と結合している．その電磁場はスカラー場とし，したがって偏極ベクトルは現れないとする．H_0 の固有状態として励起状態 ϕ_1

$$H_0\phi_1 = E\phi_1 \tag{ST 4-1}$$

と基底状態 + 1 光子の状態 $\phi(\boldsymbol{k})$

$$H_0\phi(\boldsymbol{k}) = \epsilon(\boldsymbol{k})\phi(\boldsymbol{k}) \tag{ST 4-2}$$

から成る部分集合を考え，任意関数の展開ではこの2状態だけに話を限る．このことは，ポテンシャル V を通しての，2状態 ϕ_1 と $\phi(\boldsymbol{k})$ との結合が，電磁結合の場合と同様，小さくて 2, 3, ...，光子状態からの寄与が無視できるときに正当化される．エネルギー $\epsilon(\boldsymbol{k})$ と E が等しいような $\boldsymbol{k}$ に対しても

$$\langle\phi_1|\phi(\boldsymbol{k})\rangle = 0 \tag{ST 4-3}$$

であることに注意しよう．この二つの状態が直交している理由は，一方が光子を含み他方がそれを含まないこと，それから一方においては原子は励起状態にあり，他方ではそうではないことである．

方程式

$$i\hbar\frac{d\psi(t)}{dt} = (H_0 + V)\psi(t) \tag{ST 4-4}$$

の解は完全系を用いて

$$\psi(t) = a(t)\phi_1 e^{-iEt/\hbar} + \int d^3\boldsymbol{k}\, b(\boldsymbol{k},t)\phi(\boldsymbol{k})e^{-i\epsilon(\boldsymbol{k})t/\hbar} \tag{ST 4-5}$$

と展開できる.これを式 (ST 4-4) に代入すれば,

$$
\begin{aligned}
&i\hbar \frac{da}{dt}e^{-iEt/\hbar}\phi_1 + Eae^{-iEt/\hbar}\phi_1 \\
&+ i\hbar \int d^3\boldsymbol{k} \frac{db(\boldsymbol{k},t)}{dt}e^{-i\epsilon(\boldsymbol{k})t/\hbar}\phi(\boldsymbol{k}) + \int d^3\boldsymbol{k}\epsilon(\boldsymbol{k})b(\boldsymbol{k},t)e^{-i\epsilon(\boldsymbol{k})t/\hbar}\phi(\boldsymbol{k}) \\
&= Ea(t)e^{-iEt/\hbar}\phi_1 + \int d^3\boldsymbol{k}\epsilon(\boldsymbol{k})b(\boldsymbol{k},t)e^{-i\epsilon(\boldsymbol{k})t/\hbar}\phi(\boldsymbol{k}) \\
&+ a(t)e^{-iEt/\hbar}V\phi_1 + \int d^3\boldsymbol{k}b(\boldsymbol{k},t)e^{-i\epsilon(\boldsymbol{k})t/\hbar}V\phi(\boldsymbol{k})
\end{aligned}
$$

を得る.ϕ_1 とのスカラー積をとって,

$$
i\hbar \frac{da}{dt} = a(t)\langle\phi_1|V|\phi_1\rangle + \int d^3\boldsymbol{k} b(\boldsymbol{k},t)e^{-i[\epsilon(\boldsymbol{k})-E]t/\hbar}\langle\phi_1|V|\phi(\boldsymbol{k})\rangle
$$

となる.V は状態に作用すると光子数を一つ変えると考えられるので,$\langle\phi_1|V|\phi_1\rangle = 0$ である.次のようにおけば,

$$
\begin{aligned}
\epsilon(\boldsymbol{k}) - E &= \hbar\omega(\boldsymbol{k}) \\
\langle\phi_1|V|\phi(\boldsymbol{k})\rangle &= M(\boldsymbol{k})
\end{aligned}
\tag{ST 4-6}
$$

方程式は

$$
i\hbar \frac{da(t)}{dt} = \int d^3\boldsymbol{k}\, b(\boldsymbol{k},t)e^{-i\omega(\boldsymbol{k})t}M(\boldsymbol{k})
\tag{ST 4-7}
$$

となる.次に $\phi(\boldsymbol{q})$ とのスカラー積をとり,再び光子数を考慮して $\langle\phi(\boldsymbol{q})|V|\phi(\boldsymbol{k})\rangle = 0$ とおき,少々の計算の後,規格化条件

$$
\langle\phi(\boldsymbol{q})|\phi(\boldsymbol{k})\rangle = \delta(\boldsymbol{k}-\boldsymbol{q})
\tag{ST 4-8}
$$

を用いれば,方程式

$$
i\hbar \frac{db(\boldsymbol{q},t)}{dt} = a(t)e^{i\omega(\boldsymbol{q})t}M^*(\boldsymbol{q})
\tag{ST 4-9}
$$

を得る.もし $t=0$ で励起状態が占有されていたら $b(\boldsymbol{k},0) = 0$ であるから,この方程式の一つの解は

$$
b(\boldsymbol{k},t) = \frac{1}{i\hbar}M^*(\boldsymbol{k})\int_0^t dt' e^{i\omega(\boldsymbol{k})t'}a(t')
\tag{ST 4-10}
$$

である.これを式 (ST 4-7) に代入すると

$$
\frac{da(t)}{dt} = -\frac{1}{\hbar^2}\int d^3\boldsymbol{k}|M(\boldsymbol{k})|^2 e^{-i\omega(\boldsymbol{k})t}\int_0^t dt' a(t')e^{i\omega(\boldsymbol{k})t'}
\tag{ST 4-11}
$$

となる.

この方程式の大きな t における解に対して一つの仮説を立てよう.われわれは

$$
a(t) = a_0 e^{-zt}
\tag{ST 4-12}
$$

と仮定する.これを式 (ST 4-11) に代入すると,

$$
\begin{aligned}
-ze^{-zt} &= -\frac{1}{\hbar^2}\int d^3\boldsymbol{k}\,|M(\boldsymbol{k})|^2 \frac{e^{-i\omega(\boldsymbol{k})t}}{i\omega(\boldsymbol{k})-z}(e^{i\omega(\boldsymbol{k})t}e^{-zt}-1) \\
&= -\frac{1}{\hbar^2}\int d^3\boldsymbol{k}\,|M(\boldsymbol{k})|^2 \frac{1}{i\omega(\boldsymbol{k})-z}(e^{-zt}-e^{-i\omega(\boldsymbol{k})t})
\end{aligned}
\tag{ST 4-13}
$$

を得る.第 2 項は t が大きいところでゼロになる.その理由は,被積分関数が $\boldsymbol{k}$ の滑らかな関数と有界で激しく変化する関数との積であるからである.リーマン–ルベーグの補題に従えば,この積分は $1/t$ のいかなるべきよりも速くゼロになることを示すこ

とができる．この結果を受け入れると，
$$z = \frac{1}{\hbar^2}\int d^3\boldsymbol{k}|M(\boldsymbol{k})|^2 \frac{1}{i\omega(\boldsymbol{k})-z} \tag{ST 4-14}$$
となる．
$$z = \frac{\gamma}{2} + \frac{i\Delta}{\hbar} \tag{ST 4-15}$$
とおけば，$|M(\boldsymbol{k})|^2$ が小さいので γ も $\Delta/\hbar$ も小さい．さらに小さい $\Delta/\hbar$ と $|M(\boldsymbol{k})|^2$ の積を落とせば，
$$\frac{\gamma}{2} + \frac{i\Delta}{\hbar} = \frac{1}{\hbar^2}\int d^3\boldsymbol{k}|M(\boldsymbol{k})|^2 \frac{-i\omega(\boldsymbol{k})+\gamma/2}{(\gamma/2)^2+[\omega(\boldsymbol{k})-\Delta/\hbar]^2} \tag{ST 4-16}$$
となる．ここで，関係式
$$\lim_{\lambda=0^+}\frac{\lambda}{\sigma^2+\lambda^2} = \pi\delta(\sigma) \tag{ST 4-17}$$
を使えば，
$$\begin{aligned}\gamma &= \frac{2\pi}{\hbar}\int d^3\boldsymbol{k}|M(\boldsymbol{k})|^2\delta(\hbar\omega(\boldsymbol{k})-\Delta)\\ &= \frac{2\pi}{\hbar}\int d^3\boldsymbol{k}|M(\boldsymbol{k})|^2\delta(\epsilon(\boldsymbol{k})-(E+\Delta))\end{aligned} \tag{ST 4-18}$$
と
$$\begin{aligned}\Delta &= -\int d^3\boldsymbol{k}|M(\boldsymbol{k})|^2\frac{1}{\hbar\omega(\boldsymbol{k})-\Delta}\\ &= \int d^3\boldsymbol{k}|M(\boldsymbol{k})|^2\frac{1}{E+\Delta-\epsilon(\boldsymbol{k})}\end{aligned} \tag{ST 4-19}$$
を得る．この両方の積分において，デルタ関数とエネルギー分母の中の Δ は，この計算の精度では落しても差し支えない．ここにそれを残した理由は，$E+\Delta$ があらゆるところで出てくるべきであることを強調したかったからである．すなわち励起状態エネルギーが Δ だけシフトしていることを，である．したがって，$\psi(t)$ の中の ϕ_1 の係数で，初期条件
$$a(0) = a_0 = 1 \tag{ST 4-20}$$
を満たすものは
$$a(t) = e^{-\gamma t/2}e^{-i(E+\Delta)t/\hbar} \tag{ST 4-21}$$
であり，(長い) 時間 t の後，$\psi(t)$ が初期状態 ϕ_1 にある確率は
$$|a(t)|^2 = e^{-\gamma t} \tag{ST 4-22}$$
である．式 (ST 4-18) から γ が摂動論で計算した崩壊確率であることを注意しよう．また，式 (16-16) と比較すればわかるように，位相因子には **2 次の摂動によるエネルギーシフト** が現れている．唯一の違いはここで足し上げられている中間状態は連続であるということである．式 (ST 4-19) のエネルギー分母はゼロになる可能性があるので，次のような手続き
$$i\Delta/\hbar = \lim_{\lambda\to 0}\frac{1}{\hbar^2}\int d^3\boldsymbol{k}|M(\boldsymbol{k})|^2\frac{-i\omega(\boldsymbol{k})}{\lambda^2+[\omega(\boldsymbol{k})-\Delta/\hbar]^2} \tag{ST 4-23}$$
が必要である．

もう一つの興味ある量は，状態 $\psi(t)$ が $t=\infty$ で状態 $\phi(\boldsymbol{k})$ にある確率である．それは $|b(\boldsymbol{k},\infty)|^2$ で与えられ，式 (ST 4-10) と (ST 4-12) により

$$b(\boldsymbol{k},\infty) = \frac{1}{i\hbar}M^*(\boldsymbol{k})\int_0^\infty dt' e^{-[z-i\omega(\boldsymbol{k})]t'}$$
$$= \frac{M^*(\boldsymbol{k})}{i\hbar}\frac{1}{z-\omega(\boldsymbol{k})}$$

である．したがって，

$$b(\boldsymbol{k},\infty) = \frac{M^*(\boldsymbol{k})}{\epsilon(\boldsymbol{k}) - E - \int d^3\boldsymbol{k}' \frac{|M(\boldsymbol{k}')|^2}{E-\epsilon(\boldsymbol{k}')} + i\hbar\gamma/2} \quad \text{(ST 4-24)}$$

そして絶対値の 2 乗

$$|b(\boldsymbol{k},\infty)|^2 = \frac{|M(\boldsymbol{k})|^2}{[\epsilon(\boldsymbol{k}) - E - \Delta]^2 + (\hbar\gamma/2)^2} \quad \text{(ST 4-25)}$$

は線幅に対するローレンツの形を与える．すなわち光子のエネルギーは励起準位の (ずれた) エネルギー値に中心をもち，幅が $\hbar\gamma/2$ で記述されている．エネルギーのずれは小さくて，ふつうは無視される．

同じ形は散乱問題にも現れる．運動量 $\boldsymbol{k}$ をもった「光子」の基底状態にある原子による散乱を考えよう．この系の状態は前と同様に式 (ST 4-1)，(ST 4-2)，(ST 4-7) と (ST 4-9) で記述される．ただし初期状態，ここでは $t=-\infty$ は，特に $\phi(\boldsymbol{k}_i)$ で与えられ，

$$b(\boldsymbol{q},t) = \delta(\boldsymbol{q}-\boldsymbol{k}_i) \qquad (t=-\infty) \quad \text{(ST 4-26)}$$

である．したがって，式 (ST 4-9) の積分は

$$b(\boldsymbol{q},t) = \delta(\boldsymbol{q}-\boldsymbol{k}_i) + \frac{1}{i\hbar}M^*(\boldsymbol{q})\int_{-\infty}^t dt' a(t') e^{i\omega(\boldsymbol{q})t'} \quad \text{(ST 4-27)}$$

となる．興味ある量は，$t=\infty$ で光子が運動量 $\boldsymbol{k}_f$ をもつ終状態への遷移振幅である．すなわち前の方程式を使って

$$\begin{aligned}\langle\phi(\boldsymbol{k}_f)|\psi(+\infty)\rangle &= b(\boldsymbol{k}_f,+\infty) \\ &= \delta(\boldsymbol{k}_f-\boldsymbol{k}_i) - \frac{i}{\hbar}M^*(\boldsymbol{k}_f)\int_{-\infty}^\infty dt' a(t') e^{i\omega_f t'}\end{aligned} \quad \text{(ST 4-28)}$$

$$(\omega_f \equiv \omega(\boldsymbol{k}_f))$$

である．

式 (ST 4-27) を (ST 4-7) に代入すれば

$$\frac{da(t)}{dt} = \frac{1}{i\hbar}e^{-i\omega_i t}M(\boldsymbol{k}_i) - \frac{1}{\hbar^2}\int d^3\boldsymbol{k}|M(\boldsymbol{k})|^2 e^{-i\omega(\boldsymbol{k})t}\int_{-\infty}^t dt' a(t') e^{i\omega(\boldsymbol{k})t'} \quad \text{(ST 4-29)}$$

が得られる．$a(-\infty)=0$ を考慮して，積分すると

$$\begin{aligned}a(t) &= \frac{M(\boldsymbol{k}_i)}{i\hbar}\int_{-\infty}^t dt' e^{-i\omega_i t'} \\ &\quad - \frac{1}{\hbar^2}\int d^3\boldsymbol{k}|M(\boldsymbol{k})|^2 \int_{-\infty}^t dt' e^{-i\omega(\boldsymbol{k})t'}\int_{-\infty}^{t'} dt'' a(t'') e^{i\omega(\boldsymbol{k})t''}\end{aligned} \quad \text{(ST 4-30)}$$

となる．積分 $\int_{-\infty}^t dt' e^{-i\omega_i t'}$ は不確定である．ふつうはこれを

$$\lim_{\epsilon\to 0}\int_{-\infty}^t dt' e^{-i(\omega_i+i\epsilon)t'} = \lim_{\epsilon\to 0} i\frac{e^{-i(\omega_i+i\epsilon)t}}{\omega_i+i\epsilon} \quad \text{(ST 4-31)}$$

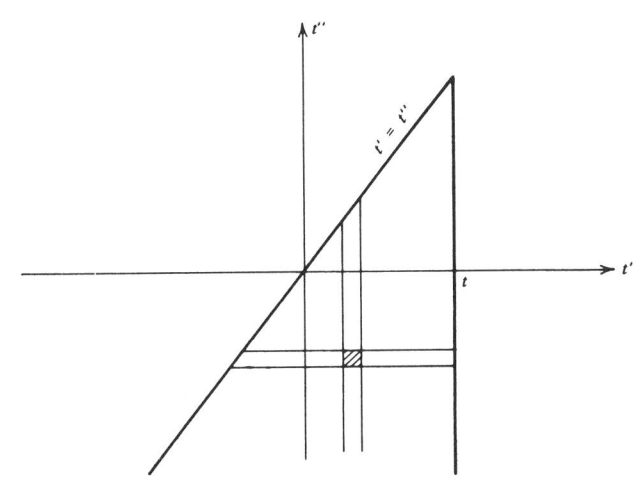

図 ST 4-1 式 (ST 4-30) の積分はこの式のように垂直な短冊の「和」と表すこともできるが式 (ST 4-32) のように水平な短冊の和と表すこともできる．同じような積分順序の入れ替えは式 (ST 4-33) でも使われている．ただ t における垂直線は式 (ST 4-33) では $+\infty$ にシフトされている．

の形に書く．このように収束因子を使い，後で意味のあるようにゼロにする方法は，23章で議論したクーロン・ポテンシャルを遮蔽されたクーロン・ポテンシャルの極限と考えることと似ている．次に図 ST 4-1 からわかるように，

$$\int_{-\infty}^{t} dt' e^{-i\omega(\boldsymbol{k})t'} \int_{-\infty}^{t'} dt'' a(t'') e^{i\omega(\boldsymbol{k})t''} = \int_{-\infty}^{t} dt'' a(t'') e^{i\omega(\boldsymbol{k})t''} \int_{t''}^{t} dt' e^{-i\omega(\boldsymbol{k})t'}$$
$$= \frac{i}{\omega(\boldsymbol{k})} \int_{-\infty}^{t} dt'' a(t'') [e^{-i\omega(\boldsymbol{k})(t-t'')} - 1]$$

であるから，

$$a(t) = \frac{M(\boldsymbol{k}_i) e^{-i\omega_i t}}{\hbar(\omega_i + i\epsilon)} - \frac{i}{\hbar^2} \int d^3\boldsymbol{k} \frac{|M(\boldsymbol{k})|^2}{\omega(\boldsymbol{k})} \int_{-\infty}^{t} dt'' a(t'') [e^{-i\omega(\boldsymbol{k})(t-t'')} - 1] \quad \text{(ST 4-32)}$$

である．式 (ST 4-28) によると，非前方散乱（したがって第 1 項は無視できる）の興味ある量は

$$\int_{-\infty}^{\infty} dt\, a(t) e^{i\omega_f t} = \frac{M(\boldsymbol{k}_i)}{\hbar(\omega_i + i\epsilon)} \int_{-\infty}^{\infty} dt\, e^{i(\omega_f - \omega_i)t}$$
$$- \frac{i}{\hbar^2} \int d^3\boldsymbol{k} \frac{|M(\boldsymbol{k})|^2}{\omega(\boldsymbol{k})} \int_{-\infty}^{\infty} dt\, e^{i\omega_f t} \int_{-\infty}^{t} dt'' a(t'') [e^{-i(\omega(\boldsymbol{k})(t-t'')} - 1]$$
$$= \frac{2\pi M(\boldsymbol{k}_i)}{\hbar(\omega_i + i\epsilon)} \delta(\omega_f - \omega_i)$$
$$- \frac{i}{\hbar^2} \int d^3\boldsymbol{k} \frac{|M(\boldsymbol{k})|^2}{\omega(\boldsymbol{k})} \int_{-\infty}^{\infty} dt'' a(t'') \int_{t''}^{\infty} dt \{e^{i\omega(\boldsymbol{k})t''} e^{i[\omega_f - \omega(\boldsymbol{k})]t} - e^{i\omega_f t}\}$$
(ST 4-33)

である．ここで最後の項では再び図 ST 4-1 を用いて積分を書き換えた．t 積分はまた収束因子の方法を使って実行することができ，式 (ST 4-33) は

$$\int_{-\infty}^{\infty} dt\, a(t) e^{i\omega_f t} = \frac{2\pi M(\boldsymbol{k}_i) \delta(\omega_f - \omega_i)}{\hbar(\omega_i + i\epsilon)} + \frac{1}{\hbar^2} \int d^3\boldsymbol{k} \frac{|M(\boldsymbol{k})|^2}{\omega(\boldsymbol{k})} \int_{-\infty}^{\infty} dt'' a(t'') e^{i\omega_f t''}$$

$$\times \left[\frac{1}{\omega_f - \omega(\boldsymbol{k}) + \mathrm{i}\epsilon} - \frac{1}{\omega_f + \mathrm{i}\epsilon}\right]$$

と書け，未知数に対する方程式の形をしている．これは解けて，

$$\int_{-\infty}^{\infty} \mathrm{d}t\, a(t) \mathrm{e}^{\mathrm{i}\omega_f t} = \frac{2\pi M(\boldsymbol{k}_i)\delta(\omega_f - \omega_i)}{\hbar(\omega_i + \mathrm{i}\epsilon)}$$
$$\times \frac{1}{1 - \dfrac{1}{\hbar^2 \omega_f}\displaystyle\int \mathrm{d}^3 \boldsymbol{k} \dfrac{|M(\boldsymbol{k})|^2}{\omega_f - \omega(\boldsymbol{k}) + \mathrm{i}\epsilon}} \tag{ST 4-34}$$

したがって，非前方では

$$\begin{aligned}
b(\boldsymbol{k}_f, \infty) &= -\frac{\mathrm{i}}{\hbar} M^*(\boldsymbol{k}_f) \cdot 2\pi M(\boldsymbol{k}_i)\delta(\omega_f - \omega_i)\\
&\quad \times \frac{1}{\hbar\omega_i + \mathrm{i}\epsilon - \displaystyle\int \mathrm{d}^3 \boldsymbol{k} \dfrac{|M(\boldsymbol{k})|^2}{\hbar\omega_f - \hbar\omega(\boldsymbol{k}) + \mathrm{i}\epsilon}}\\
&= \frac{-2\pi \mathrm{i}\,\delta(\hbar\omega_f - \hbar\omega_i) M(\boldsymbol{k}_i) M^*(\boldsymbol{k}_f)}{\epsilon(\boldsymbol{k}_i) - E - \displaystyle\int \mathrm{d}^3 \boldsymbol{k} \dfrac{|M(\boldsymbol{k})|^2}{\epsilon(\boldsymbol{k}_i) - \epsilon(\boldsymbol{k})} + \mathrm{i}\pi \displaystyle\int \mathrm{d}^3 \boldsymbol{k}\, |M(\boldsymbol{k})|^2 \delta[\epsilon(\boldsymbol{k}_i) - \epsilon(\boldsymbol{k})]}
\end{aligned} \tag{ST 4-35}$$

となる．この振幅は入射 (および最終) エネルギー $\epsilon_i (= \epsilon_f)$ が原子の励起エネルギー [それは式 (ST 4-25) 同様 $E + \Delta E$ にシフトしている] に近いところで鋭いピークをもつ．これは 18 章の終り近くで述べたコメントを正当化する．

物 理 定 数[*1]

アボガドロ数 N_0	$6.0221367(36) \times 10^{23}\,\text{mol}^{-1}$
光速 c (定義)	$2.99792458 \times 10^{10}\,\text{cm s}^{-1}$
電子の電荷 e	$1.60217733(49) \times 10^{-19}\,\text{C}$
	$4.80653199(15) \times 10^{-10}\,\text{esu}$
1MeV	$1.60217733(49) \times 10^{-6}\,\text{erg}$
$\hbar$ (プランク定数$/2\pi$)	$1.05457266(63) \times 10^{-27}\,\text{erg s}$
	$6.5821220(20) \times 10^{-22}\,\text{MeV s}$
微細構造定数 $\alpha(e^2/\hbar c)$	$1/137.0359895(61)$
ボルツマン定数 k	$1.380658(12) \times 10^{-16}\,\text{erg K}^{-1}$
電子の質量 m_e	$9.1093897(54) \times 10^{-28}\,\text{g}$
	$0.51099906(15)\,\text{MeV}/c^2$
陽子の質量 m_p	$1.6726231(10) \times 10^{-24}\,\text{g}$
	$938.27231(28)\,\text{MeV}/c^2$
中性子の質量 m_n	$1.6749286(1) \times 10^{-24}\,\text{g}$
	$939.56563(28)\,\text{MeV}/c^2$
1a.m.u. $[m(\text{C}^{12})/12]$	$1.6605402(10) \times 10^{-24}\,\text{g}$
	$931.49432(28)\,\text{MeV}/c^2$
$a_0(\hbar/m_e c\alpha)$	$0.529177249(24) \times 10^{-8}\,\text{cm}$
$R_\infty(=m_e c^2 \alpha^2/2)$	$13.605698(40)\,\text{eV}$
重力定数 G	$6.67259(85) \times 10^{-8}\,\text{cm}^3\,\text{g}^{-1}\,\text{s}^{-2}$
ボーア磁子 $\mu_\text{Bohr}(e\hbar/2m_e c)$	$0.578838263(52) \times 10^{-14}\,\text{MeV G}^{-1}$

[*1] これらの数値は E. R. Cohen and B. N. Taylor, *Phys. Today*, **BG9**–14 (August, 1994) より転載した.

参 考 文 献[*1]

G. Baym, *Lectures on Quantum Mechanics*, W. A. Benjamin, New York, 1969.

この本は，形式的なところと直観的な議論そして応用がほど良く混ざったたいへん魅力的な本であるが，本書の内容をすでに修得したくらいの学生にふさわしい，かなり進んだ内容の本であると考えるべきである．

H. A. Bethe and R. W. Jackiw, *Intermediate Quantum Mechanics* (2nd edition), W. A. Benjamin, New York, 1968.

この本は原子構造，多重極分岐，光電効果，原子衝突の理論に応用できる計算方法の詳細な議論を含んでいる．この本に書かれている内容の多くは他のいかなる教科書でも見あたらない．この本は進んだ内容の本であり，かつ徹底した参考書でもある．

H. A. Bethe and E. E. Salpeter, *Quantum Mechanics of One- and Two-Electron Atoms*, Springer-Verlag, Berlin/New York, 1957.

著者らによる *Handbuch der Physik* の中の作品を本にしたもので，この問題に関する念入りで，詳細かつ明確な取り扱いがなされている．この本は量子力学というよりは原子についての高水準の本であり，たいへん優れた参考書である．

D. Bohm, *Quantum Theory*, Dover Publ., New York, 1989 [玉木英彦，遠藤真二，小出昭一郎 共訳：量子論の物理的基礎 (みすず書房，1954)].

これは本書と同じくらいのレベルで，広範囲に書かれた本である．この本の著者は量子論の原理的な側面に重点をおき，観測過程の量子論に関する優れた議論をしている．応用が少しあるが，問題はあまり豊富ではない．

S. Borowitz, *Fundamentals of Quantum Mechanics*, W. A. Benjamin, New York, 1967.

これはよく書かれた本である．本のほぼ半分は波動理論と古典力学にあてられている．レベルは本書と同等である．

J. J. Brehm and W. J. Mullin, *Introduction to the Structure of Matter*, John Willey & Sons, New York, 1989.

これは現代物理学の大部分をたいへん読みやすい形で包括する，たいへん行き届いた程度の高い本である．本書 (*Quantum Physics*) では通り一遍にしか述べられていない話題について，もっと定性的な詳細を知りたい人にとってたいへん優れた参考書である．

E. U. Condon and G. H. Shortley, *The Theory of Atomic Spectra*, Cambridge University Press, Cambridge, England, 1959.

[*1] 量子力学に関する本は数多く書かれている．著者が勉強したものもあるし，また単に読んだだけのものもある．大部分はちらっとながめ，他に見落とした本もたくさんあると思うので，ここにあげたリストは完全ではないが，リストアップしなかったものはリストに値しないというわけではない．特に量子化学の本はあげなかった．

これは原子スペクトルのあらゆる側面について書かれた非常に詳細な参考書であるが，最近の群論によるテクニックを用いていない．これはたいへん進んだ内容の本であり，技術的展開での短所は，専門家以外にはまったく問題ない．学生にとってたいへん使いやすい本である．

S. Brandt and H. D. Dahmen, *Quantum Mechanics on the Personal Computer* (3rd edition), Springer-Verlag, New York, 1994.

著者が見た限りでは，パソコンが量子力学の教育で中心的な道具になっている唯一の本である．パソコンがますます普及し，学生がそれに精通すればするほど，シュレーディンガー方程式の解はこの道具の助けを借りた方が研究しやすくなるだろう．

C. Cohen-Tannoudji, B. Diu, and F. Laloe, *Quantum Mechanics*, John Willey & Sons, New York, 1977.

これは千ページを越える百科事典的本である．原子物理学の多くの側面を詳細に網羅している．数学的レベルは本書より少なからず上である．

R. H. Dicke and J. P. Wittke, *Introduction to Quantum Mechanics*, Addison-Wesley, Reading, Mass., 1960.

著者はこの本をたいへん楽しく読んだ．これは本書と同レベルの本であり，いくつかのトピックスを論じている．特に本書で扱っていない量子統計の議論がある．問題がすばらしい．

P. A. M. Dirac, *The Principles of Quantum Mechanics* (4th edition), Oxford University Press (Clarendon), Oxford, 1958 [朝永振一郎 他訳：量子力学 (岩波書店，1978)].

これは量子力学の主な創始者の一人による壮麗な本である．この本の内容を勉強した学生はDiracがわからないとは決して言わないだろう．もし彼が量子力学を真剣にマスターしようとするなら，遅かれ速かれこのDiracの本は読破すべきである．

R. P. Feynman and A. R. Hibbs, *Quantum Mechanics and Path Integrals*, McGraw-Hill, New York, 1965 [北原和夫 訳：量子力学と経路積分 (みすず書房，1995)].

1948年にR. P. Feynmanは量子力学の別の定式化を提案した．この本ではこの定式化と標準的な定式化の同等性が示され，数々の計算において，一般的な振幅に対する「経路積分」表示が与えられている．話題の選択も非常に面白く，観点も著者のとったものとは異なっている．本書よりいくぶん程度の高い本ではあるが，本書を補うものとして最高の本である．

R. P. Feynman, R. B. Leighton, and M. Sands, *The Feynman Lectures on Physics*, Vol. 3, *Quantum Mechanics*, Addison-Wesley, Reading, Mass., 1965 [砂川重信 訳：ファインマン物理学 V，量子力学 (岩波書店，1986)].

この量子力学入門では，Feynmanは経路積分を放棄し，状態ベクトルの観点から主題に入っている．数多くの魅力的な例が最小の形式的知識を用いて議論されている．本書を補うものとしてすばらしい本であるが，唯一の欠点は問題がのっていないことである．

K. Gottfried, *Quantum Mechanics*, Vol. 1, *Fundamentals*, W. A. Benjamin, New York, 1966.

これは程度の高い本で，いろいろな話題が非常に注意深く議論されている点が特筆される．観測過程と不変性の原理の取り扱いがすばらしい．本書の内容をマスターした学生には，必要な数学の知識を取得すれば，このGottfriedの本は読めるはずである．

D. Griffiths *Introduction to Quantum Mechanics*, Prentice-Hall, Englewood Cliffs, N. J. 1995.

この非常によく書かれた魅力的な本はほぼDickeとWittkeかSaxonと同じくらいの

程度の本である．話題の選択も良くて，幾何学的位相の議論も含まれている．

W. Heisenberg, *The Physical Principles of the Quantum Theory*, Dover, New York, 1930 [玉木英彦，遠藤眞二，小出昭一郎 共訳：量子論の物理的基礎 (みずず書房，1954)].

量子論の物理的意義についての Heisenberg による 1930 年の講義を本にしたもので，今でもよく読まれている．不確定性関係に関する議論は特に有用である．

H. A. Kramers, *Quantum Mechanics*, Interscience, New York, 1957.

この主題の基礎を築いた一人によるこの本は，両方ともかなり進んだ主題であるスピンと相対論的量子の議論が最も優れている．量子力学をこなした学生にとって，この本を一読することは楽しくかつためになる．

L. D. Landau and E. M. Lifshitz, *Quantum Mechanics (Nonrelativistic Theory)* (2nd edition), Addison-Wesley, Reading, Mass., 1965 [好村滋洋ほか訳：ランダウ–リフシッツ理論物理学教程, 量子力学 1/2 (東京図書, 1983)].

Landau と Lifshitz によるこの本は，理論物理学全体をカバーする壮麗なシリーズの中の一つである．よほどできる学生以外にとっては，これを教科書と考えることは困難である．しかし，進んだレベルに達した学生は，この本から多くの有用なものを学ぶだろう．学生側の数学的熟練も要求されている．

Richard L. Liboff, *Introductory Quantum Mechanics*, Holden-Day, San Francisco, 1980.

これはたいへん魅力的な本である．ほぼ本書と同程度の数学的レベルで書かれている．この本はもっと詳しく，また多少異なった方法で，本書の最初の 3 分の 2 の内容をカバーしていて，さらなる参考書として申し分ない．

Harry J. Lipkin, *Quantum Mechanics-New Approaches to Selected Topics*, North-Holland, Amsterdam, 1973.

Lipkin の本は量子力学の応用における，いくつかの進んだトピックスを簡単な方法で取り扱っている．議論の前面に常に物理があるため，本書をマスターした学生にとっては，この本から学ぶことも得られる楽しみも多い．

A. Messiah, *Quantum Mechanics* (in 2 volumes), John Wiley & Sons, New York, 1968 [小出昭一郎，田村二郎 訳：メシア量子力学 1-3 (東京図書, 1971-1972)].

この本は，1 次元ポテンシャルから電磁場の量子化，さらにディラックの相対論的波動方程式まで，量子論を完全に網羅している．これは程度の高い本であり，大学 1 年の学生からはほとんど期待できない数学的熟練を前提としている．非常に価値の高い本である．

E. Merzbacher, *Quantum Mechanics* (2nd edition) John Wiley & Sons, New York, 1970.

Schiff の本とともにこれは標準的な大学院 1 年用の教科書であり，かつその名に値する．概念と現象が完全に網羅され，手際よくかつスマートに取り扱われている．本書の内容を一通り修めた学生には抵抗なく読めるはずである．

R. Omnes, *The Interpretation of Quantum Mechanics*, Princeton University Press, Princeton, N. J., 1994.

量子力学の標準的な解釈の拡張に関する最近の研究を扱った重要な本である．

D. Park, *Introduction to the Quantum Theory*, (3rd edition) McGraw-Hill, New York, 1984.

この魅力的な本は本書と同じレベルで書かれている．本書で扱っていなくて，Park の本にある主題は量子統計であり，非常に明瞭に書かれている．

W. Pauli, *Die Allgemeinen Prinzipien der Wellenmechanik*, Handbuch der Physik, Vol. 5/1, Springer-Verlag, Berlin/New York, 1958.

ドイツ語が読めてかつ進んだ勉強をしている学生にとって，この Pauli による 1930 年の本は量子力学に関するコンパクトな議論の決定版である．応用はないが，重要なことはすべてのっている．

P. J. E. Peebles, *Quantum Mechanics*, Princeton University Press, Princeton, N. J. 1992.

学部レベルのよく書かれた教科書である．このレベルの本として他の本 (Bohm の本は例外として) と異なるところは量子力学における観測過程の本当の意味についての詳しい議論があることだろう．

A. B. Pippard, *The Physics of Vibration*, Cambridge University Press, Cambridge, England, 1978.

あらゆる種類の振動について，古典力学的にも量子力学的にも書かれた本である．普通の意味の教科書ではない．読んで楽しい本である．

J. L. Powell and B. Crasemann, *Quantum Mechanics*, Addison-Wesley, Reading Mass., 1961.

この本の良さは，波動力学や行列力学におけるすべての数学的詳細のたいへんな計算を与えたことである．たぶん，本書で避けて通ったような数学的側面はすべてこの本の中にある．WKB 近似や 2 階の微分方程式に関する一般的な性質についての議論がすばらしい．応用の数は少ないが，問題より例題の数の方が多い．

M. E. Rose, *Elementary Theory of Angular Momentum*, John Wiley & Sons, New York, 1937 [山内恭彦, 森田正人 訳：角運動量の基礎理論 (みすず書房，1971)].

角運動量に関する進んだ取り扱いと原子および核物理学におけるたくさんの応用がある．

J. J. Sakurai, *Modern Quantum Mechanics* (S. F. Tuan, Editor), Addison-Wesley, Reading, Mass., 1994.

故人となった J. J. Sakurai によるこのすばらしい本は，Merzbacher の本や Schiff の本と同様，本書に比べていくぶん進んだ本である．大学院 1 年用教科書として書かれたこの本は，本当にモダンな香りをもっていて，話題の選択も，素粒子物理をやっている人にとってたいへん興味ある，量子力学の最も進んだ領域へ自然と導いてくれるように工夫されている．この本にはまた，すばらしい問題がそろっている．

D. S. Saxon, *Elementary Quantum Mechanics*, Holden-Day, San Francisco, 1968.

この本は，本書と同じレベルである．話題の選択が少し違うことと，応用の選び方や強調の仕方が違うという点でこの本はたいへん参考になる．

L. I. Schiff, *Quantum Mechanics* (3rd edition), McGraw-Hill, New York, 1968 [井上健 訳：量子力学，上/下 (吉岡書店，1970/1972)].

これは標準的な大学院 1 年用教科書である．少々コンパクトになりすぎているが，良く準備のできた学生には最も適している．仮定されている数学的洗練度も本書のそれより高い．

F. Schwabl, *Quantum Mechanics*, Springer-Verlag, New York, 1992.

これは，面白い話題を選択したもっと進んだ本である．

R. Shankar, *Principles of Quantum Mechanics*, Plenum Press, New York, 1980.

これは本書に比べて，もっと洗練され，数学的に進んだ本である．本書で議論したいくつかの話題を異なった観点から扱っているので，良い参考になる．

M. P. Silverman, *And Yet it Moves: Strange Systems and Subtle Questions in Physics*, Cambridge University Press, Ner York, 1993.

この本は定性的に，量子物理学の原理的な問題を含んだいくつかの話題を議論している．たいへん楽しく読めて，本書のかなりの部分を読破した学生には十分に歯が立つ．

訳者あとがき

　本書は，*Quantum Physics*, 2nd ed.(John Wiley & Sons, Inc., 1996) を翻訳したものである．著者 Stephen Gasiorowicz の名は，素粒子物理学においてよく知られており，同じ John Wiley & Sons 社から，本書の初版と時を同じくして出版された素粒子物理学の教科書 *Elementary Particle Physics* (1966) で，素粒子物理学を勉強した学生 (特に大学院生) にはなじみ深い．*Elementary Particle Physics* もよく利用されて好評を得た教科書であったが，*Quantum Physics* と *Elementary Particle Physics* は，概括的で網羅的な内容を無駄なくたいへん要領よく記述している点で，共通している．

　本書は，大学の学部課程における基礎的な量子物理学の教科書ないしは参考書，または，ゼミナールのテキストとして最適の部類に属すると思われる．もちろん，大学院の学生にとっても，手近かにおく使いやすい参考書として役立つだろう．

　原著者は，本書を量子物理学への入門書と位置づけている．前期量子論の必要最小限の簡潔で要領のよい説明から始まって，量子力学の基礎からほとんど量子論全般にわたってわかりやすいていねいな説明が与えられている．量子力学への導入は，波動力学とシュレーディンガー方程式によっていて，なじみやすいが，状態ベクトルと演算子法も要領よく説明されている．公理論的な説明，観測問題，場の理論への導入などはないが，著者も強調しているように，直観的な理解と応用が重視されている．この点について，著者は，「初版へのまえがき」において「本書では話題の説明を進めるさい，どの段階でも応用に重点をおいた．量子物理のすべての領域を完全に詳述したわけではないが，本書の意図は現代物理のコースと量子力学のより形式的な発展との間にあるギャップの橋渡しをすることにある．そこで，応用を多く論じ，大きさのオーダーの概算や数値が重要であることを強調した」と述べている．また，次のようにも述べている．「本書のレベルに合わせて，数学的な構成はできるだけ簡単にした．演算子のような新しい概念や新しい数学的な手段はどうしても必要になる．前者については厳密な定義よりも類推を用いて扱い，新しい手段を用いることはできるだけ最小限にとどめた」と．これらの言葉からも，著者のねらいと，本書の特徴の少なくとも一端がうかがわれるであろう．

　実際，量子力学の基礎的な教科書としての簡潔さとわかりやすさばかりでなく，宇宙論から物性物理分野その他広範囲にわたっての興味ある応用に数多く言及している点が，本書の大きな特徴である．ふれられている応用面の中には，与えられた知識とし

て受けとめざるをえず，より納得のいく理解のためにはより詳しい参考書で理解を深める必要のあるものも含まれている．とはいえ，全体として見るならば，叙述は，不必要な煩雑さがなく，たいへんすっきりしていて，量子力学の基礎的な原理と応用に対する学部レベルの勉強にとって内容がうまく選択され，要領よく書かれ後々まで使いやすいテキストであると感じたことが，今日数多く存在し選択に惑うほどの量子論の教科書にさらにつけ加えて本書を翻訳することを，意義あるものと認めた理由である．

本書の各章末の問題も，取り組みやすく，かつ，この本のレベルに適した手頃な問題が選ばれている．各章の内容については，著者の「まえがき」に要点が簡単に述べられているのでここには再録しない．

第2版では，著者の「第2版へのまえがき」にあるように，初版に比べ全般に説明が詳しくなっているほか，物理的な議論や応用に関する記述が，全体としてみれば増やされている．各章末の問題の数も初版より多くなっている．全般に，より教育的配慮がなされているように感じられる．

最後に，翻訳について若干付け加えると原著はもともとB5版480ページの一巻ものであるが，訳書では2分冊とし，I，IIとした．訳は，「まえがき」から14章までを林が，15章から巻末までを北門が分担し，その後両者で互いに目を通し合って全章節にわたり検討した．翻訳にあたっては，基本的には原文に忠実であるよう心がけたが，読者が理解しやすいようにとの意図で，訳者が適当に言葉を補ったりあるいは省略したり，または直訳とはやや隔たる意訳を行った箇所もある．専門用語は，主として『文部省学術用語集　物理学編』などによったが，記載のないものについては慣用に従った．外国人名は原綴りを用いた．ただし，用語となっている外国人名は片仮名書き（これも主として上記学術用語集もしくは慣用に従う）とした．主要な用語にも，なるべく原語を併記して読者の便をはかった．脚注，各章末の参考文献は，原著者によるものである．

本書の翻訳にあたっては，原稿をLATEXで作成した．LATEXは，訳者両人にとって初めての使用であったので，まったくの初歩から自学自習しつついわば悪戦苦闘して何とか原稿を整えた．辛抱強く待っていただき，多々ご助力いただいた丸善出版事業部の佐久間弘子氏，編集・校正全般にわたり多大の労をとっていただいた同事業部の本間正信氏に心から感謝申し上げる．また，原著とは違った趣の装丁に意匠を凝らして下さった斎藤未菜子さんに感謝する．

本訳書には，訳者の力不足から数多くの足りない点や誤りがあろうかと案ずる．読者諸氏からのご指摘を心からお待ちしている．

1998年11月

林　　武　美
北　門　新　作

索 引

あ 行

アインシュタインの A および B 係数　118
アインシュタイン–ローゼン–ポドルスキーの
　　　主張　19
イオン化エネルギー　69
イオン項　86
異常ゼーマン効果　45
位相空間　103
位相のずれ　139
井戸型ポテンシャル（矩形の）　147

ウェンツェル–クラマース–ブリルアン（WKB）
　　　近似　189
宇宙線シャワー　168

S 波散乱　147
エルミート演算子　176

黄金則　105
オルト H_2　150
オルトヘリウム　59

か 行

回帰点　190
回転波近似　127
可干渉　156
角運動量　22
　　　—の合成　16
影散乱　143
重なり積分　82
価電子　70, 88
換算質量効果　49

規格直交多項式　174
基底状態の光学的記述　73
軌　道　58
吸　収　140
　　　物質中における放射の—　160
共　鳴　191
共鳴散乱　144
共鳴状態　62
共有項　86
組立の原理　69
クライン–仁科の公式　166
クレブシュ–ゴルダン係数　23
黒いディスク　141
　　　—による散乱　141

結　合　88
結合数　90
原　子
　　　—と電磁場との結合　100
　　　—と放射　97
　　　—の冷却　123
原子価結合法　86

光壊変　109
光学定理　140
光学的糖蜜　125
交換積分　83
交換相互作用　57
光　子
　　　—の吸収　101
　　　—の放出　101
光電効果　160
光電反応断面積　162
固有パリティ　25
混合状態　186
コンプトン効果　165

さ 行

サイクロトロン振動数　10
散　乱
　　　格子上の原子による—　155
　　　スピンに依存した—　148
　　　低エネルギーにおける—　143
　　　同種粒子の—　154
散乱断面積（クーロン・ポテンシャルによる）
　　　152
散乱長　149
散乱半径　149

索引

j–j 結合　73
磁気回転因子　10
磁気回転比　9
磁気双極子項　109
質量吸収係数　165
自発的イオン化　61
自発放出　119
周期表　76
シュタルク効果　33
寿命　114　191
準安定　38　59
準安定状態　122
純粋状態　184
詳細つり合いの原理　169
常磁性共鳴　10
常磁性共鳴の方法　10
衝突断面積　136

H_2^+ 分子　81
水素原子の相対論的運動エネルギー効果　41
H_2 分子　84
スクリーニング(遮蔽)　56
スピノール　7
スピン
　　―と角運動量の合成　20
　　―と強度則　111
　　―に依存した力　58
　　―に依存したポテンシャル　19
　　―の歳差運動　10
スピン1重項　17
スピン–軌道結合　42
スピン3重項　17

制動放射　168
摂動論
　　時間に依存した―　97
　　時間によらない―　29
　　縮退のある―　31
　　非縮退状態に対する―　29
ゼロ–ゼロ遷移　108, 110
線形空間　176
選択則　106
　　遷移に関する―　46
　　電気双極子放射に対する―　108
全弾性断面積　140
全断面積　139
線幅　114　191
　　ローレンツ型の―　191
線形演算子　176

双極子モーメント(恒久的な)　33
相対論的運動学　180

た 行

断熱定理　116

超微細構造　47

対生成　166
対電子　88

ディラックのデルタ関数　172
デバイ振動数　134
デルタ関数　171
電気4重極項　109
電気双極子近似　106
電子–電子反発の効果　55
電子配置　76

同種粒子　22
ドップラーの幅の広がり　123
トーマス歳差効果　42
トーマス–ライヒェ–クーンの和側　39
トムソン断面積　165

な，は 行

内部転換　116

排他原理　54　57
パイ中間子　25
ハイトラー–ロンドンの方法　86
パウリ・マトリックス　6
ハートリー近似　66
パラ H_2　150
パラヘリウム　59
パリティ　24
反転分布　122

光ポンピング　122
微細構造　47
非弾性散乱　140
非弾性断面積　140
微分散乱断面積　136

ファインマン–ヘルマンの定理　64
フォノン　135
不対電子　89
部分波断面積　144
ブライト–ウィグナーの公式　146
ブラッグ条件　157
フーリエ級数　171
フーリエ積分　171
分極率　34
分　子　80
　　―の原子核振動　94
　　―の回転　92

分子軌道　82
フントの規則　59, 71, 73, 92

平均自由行程　161
ベーカー–ハウスドルフの補題　179
ヘリウム原子　52
ヘリウムの基底状態エネルギー　60
変分原理　60

放射長　168
ホール (正孔)　71
ボルン近似　151

ま 行

マトリックス (行列)　2
マトリックス表示　2
　　角運動量の—　3
　　スピン演算子の—　6
　　調和振動子の—　1

密度演算子　184
ミラー指数　157

無反跳放出　132

メスバウアー効果　131

モズレーの法則　165

や 行

ヤコビの恒等式　179

有効距離　149
有効距離公式　149
誘導吸収　119
誘導放出　119

ら 行

ラグランジュの未定乗数法　67
ラッセル–ソンダース結合　73
ラビ振動数　128
ラム・シフト　45

離調パラメター　124
リッツの変分法　60
リーマン–ルベーグの補題　99, 138, 192
量子飛躍　129

レヴィンソンの定理　148
レーザー　121

ローレンツ型のスペクトル線　115

[訳者記]

本書は CGS 単位系を使用している．CGS 単位系は，長さ，質量，時間に対し，それぞれセンチメートル (cm)，グラム (g)，秒 (s) を基本単位とする単位系である．しかし，現在広く世界的に使用されている単位系は，国際単位系 (略称 SI) である．SI は，長さ，質量，時間，電流に対し，それぞれメートル (m)，キログラム (kg)，秒 (s)，アンペア (A) を基本とし，これに熱力学的温度の単位ケルビン (K)，物質量を表す単位であるモル (mol)，および光度の単位カンデラ (cd) を加えた 7 個を基本単位とするものである．

読者の便宜を図って，以下に CGS 単位と国際単位 (SI) との換算のうち，本書の内容に特に関連の深いものをいくつか示しておく．

物 理 量	CGS 単位系	国際単位系
力	1 dyn (ダイン)	10^{-5} N (ニュートン)
仕事，エネルギー	1 erg (エルグ)	10^{-7} J (ジュール)
磁束密度*	1 G (ガウス)	10^{-4} T (テスラ)
磁場の強さ*	1 Oe (エルステッド)	$\frac{1}{4\pi} 10^3$ A/m (アンペア/メートル)
磁 束*	1 Mx (マクスウェル)	10^{-8} Wb (ウェーバー)

* ディメンションの異なる場合があることに注意．

訳者の紹介

林　武美
1961 年名古屋大学理学部物理学科卒業．1966 年名古屋大学大学院理学研究科博士課程修了．現在皇学館大学名誉教授，理学博士．

北門新作
1962 年名古屋大学理学部物理学科卒業．1967 年名古屋大学大学院理学研究科博士課程修了．名古屋大学名誉教授．現在名城大学理工学部教授，理学博士．

ガシオロウィッツ　量子力学 II

平成 10 年 12 月 25 日　発　　　行
平成 26 年 4 月 10 日　第 8 刷発行

訳　者　　林　　　武　美
　　　　　北　門　新　作

発行者　　池　田　和　博

発行所　　丸善出版株式会社
　　〒101-0051　東京都千代田区神田神保町二丁目17番
　　編集：電話(03) 3512-3267／FAX (03) 3512-3272
　　営業：電話(03) 3512-3256／FAX (03) 3512-3270
　　http://pub.maruzen.co.jp/

© Takemi Hayashi, Shinsaku Kitakado 1998

組版印刷・製本／三美印刷株式会社

ISBN 978-4-621-08360-4 C3042　　　Printed in Japan

本書の無断複写は著作権法上での例外を除き禁じられています．